Jan-Hendrik Cropp

Praxishandbuch Bodenfruchtbarkeit

Jan-Hendrik Cropp

Praxishandbuch Bodenfruchtbarkeit

Humus verstehen | Direktsaat- und Mulchsysteme umsetzen | Klimakrise meistern

157 Farbfotos
13 Zeichnungen
6 Tabellen

Inhaltsverzeichnis

Abkürzungen

AMF	arbuskuläre Mykorrhiza-Pilze
FM	Frischmasse
GPS	Global Positioning System oder Ganzpflanzensilage
Legu	Leguminosen
max.	maximal
min.	mindestens
NMin	mineralisierter Stickstoff als Summe aus Nitrat- und Ammoniumstickstoff
TM	Trockenmasse
N	Stickstoff
P	Phosphor
K	Kali

Chemische Elemente, Ionen und Verbindungen sind nach der internationalen Schreibweise angegeben bzw. abgekürzt.

Hinweis

Die Begriffe **Saat und Pflanzung** bzw. **Direktsaat und Direktpflanzung** und davon abgeleitete Wörter sind an vielen Stellen untereinander ersetzbar und selbstverständlich gleichwertig für den Acker- und Gemüsebau gemeint, wo dies nicht bereits ausdrücklich paarweise so bezeichnet ist.

Erklärung der Piktogramme

In Kapitel 13 werden Piktogramme verwendet, um Optimierungsmöglichkeiten in ökologischen Direktsaat- bzw. Direktpflanzungssystemen zu markieren. Neben der jeweiligen Maßnahme weisen die Piktogramme darauf hin, bei der Überwindung welcher Herausforderungen diese jeweilige Maßnahme hilft.

Maßnahme zur Verbesserung der Bodengare

Maßnahme zur Verbesserung der Unkrautunterdrückung

Maßnahme zur Verbesserung der Wasserverfügbarkeit

Maßnahme zur Verbesserung der technischen Umsetzung

Maßnahme zur Verbesserung der klimatischen Bedingungen

Maßnahme zur Verbesserung der Nährstoffversorgung

Vorwort

Der Erhalt und die Steigerung der Bodenfruchtbarkeit als Lebensgrundlage sind seit Jahrtausenden eine der kontinuierlichen und großen Herausforderungen der Menschheit. Seit die Lebensmittelbeschaffung überwiegend über die landwirtschaftliche Produktion organisiert ist, ist die Bodenpflege ein existenzielles Anliegen.

Diese hat sich mit der Erfindung des Haber-Bosch-Verfahrens und dem Einzug von synthetischen Pflanzenschutzmitteln in die Landwirtschaft grundlegend verändert. War man in der Pflanzenernährung zuvor auf die biologische Stickstofffixierung der Leguminosen und die Pflege der organischen Bodensubstanz, den Humus, angewiesen, konnte nun der Stickstoff aus der Luft mit großem Energieaufwand, aber zu günstigen Preisen verfügbar gemacht werden. Ähnliches galt für andere Nährstoffe. Und war man im Pflanzenschutz zuvor – von ein paar biologischen Pestiziden abgesehen – von der Aktivierung der pflanzeneigenen Abwehrsysteme durch eine gesunde Bodenbiologie abhängig, konnten kranke Pflanzen nun „gesundgespritzt" werden. Dies ermöglichte der Menschheit erstmals, den Boden nicht mehr als das zu betrachten, was er ist, nämlich ein biologisches System, sondern schlicht als Substrat, als Raum, in dem Pflanzen stehen, die punktgenau mit mineralischen Nährstoffen versorgt und über synthetische Krankheits- und Schädlingsbekämpfung gesund gehalten werden. Und so betrachtet man *Boden* vielerorts schlicht als nicht mehr als Steinwolle in einem bodenlosen Gewächshaus.

Dabei hat uns der wissenschaftliche und technische Fortschritt, der uns von so viel Naturzwängen, Unsicherheit, Angst und Leid, auch in der Landwirtschaft, befreit hat, (bisher) nicht von den Ökosystemen unabhängig gemacht, von denen wir als Menschheit so existenziell abhängig sind. Vielmehr stellt sich unsere bisherige Emanzipation von den Naturverhältnissen als zweischneidiges Schwert heraus, denn die Folgen von eben jenen Techniken, die uns real von vielen Zwängen befreit haben, bedrohen nun in Form von Klimawandel, Biodiversitätsverlusten und Umweltgiften die menschliche Existenz als Ganzes.

Dieses Buch sieht sich trotzdem in eben jener Wissenschaft verankert. Sie ist kein perfektes, aber das bis heute beste und egalitärste System, um Erkenntnisse über unsere Welt zu erlangen – allen gesellschaftlichen Interessen und Entfremdungen zum Trotz. Dieses Buch glaubt an Wissenschaft als emanzipatorisches Projekt, das den Menschen wieder mit der Natur versöhnen kann.

Gleichzeitig und als zweite Säule dieses Buches gilt das Erfahrungswissen von unzähligen Generationen von Bäuer*innen und vor allem von jenen, die in den letzten Jahrzehnten ihre Erkenntnisse frei und großzügig geteilt haben.

Über Jahrtausende haben Menschen die biologischen Prozesse in Boden und Landschaft beobachtet und ihre Auswirkungen auf die Kulturpflanzen kennengelernt – ein Prozess, der auch in der Zukunft immer weitergehen wird. Doch besonders heute, in Zeiten, in denen die Agrarindustrie mit simplen Rezepten versucht, einfache, unterkomplexe Antworten zu geben, gilt es, diese eigenen Sinne wieder zu schärfen und diesen selbstbestimmten Erkenntnisprozess im landwirtschaftlichen Betrieb wieder zu stärken.

Letztendlich muss beides zusammenkommen: wissenschaftliche Erkenntnis und landwirtschaftliches Erfahrungswissen, Forschung und Praxis. Beide Seiten sind erforderlich, um sich gegenseitig infrage zu stellen und zu befruchten. Beide Erkenntnissysteme könnten zusammenfinden unter der Prämisse, die biologischen und darauf basierenden chemischen und physikalischen Systeme verstehen zu wollen und Anbauverfahren zu entwickeln, die natürliche Ökosysteme nähren und diversifizieren, anstatt zu zerstören.

Dieses Buch ist das Ergebnis des Zusammenführens von wissenschaftlicher Erkenntnis und landwirtschaftlichem Erfahrungswissen. Es glaubt daran, dass wir heute eigentlich schon ausreichend Werkzeuge und Erkenntnisse zur Hand haben, um die landwirtschaftliche Produktion so zu gestalten, dass die Bodenfruchtbarkeit, die Biodiversität und die Resilienz von Ökosystemen wieder global ansteigen, dass also der Mensch weiterhin gestaltend in die Natur eingreifen, aber dabei sogar Vielfalt und Lebensraum für nichtmenschliches Leben schaffen kann. Und dass es möglich ist, diese regenerierenden Prozesse zu beschleunigen, indem das dafür nötige Wissen jenseits von Patenten, Copyright und Eigentum frei um den Globus fließen kann.

Doch jetzt genug des Pathos – auch wenn er in diesen Zeiten wahrlich angebracht wäre.

1 Einleitung

Nüchtern betrachtet ist dieses Buch ein Handbuch, ein Fachbuch, vielleicht auch ein Nachschlageweg für alle Interessierten: Zunächst einmal für die Praxis, für die Landwirt*innen, die tagtäglich am und mit dem Boden arbeiten. Auch wenn dieses Buch sehr stark aus der Perspektive der ökologischen Landwirtschaft heraus denkt, ist es nicht minder relevant für konventionelle Kolleg*innen. Das Buch richtet sich aber genauso an die Beratung, die Forschung und Wissenschaft und an die interessierten Laien, die sich in das Thema einarbeiten möchten.

Die Überzeugung dieses Buches ist es, dass wir zur Steigerung der Bodenfruchtbarkeit das System Boden – Bodenleben – Pflanze in seiner Gänze interpretieren lernen müssen. Dafür braucht es neue Denkgewohnheiten, die verschiedenste Phänomene auf ihre Ursachen zurückzuführen versuchen. So will sich dieses Buch der **Komplexität** des Ackerökosystems annähern und keine Rezepte verteilen. Auch wenn es speziell und konkret um **Anbausysteme** mit ständiger, vielfältiger Durchwurzelung und Bodenbedeckung bei minimaler Bodenbearbeitung gehen wird, soll das Buch zugleich, so gut es geht, dazu ermächtigen, angepasste Lösungen für die eigenen Betriebe, die eigene Forschung, die eigene Beratung zu finden und umzusetzen.

Pflanzenbauliche Entscheidungen sollten immer auch auf der eigenständigen **Beobachtung** des Einzelnen basieren. Es geht also darum, selbstständig, mündig und kritisch zu denken, immer skeptisch zu bleiben, flexibel mit der Komplexität des Pflanzenbaus umgehen zu lernen und dabei Dinge immer wieder infrage zu stellen. Auch das in diesem Buch Geschriebene. In diesem Sinne sind die Beispiele, Kalkulationen und Systembeschreibungen in diesem Buch Anregungen zum Selberdenken und keine Patentlösungen. Es geht vielmehr darum, Prinzipien zu verstehen und sich in diesem **Systemdenken** zu üben.

Die Grundlage der hier präsentierten Erkenntnisse ist entweder solides Erfahrungswissen aus der pflanzenbaulichen Praxis oder das Ergebnis von wissenschaftlicher Forschung, welches systematisiert und didaktisch für diese Publikation aufbereitet wurde. In diesem Sinne ist das hier präsentierte Wissen hinterlegt mit zahlreichen Quellen und wissenschaftlichen Publikationen, die bei Bedarf offengelegt werden können.

In diesem Buch wird es, wie oben angedeutet, vor allem darum gehen, mit welchen pflanzenbaulichen Anbausystemen die Bodenfruchtbarkeit aus dem eigenen Betrieb mit geringem externen Input erhalten und gesteigert werden kann. Ziel der im Folgenden beschriebenen Anbausysteme ist es, über eine durchgehende Durchwurzelung und eine permanente Mulchdecke aus totem organischen Material die Bodenbearbeitungsintensität zu reduzieren. Es muss dem Betrieb also möglich sein, organisches Material auf dem Feld zu belassen. Hier sind viehhaltende Betriebe im Nachteil, da sie Zwischenfrüchte und Kleegras als Futter verwerten und auch Stroh abfahren und in der Viehhaltung verwenden. Hieraus ergibt sich, dass die in diesem Buch beschriebenen Systeme leichter in vieharmen bis viehlosen Betrieben umzusetzen sind.

Worum es in den nächsten Kapiteln nicht gehen wird, sind andere Maßnahmen zur Steigerung der Bodenfruchtbarkeit wie **Kompostierungs**verfahren, Systeme, die mit Tierhaltung zu tun haben, oder weitere, sicherlich interessante Strategien. Hierfür darf an dieser Stelle an andere Expert*innen sowie andere Bücher verwiesen werden.

In der Sache dieses Buches aber nun zunächst: Fruchtbare Erkenntnisse!

2 Nährstoffkreisläufe schließen

Die Bodenfruchtbarkeit erhalten und steigern bedeutet, eine hohe Nährstoffnachlieferung zu gewährleisten und die Nährstoffvorräte im Boden nicht langfristig zu entleeren, sondern im besten Fall weiter aufzubauen, um Pflanzen langfristig und nachhaltig gut zu versorgen. Die Vorstellung, dass dies im Ökolandbau ohnehin der Fall ist, da der Ökolandbau „**Nährstoffkreisläufe** schließt", ist weit verbreitet und Teil des Selbstverständnisses fast jedes Öko-Landwirts. Doch schauen wir uns die **Stoffflüsse** in der ökologischen Landwirtschaft genauer an, so gerät diese Überzeugung ins Wanken.

Verluste minimieren

Erosion vermeiden

Der erste Schritt, um Nährstoffkreisläufe zu schließen, ist es, erst gar keine Nährstoffe unproduktiv verloren gehen zu lassen. Das heißt, die Verluste zu minimieren. Bodensubstanz und Nährstoffe können zum einen durch **Wind- oder Wassererosion** verloren gehen. In diesem Fall wird der Boden in Gänze abgetragen; sowohl die organischen als auch die geologisch-mineralischen Bestandteile und die darin gespeicherten Nährstoffe gehen komplett verloren.

Auswaschungen vermeiden

Die andere große Verlustquelle sind **Auswaschungen**. Werden Nährstoffe mineralisiert, werden sie wasserlöslich. Gibt es dann starke Niederschläge und es fehlt die Pflanzenwurzel, um die Nährstoffe aufzunehmen und zu speichern, werden diese über tiefere Bodenschichten in das Grundwasser ausgewaschen. Dieser Vorgang betrifft unter anderem die Nährstoffe Stickstoff, Schwefel, Kalium und Magnesium und tritt verstärkt in leichten Böden auf.

Um beide Verlustquellen zu verhindern, braucht es möglichst ganzjährigen Bewuchs, ganzjährige Bodenbedeckung und hohe Humusgehalte im Boden, die die Nährstoffe in organischer Form binden können.
Auch die gerade viel diskutierte Biokohle kann eine solche nährstoffpuffernde und verlustvermeidende Funktion im Boden einnehmen.

Wie Anbauverfahren, die solche Verluste reduzieren können, im Detail aussehen, wird in diesem Buch viel Raum einnehmen.

Nährstoffe mobilisieren

Wurzelexsudate und Mykorrhiza

Im Ökolandbau weit verbreitet ist die Möglichkeit, durch eine intensive Durchwurzelung spezieller Pflanzen Nährstoffe aus der nur schwer löslichen Nährstofffraktion im Boden verfügbar zu machen. Bei diesen Fraktionen handelt es sich zum einen um komplexe organische Verbindungen als auch um die im Ausgangsgestein des Bodens geologisch-mineralisch vorliegenden Nährstoffreserven. Über die Wurzelexsudate der Pflanzen oder Mikroorganismen, die von den Pflanzen ernährt werden, werden bestimmte Stoffe in den Boden abgesondert (z. B. die Absonderung von organischen Säuren, Phenolen, Enzymen usw.), die Nährstoffe aus diesen schwer zugänglichen Fraktionen anlösen. Bekannt sind beispielsweise Lupinen und Ackerbohnen, die die Phosphor-Verfügbarkeit erhöhen. Ähnlich bekannt ist die Wirkung von arbuskulären Mykorrhiza-Pilzen (AMF), die ebenfalls die Wurzel- und Aufnahmeleistung von Pflanzen erhöhen und damit gleichzeitig auch die Anlösung von Nährstoffen verstärken.

Grenzen der aktiven Nährstoffmobilisierung

Beide Strategien sind sinnvoll, um Nährstoffe zu mobilisieren und Verluste zu minimieren. Sie sind aber in keinster Weise Maßnahmen, um Nährstoffe zurückzuführen, die durch das Erntegut aus den Böden verloren gehen. Die aktive Nährstoffmobilisierung aus dem geologisch-mineralischen Ausgangsgestein in der Bodensubstanz könnte auch als das Vernutzen von „mineralisch-geologischen" Nährstoffressourcen angesehen werden. Zwar stimmt es, dass auf manchen Böden diese mineralisch-geologischen Nährstoffreserven über Tausende von Jahren ausreichen können. Allerdings gibt es auch Böden, so z. B. magere Sand-Standorte im Nordwesten Deutschlands, bei denen selbst bei der Auflösung der gesamten geologisch-mineralischen Bodensubstanz lediglich 300–400 kg Kali/ha frei werden würden. Hier ist aktive Nährstoffmobilisierung keine wirkliche Option. Hinzu kommt, dass nur, weil etwas noch über weitere Jahrtausende funktionieren könnte, es den eigenen Prinzipien von z. B. geschlossenen Stoffkreisläufen widerspricht. Die aktive Nährstoffmobilisierung ist wichtig, um hohe Nährstoffverfügbarkeiten zu erhalten und Nährstoffengpässe zu überbrücken. Sie ist aber weder nachhaltig noch entspricht sie dem Prinzip der **Nährstoffkreisläufe**. Extrem formuliert, werden durch aktive Nährstoffmobilisierung wertvolle Nährstoffe aus dem geologischen Mineralboden in Form von Lebensmitteln aus dem Betrieb exportiert und gehen damit dem Ackerökosystem verloren.

Insgesamt bedeutet dies: Kohlenstoff und Stickstoff können grundsätzlich durch Pflanzen aus der Luft gebunden werden. Alle anderen Nährstoffe jedoch sind nur begrenzt im Boden vorhanden und müssen irgendwie in den Betriebskreislauf zurückgeführt werden, um nicht über die Abfuhr von Erntegut immer weiter verloren zu gehen. Hierfür werden verschiedene Strategien umgesetzt, die mehr oder weniger sinnvoll sind.

Nährstoffschieberei statt nachhaltige Rückführung

Durch Bilanzierungsverfahren und Pflanzenanalysen sind nun auch Viele darauf gekommen, dass Nährstoffe im ökologischen Betrieb fehlen können und dies auch in der Praxis nicht selten tun, was sich hin und wieder auch im Pflanzenwachstum und Krankheitsvorkommen zeigt. Als Antwort hierauf reifte in vielen fortschrittlichen Betrieben die Einsicht, dass Nährstoffe wieder in das System zurückgeführt werden müssen. Und so gleicht man jetzt immer häufiger mithilfe von Nährstoffen auf mineralisch-geologischer oder industrieller Basis Nährstoffmangel und Bilanzdefizite aus. Doch woher stammen diese Nährstoffe?

Seltsamerweise werden in diesem Zusammenhang immer wieder **Futter-Mist-Kooperationen** erwähnt. Diese tragen allerdings zu keinerlei Rückführung bei, sondern schieben im besten Fall Nährstoffe von einem zum anderen Betrieb hin und her und ermöglichen den Feldfutterbau in reinen Marktfruchtbetrieben.

Noch problematischer ist das schlichte Einkaufen von **Wirtschaftsdüngern** von anderen Betrieben, wie z. B. Hühnertrockenkot oder Biogas-Güllen. Denn für die Futtermittel oder Substrate, die die Grundlage dieser Wirtschaftsdünger sind, musste irgendwo Raubbau am Boden betrieben werden (d. h. der Entzug und Export der Bodennährstoffe im Erntegut). So sind die globalen Nährstoffflüsse bei Futtermitteln ja bekannt. Millionen von Tonnen an Phosphor und Kali werden den Böden in Lateinamerika durch den Anbau von Sojabohnen geraubt und sorgen in den Mastregionen Deutschlands für massive Überdüngung. Aber auch innerhalb Deutschlands kann es solche Effekte geben. Produziert ein Betrieb große Mengen **Futtermittel** und erhält nichts dafür zurück, verarmen seine Böden auf Dauer. Ähnliches gilt für Biogas. Verkauft ein Betrieb seinen Kleegras-Aufwuchs und erhält er dafür nichts zurück, verliert der Betrieb jedes Jahr hunderte Kilo an wertvollem Phosphor und Kali.

Nährstoffe rückführen – Kreisläufe schließen

Probleme durch Rückführung aus mineralisch-geologischen Nährstoffquellen

Ebenfalls wird auf Nährstoffe auf mineralisch-geologischer Basis zurückgegriffen. Wozu dies führt, lässt sich an den Guano-Inseln schön erläutern. Die Guano-Inseln waren mit dicken Schichten von versteinertem Vogelkot bedeckt. Diesen hat man abgebaut und im globalen Norden im Gemüsebau eingesetzt. Nach nur wenigen Jahrzehnten waren die Inseln komplett abgebaggert und der Guano-Dünger verschwand. Nichts anderes gilt für die mineralisch-geologischen Nährstoffe, die im Ökolandbau jetzt immer mehr eingesetzt werden.

Phosphor

Rohphosphate aus mineralisch-geologischen (d. h. durch Bergbau erschließbaren) Quellen sind begrenzt. Seit einigen Jahren diskutiert man analog zum Erdöl über einen „Peak-Phosphor", das heißt über das Erreichen eines Fördermaximums bei Phosphor, nach dessen Eintreten die Fördermenge nur zurückgehen kann. Hinzu kommen die massiven Umweltschäden durch den Phosphorabbau. Ganze Landschaften werden umgegraben und zum Teil als radioaktiv belastete „Wastelands" zurückgelassen – sei dies nun in Nordafrika, in Mittelasien oder in den USA. Hinzu kommt, dass sich hier ein neukolonialer Raubbau fortsetzt: Wer sich die Phosphorflüsse aus und nach Afrika anschaut, der wird schnell feststellen, dass der globale Norden vor allem nimmt und wenig zurückgibt. Bei Phosphor hat sich also an der Ungleichheit seit der Kolonialzeit strukturell nichts geändert.

Kali

Ähnliches gilt für die Kali-Gewinnung vor unserer Haustür. Die Skandale rund um den Kali-Abbau sind weitläufig bekannt. Die Flüsse Werra und Weser wurden durch die Abwässer aus dem Kalibergbau so stark versalzen, dass dort so gut wie kein Leben mehr möglich ist. Und die Abraumberge des Kaliabbaus, die unsere Landschaft zieren, sind von zahlreichen Autobahnen und Zugstrecken aus deutlich auszumachen.

Gips und andere Kalke

Selbst der Abbau von Gipsen und Kalkgesteinen, die im Ökolandbau immer mehr Verwendung finden, steht vor den gleichen Schwierigkeiten, was die Tagebau- und Bergbau-Problematik anbelangt.

Schwefel

Etwas anders gelagert ist die Situation beim Elementarschwefel. Wurden die Böden früher aufgrund fehlender Filteranlagen in der Industrie durch den einigen Menschen noch bekannten „sauren Regen" quasi gratis mit Schwefel aus der Industrie versorgt, ist dies heute mit fortschreitendem ökologischen Bewusstsein nicht mehr der Fall. An der Herkunft des Elementarschwefels für den Ökolandbau hat sich derweil nichts geändert. Er stammt weiterhin aus der Industrie; nur wird er heute aus den Filtern der Abgasanlagen gekratzt, aufbereitet und dann für teures Geld an die Landwirte verkauft. Und der kleine Teil an Schwefel, der aus sulfidischen Erzen stammt, wird von Arbeitern ohne Schutzausrüstung oder unter grausamen Arbeitsbedingungen aus den Minen geschafft.

Nährstoffrückführung aus Abwässern

Das Problem heutiger Abwassersysteme

Insgesamt gibt es also keine so optimistischen Aussichten. Weder die Mobilisierung von Nährstoffen noch die Rückfuhr von mineralisch-geologischen Nährstoffen entspricht auch nur ansatzweise dem, was sich der Ökolandbau auf die Fahnen geschrieben hat. Worum müsste es also stattdessen gehen?

Es müsste darum gehen, alle Nährstoff-Austräge und auch einen Teil der Kohlenstoff-Austräge, die aus dem Betrieb über das Erntegut verloren gehen, wieder in organischer

Form zurückzuführen. Die Nährstoffe gehen schließlich nicht verloren. Denn die Konsumenten der landwirtschaftlichen Produkte scheiden sie in großen Mengen wieder aus. Es geht also darum, die organischen Bio- und Siedlungsabfälle sowie die Nährstoffe, die in den menschlichen Ausscheidungen, den Fäkalien, enthalten sind, verfügbar zu halten und in hygienisierter Form der Landwirtschaft wieder verfügbar zu machen.

Es ist in dieser Hinsicht interessant, sich agrarwissenschaftliche Diskussionen um das Jahr 1900 vor Augen zu halten. Damals war noch keine Schwemmkanalisation eingeführt, und es wurde stark gesellschaftlich debattiert, welche Lösungen es für die Abfuhr von menschlichen Fäkalien aus den immer weiterwachsenden Städten geben könnte. Die Agrarwissenschaften liefen damals Sturm gegen eine Einführung der Schwemmkanalisation. Sie ahnten schon, dass dadurch die Nährstoffe, die sonst der Landwirtschaft zur Verfügung standen, de facto verloren gehen. Stattdessen schlug die landwirtschaftliche Forschung ein Tonnensystem vor. Ähnlich zu den heutigen Mülltonnen sollten Exkremente gesammelt, an den Stadtrand transportiert, dort aufbereitet und in die Landwirtschaft zurückgeführt werden. Doch wie wir wissen ging die Schwemmkanalisation mit all ihren Problemen aus der damaligen Debatte als Sieger hervor. Dabei bräuchten wir heute ein natürlich modernes „Tonnensystem" dringender denn je.

Doch statt die Nährstoffe verfügbar zu halten, landen sie über die Kläranlagen und Flüsse in den Meeren, z. B. der Ostsee, und sorgen hier dafür, dass Urlauber im algenverseuchten Meer nicht mehr baden können. Auch viele Seen im Inland sind massiv von dieser **Eutrophierung** betroffen.

Als Antwort gibt es hochtechnologische und extrem kostspielige Projekte, um Nährstoffe aus den Abwässern und dem Meerwasser zurückzugewinnen.

Abwassersysteme transformieren

Die Stoffwechselendprodukte des Menschen enthalten große Mengen an Nährstoffen. Der Großteil dieser Nährstoffe (über 90 % des Stickstoffs sowie 50–60 % des Phosphors und Kalis) stecken im Urin; der Rest und ein Großteil der organischen Masse stecken in den Fäkalien.

Dies ist deshalb ein großer Vorteil, weil **Urin** das hygienisch deutlich unproblematischere Produkt ist. Frischer Urin ist praktisch keimfrei; es gibt kaum Krankheiten, die über Urin verbreitet werden, ganz im Gegensatz zu Fäkalien. Sogar die Welternährungsorganisation FAO stellt Anleitungen zur Verfügung, wie menschlicher Urin als Düngemittel verwendet werden kann. Es müsste also darum gehen, vor allem Urin getrennt zu erfassen, aufzubereiten und der Landwirtschaft wieder zur Verfügung zu stellen.

Doch was passiert heute in der Schwemmkanalisation? Die hygienisch unproblematische Fraktion wird nicht nur mit Wasser verdünnt, was ihre Aufbereitung deutlich schwieriger macht, sondern sie wird zusätzlich mit der hygienisch problematischen Fäkalienfraktion gemischt. Zu sowieso vorhandenen, teilweise problematischen Medikamentenrückständen und Reinigungsmitteln kommen dann noch die Straßenabwässer und die Abwässer der Industrie. Am Ende fallen dabei hochverseuchte Klärschlämme an, die niemand (aus guten Gründen) in der Landwirtschaft verwenden möchte. Ein eigentlich wertvolles Nährstoffgemisch wird so zu einem Entsorgungsproblem. Dann folgt der Versuch, diese hochproblematischen Stoffe mit hochtechnologischen, extrem energie- und kostenintensiven Verfahren in einzelne Reinnährstoffe zu fraktionieren. Dies erfolgt bis heute mit nur wenig Erfolg und es gibt keine oder nur sehr wenige sogenannte Nährstoffrezyklate, die Reinnährstoffe aus Klärschlämmen extrahieren und sauber aufbereitet im Ökolandbau verwenden können. Neben technischen Herausforderungen ist die Herstellung sehr kostspielig und rentiert sich betriebswirtschaftlich in vielen Fällen noch nicht. Eine Verknappung von mineralisch-geologischen Nährstoffen und die damit einhergehende Preissteigerung bei einzelnen Nährstoffen könnten hieran zwar etwas ändern, aber es gibt auch systemisch einfachere Lösungen.

Terra preta aus Fäkalien

Was es stattdessen braucht, wäre ein massiver Umbau unserer Abwasser-Infrastruktur. Ziel muss es sein, die verschiedenen Ströme und Komponenten des heutigen Abwassers getrennt zu erfassen: Bio-Abfälle, Urin, Fäkalien, Industrieabwässer, Krankenhausabwässer usw. Diese müssten dann entsprechend getrennt und womöglich hygienisch aufbereitet werden.

Dies wäre keine Aufgabe der Landwirte, sondern der öffentlichen Hand, ähnlich wie die Abwasseraufbereitung heute auch.

Die einzig nachhaltige Strategie ist die Transformation der Abwasser- und Bioabfallsysteme. Ziel muss die Aufbereitung von menschlichen Ausscheidungen und Bioabfall zu hygienischen und schafstofffreien Düngemitteln sein. Hierfür ist eine dezentrale Erfassung der Ausgangsstoffe bei gleichzeitiger Abtrennung von Problemstoffen zielführend.

Eine technische Umsetzung wäre aufwendig, aber im Vergleich mit den Kosten für den Bau und die Instandhaltung der aktuellen Kanalisationsnetze wesentlich günstiger. Trenntoiletten und Lagersysteme für ganze Wohnblocks sind bereits entwickelt. Die Kanalisation könnte umgebaut werden und/oder kommunale Müllabfuhren könnten für die getrennte Erfassung der Ströme ausgerüstet werden. Kommunale Kompostwerke könnten die Aufbereitung übernehmen. Milchsäurevergärung könnte für die flüssigen Phasen wie den Urin effektiv und für die ggf. notwendige stabile Lagerung der Stoffe verwendet werden. Auch eine Nutzung kombiniert mit anderen organischen Materialien in an Aufbereitungsanlagen angeschlossenen Biogas-Anlagen ist nicht ausgeschlossen. Problematischere Stoffe, wie z. B. Fäkalien, ließen sich über **Pyrolyse** zu wertvoller Biokohle verarbeiten und in den Kompostierungsprozess zurückführen. Zusammen mit Bio-Abfallkomposten könnten so wertvolle **Komposte** und hygienisch unbedenkliche und effektive Güllen entstehen. Um das Verfahren noch stärker gesellschaftlich akzeptierbar zu machen, könnten die Güllen und Komposte auf kommunalen Flächen – ähnlich den Rieselfeldern – verwendet werden, um Biomassepflanzen anzubauen, die die Stoffe effektiv verwerten und die dann wiederum kompostiert werden, bevor sie der Landwirtschaft in Form von Kompost zur Verfügung gestellt werden. Ein solcher Prozess ähnelt dem, was die Indios in Lateinamerika mit ihren Küchenabfällen und Exkrementen gemacht haben und heute unter dem wohlklingenden Namen „Terra preta“ gehandelt wird. Die Reststoffe wurden auch in Lateinamerika fermentiert, verbuddelt und dann im Boden verstoffwechselt. Ein modernes Abwassermanagement ist der Grundstein eines geschlossenen Nährstoffkreislaufs und könnte dadurch einen massiven Beitrag zum Humusaufbau leisten.

Exkurs: Biokohle

Unter **Biokohle** versteht man organisches Material, das unter Luftabschluss in einem Pyrolyseverfahren zu Kohle verschwelt wurde. Die Pyrolysebedingungen (Ausgangsmaterial, Temperatur, Druck...) bestimmen die Eigenschaften der Biokohle. Bis zu 40 % der Kohlenstoff-Verbindungen in der Kohle sind hochstabil und werden im Boden kaum abgebaut. Biokohle ist deshalb für das Nährstoffmanagement so interessant, weil sie eine hochporöse Struktur aufweist. Dadurch ist sie zum einen in der Lage, Nährstoffe wie ein Schwamm aufzusaugen und bei Bedarf wieder abzugeben. Verluste werden hierdurch vermieden. Das Gleiche gilt unter Umständen auch für Wasser. Außerdem bietet Biokohle durch die vielen Hohlräume und Poren ein gutes Habitat für die Bodenbiologie. Ihre Verwendung ist vielfältig:

- Sie kann vor allem auf sehr leichten sandigen Standorten ein Stück weit den fehlenden Tonanteil kompensieren, indem sie dessen Funktionen (Nährstoffspeicherung, Aggregierung etc.) zum Teil übernimmt.
- Sie kann im Kompostierungsprozess verwendet werden und reduziert beim Einmischen in das Ausgangssubstrat für die Kompostierung die Nährstoffverluste während des Kompostierungsprozesses, indem sie frei werdende Nährstoffe in ihre poröse Struktur aufnimmt.
- Sie kann ggf. problematische organische Rückstände (wie z. B. Fäkalien) hygienisieren, indem diese zu Kohle pyrolysiert werden. Es gibt Hinweise, dass Problemstoffe in der Kohle festgelegt und nicht wieder frei gegeben werden, da es sich bei Kohle um ein relativ inertes Material handelt, das sich – wenn überhaupt – nur sehr langsam zersetzt.
- Sie kann Güllen (Biogas oder tierische) und anderen flüssigen Düngemitteln mit flüchtigen Nährstoffanteilen zugesetzt werden, um Verluste aus Ausgasungen zu minimieren.
- Ggf. kann sie Transfer-Mulch mit engem C/N-Verhältnis (siehe Kapitel 12) zugesetzt werden, um die gasförmigen Verluste aus der Mulchschicht zu reduzieren.

Bei der Verwendung von Biokohle ist der wichtigste Grundsatz, dass sie nur in kompostierter Form ausgebracht werden sollte. Da Biokohle Nährstoffe „aufsaugt", kann eine Ausbringung als Rohmaterial dazu führen, dass Nährstoffe aus dem Boden entzogen werden und der Kultur dann fehlen (ähnliche Wirkung wie eine N-Sperre bei Einarbeitung von organischem Material mit hohem C/N-Verhältnis). Im Rahmen eines Kompostierungsprozesses oder der Einweichung in einer Gülle wird die Kohle mit Nährstoffen „aufgeladen" und entzieht damit dem Boden keine weiteren Nährstoffe, da sie gesättigt ist. In diesem Aufladungsprozess muss genügend Feuchtigkeit vorhanden sein, damit organische Nährstoffe in löslicher Form ihren Weg in die Kohle finden. Außerdem kann die Biokohle über den Umweg der Kompostierung auch biologisch mit Mikroorganismen versorgt werden. Insgesamt sollte der Aufladungsprozess mindestens 14 Tage dauern. Am besten eignet sich eine Zugabe zum Kompostierungsprozess.

Dieser Umstand verweist aber auch auf ein Risiko: Da es sich um ein vor allem in den gemäßigten Breiten relativ neues Verfahren handelt, sind die Langzeitwirkungen noch nicht abschließend untersucht. Problematisch wäre es beispielsweise, wenn die Kohle sehr dominant überschüssige Nährstoffe aufsaugen würde. In einer Situation, in der relativ wenige Nährstoffe im Boden vorhanden sind, könnte sie so mit den Kulturpflanzen konkurrieren. Wichtig wäre, dass die Nährstoffe in der Kohle für die Pflanze zugänglich blieben.

Aktuelle Untersuchungen deuten zwar darauf hin, dass Biokohle „funktioniert". Dennoch sollte eine großflächige Ausbringung erst erfolgen, wenn alle Fragen geklärt sind. Schließlich kann Biokohle, ist sie einmal ausgebracht, nicht mehr aus dem Boden entfernt werden. Macht sie also Probleme, ist sie nicht rückholbar.

Eine weitere, eher systemische Frage ist, woher die Biomasse stammen soll, um Biokohle zu produzieren. Es darf nicht sein, dass extra Biomasse

Exkurs: Biokohle (*Fortsetzung*)

angebaut wird, um große Mengen Kohle herzustellen. Am sinnvollsten ist es, Biokohle aus ohnehin anfallenden Reststoffen zu produzieren. Hier sind wie bei der Nährstoffrückführung Kommunen und Staat gefragt. Mit kommunalen, regionalen Pyrolyseanlagen könnten sinnvolle Fraktionen der Stoffströme (z. B. aus der Landschaftspflege) in Kohle verwandelt werden und über einen Kompostierungsprozess in kleinen Mengen, aber dafür langfristig und gleichmäßig landwirtschaftlichen Nutzflächen zugeführt werden.

Zusammenfassung

- Nährstoffkreisläufe sind nicht geschlossen, solange es nicht gelingt, einen Großteil der aus dem landwirtschaftlichen Betrieb ausgeführten Nährstoffe über innovative Abwasser- und Bioabfallsysteme in den Betrieb zurückzubringen.
- Je weniger Nährstoffe verloren gehen, desto weniger muss zurückgeführt werden. Erosion und Auswaschungen sind durch Anpassung der Anbausysteme unbedingt zu vermeiden.
- Solange Nährstoffe nicht zurückgeführt werden können, müssen diese durch aktive Nährstoffmobilisierung der Bodenreserven oder durch die Rückführung von geologisch-mineralischen Düngemitteln ersetzt werden. Diese Strategie ist allerdings aus diversen Gründen problematisch und nicht nachhaltig.

3 Prinzipien für Anbausysteme zur Steigerung der Bodenfruchtbarkeit

Die vier Prinzipien

Die Entwicklung der industriellen Landwirtschaft im letzten Jahrhundert hat zur Reduktion der Komplexität landwirtschaftlicher Anbausysteme geführt. Das verarmte (Agrar)-Ökosystem war zwar, mit großen Aufwandmengen an Inputs, zu Höchsterträgen in der Lage, wurde aber anfällig gegenüber Problemen, die eine Zeit lang mit technologischen Maßnahmen und noch mehr Inputs gelöst bzw. überdeckt werden konnten. Heute sind wir an einem Punkt angelangt, an dem die technologische Entwicklung mit der fortschreitenden Degradation der Agrarökosysteme nicht mehr mithalten kann. Das macht sich u. a. an der Stagnation der Erträge bemerkbar.

Dabei ist das System Boden – Pflanze extrem komplex und aktuelle unterkomplexe Anbausysteme, die mit Rezepten und Anleitungen arbeiten, werden diesem nicht ansatzweise gerecht. Ein systemischer Zugang zur Bodenfruchtbarkeit nimmt daher natürliche Ökosysteme als Beispiel und leitet aus ihnen Prinzipien ab, auf deren Grundlage dann Anbausysteme im landwirtschaftlichen Betrieb gestaltet werden können.

Die beiden prägenden Ökosysteme in unseren gemäßigten Breiten sind Wald oder Steppe. Diese bestanden lange vor dem menschlichen Eingriff und würden sich ohne sein Zutun auch so wieder entwickeln. Schaut man sich solche Ökosysteme an, so fallen mit Hinblick auf das System Boden und Pflanzen vier Prinzipien ins Auge.

Erstens herrscht in beiden Ökosystemen eine ausgeprägte **Bodenruhe**. Von der Bodenbiologie abgesehen, die den Boden natürlich „bearbeitet“, gibt es mit Ausnahme von lokal begrenzter Wühl- (z. B. von Wildschweinen) oder Trittaktivität (z. B. von durchziehenden Büffelherden) keine Störungen der natürlichen Bodenschichtung.

Zweitens liegt tote organische Substanz oberflächlich als **Mulchdecke** auf der Bodenoberfläche auf und dient der Bodenbiologie als Nahrung und dem Boden als schützende Decke. Dies gilt sowohl für Laub im Wald, für absterbende Gräser in der Prärie als auch für die Ausscheidungen der das Ökosystem bevölkernden Lebewesen.

Drittens durchwurzeln den Boden permanent lebende **Pflanzenwurzeln**. Sobald die Temperatur und die Sonneneinstrahlung ausreichen, pumpen diese Wurzeln Ausscheidungen in den Boden, ernähren so das Bodenleben und damit sich selbst. Ausschließlich in den kalten Wintermonaten kommt es hier zu einer natürlichen Reduktion des Wachstums.

Viertens und letztens finden wir vor allem in Ökosystemen und Landschaften mit vielen Übergangsgebieten und Randzonen eine hohe tierische, pflanzliche und grundsätzlich biologische **Vielfalt**, die zu einer hohen Resilienz (Widerstandskraft gegen Stress) und Produktivität der Systeme führt. In diesem Aspekt sind von Menschen geschaffene Kulturlandschaften den natürlich entstehenden Ökosystemen zum Teil überlegen. Viele Arten und Habitate entstanden erst durch die Schaffung dieser landschaftlichen „Mosaike“ und verweisen darauf, wie menschliches Handeln in Ökosystemen auch Vielfalt fördern könnte.

Zusammenfassend heißt das: Um die Bodenfruchtbarkeit mit hoher Wahrscheinlichkeit zu steigern, sollten landwirtschaftliche Anbausysteme möglichst vielen der folgenden vier Prinzipien gerecht werden:

- **Der Boden wird möglichst wenig bearbeitet, um die Bodenruhe zu maximieren.**
- **Der Boden ist permanent bedeckt mit einer Mulchschicht aus toter organischer Substanz.**
- **Lebende Pflanzen durchwurzeln den Boden möglichst permanent und ganzjährig.**
- **Der Boden wird mit einer möglichst hohen biologischen Vielfalt gepflegt.**

Stellen wir uns nun einen landwirtschaftlichen Schlag vor, auf dem diese Prinzipien umgesetzt wurden: Zum Beispiel eine dichte **Zwischenfrucht**, die abgetötet wurde und als organische Mulchschicht oberflächlich aufliegt und durch die ohne Bodenbearbeitung ein Hauptkultur-Gemenge etabliert wurde, das nun kräftig wächst. Ein solcher Schlag erfüllt durch die Umsetzung der oben genannten Prinzipien die folgenden Funktionen:

Erosionsschutz Bewuchs und Mulchdecke verhindern eine Erosion.

Wassereffizienz Die Mulchdecke schützt vor unproduktiver Verdunstung. Die Pflanzendecke sorgt für starke Taubildung. Des Weiteren ist der Boden oberflächlich in einem garen Zustand und bei Niederschlagsereignissen kann das Wasser in tiefe Bodenschichten eindringen, ohne unproduktiv oberflächlich abzufließen.

Schutz der Bodenbiologie Die Bodenorganismen werden durch Mulchdecke und Bewuchs vor UV-Licht, extremer Trockenheit und Feuchtigkeit (Bewuchs nimmt überschüssiges Wasser auf) sowie Extremtemperaturen geschützt.

Ernährung der Bodenbiologie Wurzeln und Mulchdecke ernähren ein vielfältiges Bodennahrungsnetz.

Pflanzenernährung Aus der Mulchdecke werden wertvolle Nährstoffe für die Pflanzen verfügbar gemacht. Ungleichgewichte im Boden werden abgefangen.

Widerstandsfähigkeit/Resilienz Durch die hohe Vielfalt ist der Schlag eher in der Lage, extreme Ereignisse mit Hinblick auf Wetter oder Schädlinge abzupuffern.

Dem allen übergeordnet ist die allgemeine Steigerung der Bodenfruchtbarkeit. Wir können davon ausgehen, dass diese Anbausysteme unter den richtigen Voraussetzungen sowohl die Fähigkeit der Böden zur Garebildung

Abb. 3.1 Die Übertragung auf landwirtschaftliche Anbausysteme: Eine organische Mulchdecke aus einer diversen Zwischenfrucht, deren Gare durch die Maiskultur weiter durchwurzelt wird und ohne Bodenbearbeitung etabliert wurde.

wie auch deren Humusgehalte erhöhen (siehe Kapitel 5). Dies wiederum verbessert in erheblichem Maße die oben genannten Funktionen der Bodenfruchtbarkeit (wie Erosionsschutz, Wassereffizienz usw.). Auf die Herausforderungen und etwaige Nachteile bei der Umsetzung der Anbausysteme wird im weiteren Verlauf des Buches ausführlich eingegangen.

Exkurs: Wohin mit dem organischen Material?

Immer wieder stellt sich die Frage, wo das überschüssige **organische Material** in landwirtschaftlichen Anbausystemen eigentlich hingehört. Schauen wir in natürliche Ökosysteme dann gibt es eigentlich nur eine Antwort: auf die Bodenoberfläche. Eine „Einarbeitung" findet dann eigentlich nur durch die bodenbiologische Aktivität statt. Auch das Verhalten von Regenwürmern legt nahe, dass organische Substanz auf die Bodenoberfläche gehört. Vertikal grabenden Regenwürmern können verschiedene Arten an organischem Material angeboten werden; jeweils oberflächlich abgelegt bzw. in den ganzen Bodenhorizont eingemischt. Zu beobachten ist: Organisches Material, das auch oberirdisch gewachsen ist (frisches organisches Material, Stroh etc.), präferierten die Vertikalgräber auch oberflächlich abgelegt. Nimmt man den Regenwurm als bodenbiologischen Hinweisgeber, dann darf man vermuten, dass auch grundsätzlich eine oberflächliche Ablage des organischen Materials für die Bodenfruchtbarkeit am förderlichsten ist.

Bodenfruchtbarkeit aus dem eigenen Betrieb heraus

Die Steigerung der Bodenfruchtbarkeit und der Humusgehalte in Böden wird dann erreicht, wenn möglichst viel ober- und unterirdische **Biomasse** bzw. organische Substanz durch Pflanzen erzeugt wird und diese mit so geringen Kohlenstoff- und Nährstoffverlusten wie möglich in verschiedene Formen (z. B. Humusformen) im System Boden gehalten wird.

Humusgehalte sind das Fließgleichgewicht aus Aufbau und Abbau organischer Substanz. Wird im Anbausystem etwas zugunsten einer höheren Produktion von organischer Substanz umgestellt, findet so lange ein **Humusaufbau** statt, bis ein Fließgleichgewicht aus Aufbau und Abbau auf höherem Niveau erreicht ist. Das Ziel ist es also, dieses Fließgleichgewicht durch einen höheren Stoffumsatz im landwirtschaftlichen System auf ein höheres Niveau zu heben. Um dies zu erreichen müssen

- möglichst **viel pflanzliche Biomasse** ober- und unterirdisch erzeugt werden und
- möglichst **hohe Erträge** erzielt werden. Denn sie bedeuten große Mengen an Ernteresten und große Mengen an Wurzelrückständen im Boden.

Um nachhaltig zu sein, müssen diese Biomassezuwächse und höheren Erträge aus dem Betrieb heraus, betriebsintern mit einem Minimum an externem Input realisiert werden. Ersetzt werden sollten lediglich die im Erntegut abgefahrenen Kohlenstoff-, aber vor allem Nährstoffmengen (hier vor allem Schwefel, Phosphor und Kali) – und dies aus möglichst nachhaltigen Quellen (z. B. Grüngutkompost, Bioabfallkompost etc.).

Unproduktiven Abbau vermindern

Bearbeitungsintensität reduzieren Parallel zu einer Erhöhung des Produktionsniveaus sollten die Verluste an Nährstoffen und Bodensubstanz minimiert werden. Dies bedeutet erstens möglichst **wenig Bodenbearbeitung** und mechanische Unkrautregulierung. Auch wenn sich die Wissenschaft hier uneinig ist und viele Studien nahelegen, dass eine Reduktion der Bearbeitungsintensität nicht automatisch zu einem Humusaufbau führt, so ist dennoch klar, dass durch mehr Bearbeitung die Aggregate, die die Humuspartikel in

Tab. 3.1 Synergieeffekte verschiedener Maßnahmen zur Steigerung der Bodenfruchtbarkeit.

	Reduzierte Bodenbearbeitung	Mulchauflage	Nährstoff-effizienz	Biomasse	Erträge
Reduzierte Bodenbearbeitung	●	+	=	=	=
Mulchauflage	+	●	–	+	+
Nährstoffeffizienz	=	+	●	+	+
Biomasse	=	+	+	●	+
Erträge	=	+	+	+	●

\+ positiver Effekt; = kein wesentlicher Effekt; – negativer Effekt
z.B. je reduzierter die Bodenbearbeitung, desto höher die Mulchauflage (+)
je dicker die Mulchauflage, desto geringer die Nährstoffeffizienz (–)
eine reduzierte Bodenbearbeitung hat keine wesentlichen Effekte auf die Biomassebildung (=)

ihrem Innern schützen, zerschlagen werden. Zusammen mit der Erhöhung der Sauerstoffverfügbarkeit führt dies zu einer höheren Bodenatmung und damit zu mehr Humusabbau in Form von CO_2-Emissionen.

Mulchauflage sicherstellen Zweitens – und das ist ein weiteres Argument für eine reduzierte Bearbeitung – sollte der Boden mit einer möglichst dicken organischen Mulchauflage bedeckt sein. Je reduzierter die Bearbeitungsintensität, desto mehr Mulchauflage aus Ernteresten. Dies ist ebenfalls nötig, um Verluste z. B. in Form von Erosion in ihren verschiedenen Formen zu verhindern. Außerdem ist die Mulchdecke entscheidend, um im gewandelten Klima der Zukunft mit extremen Starkniederschlägen und langen Trockenperioden jeden Tropfen Wasser im Boden zu speichern und damit die benötigte hohe Produktivität und das Pflanzenwachstum für den Humusaufbau zu ermöglichen.

Nährstoffeffizienz steigern Als dritte Maßnahme zur Minimierung von Verlusten sollten die Anbausysteme eine möglichst hohe **Nährstoffeffizienz** aufweisen. Das heißt, dass z. B. gasförmige Verluste an Kohlenstoff und Nährstoffen sowie Verluste durch Auswaschungen durch das Anbausystem und betriebsinternes Management minimiert werden sollten.

Synergieeffekte

All diese Ziele stehen in einer positiven Wechselwirkung und befördern einander. Einzig die dicke Mulchschicht kann der Nährstoffeffizienz im Wege stehen, wenn sie zu relativ hohen gasförmigen Verlusten führt (Tab. 3.1).

Zusammenfassung

- Anbausysteme zur Steigerung der Bodenfruchtbarkeit orientieren sich an vier Prinzipien: Bodenbedeckung durch Mulchauflage aus totem organischen Material, ständige Durchwurzelung des Bodens mit lebendigen Pflanzen, maximale Bodenruhe und möglichst hohe Vielfalt im System.
- Humusaufbau bzw. der Aufbau von Bodenfruchtbarkeit muss, abgesehen von der Rückführung exportierter Nährstoffe, aus dem eigenen Betrieb hervorgehen. Die dafür nötige Biomasse inklusive symbiotisch gebundenem Stickstoff muss aus den betriebseigenen Anbausystemen und Fruchtfolgen hervorgehen.
- Auch für Aufbau von Bodenfruchtbarkeit sollten Verluste durch reduzierte Bodenbearbeitung, hohe Nährstoffeffizienz und Mulchauflagen reduziert werden. Diese Maßnahmen haben das Potenzial, Biomassebildung und Erträge im Betrieb zu steigern.

4 Bodengare

Ein zentrales Entscheidungskriterium für die Wahl der Anbausysteme und Bewirtschaftungsverfahren sollte der Zustand der **Bodengare** bzw. der **Bodenstruktur** sein. Doch was verstehen wir eigentlich unter „Bodengare“ oder „guter Bodenstruktur“?

Krümeligkeit

Zum einen lässt sich Bodengare anhand der „Krümeligkeit“ des Bodens überprüfen. Die **Bodenkrümel** oder Aggregate sollten möglichst rund und klein, die Bruchkanten zwischen den Bodenteilen möglichst rau und die einzelnen Bodenteile mit organischem Material verkittet sein. Das Ideal ist eine Art „Wackelpudding“, in dem runde Krümel mit

Abb. 4.1 Ideale Krümeligkeit: runde, kleine und stabile Bodenkrümel, hier unter einer Zwischenfrucht aus Wick-Roggen.

Abb. 4.2 Nahaufnahme eines perfekten Schwammgefüges. Krümel liegen biologisch verklebt wie „Wackelpudding“ auf der Hand.

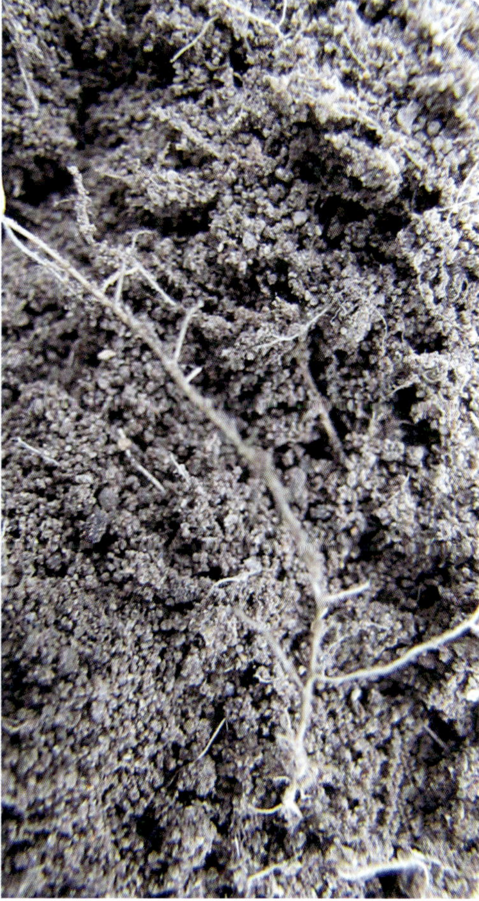

Abb. 4.3 Auch sandige Böden ohne Tonanteil können stabil krümeln. Einzelne Sandkörner werden durch organisches Material miteinander verbunden.

organischem Material verklebt sind und Wurzeln diese Krümel fest zusammenhalten. Die Krümel sollten bei Druck nicht zerfallen, sondern verformbar sein und sie sollten nicht in einzelne Mineralbodenkörner zerbröseln.

Porigkeit

Zum anderen spielt die Porigkeit des Bodens eine entscheidende Rolle bei der Beurteilung der Bodenstruktur. Die Bodenteile, die man begutachtet, sollten eine hohe Vielfalt an verschiedenen **Poren** aufweisen. Mikroporen, Mesoporen und Makroporen sind Größeneinteilungen für Poren von Haarnadelstichgroßen oder sogar noch kleineren Poren, die nur mit dem Mikroskop erkennbar sind, bis zu Regenwurmgängen, die mit dem bloßen Auge leicht zu sehen sind. Bodengare heißt also nicht nur „Krümeligkeit", sondern auch „Porigkeit". Die Poren haben unterschiedliche Funktionen: Die kleineren speichern Wasser und bieten Raum für Wurzeln und das Bodenleben, während die größten Luft in tiefere Bodenschichten leiten und für eine schnelle Wasserinfiltration sorgen.

Abb. 4.4 Sogenannte Bioporen, die z. B. durch vertikal grabende Regenwürmer geschaffen werden. Sie bilden ein sehr wurzelfreundliches und nährstoffreiches Milieu und werden von den Pflanzen als schnell erschließbarer Zugang zum Unterboden genutzt.

Wasserstabilität und innere Erosion

Ein letztes Kriterium für eine gute Bodengare und Bodenstruktur ist die **Wasserstabilität** des Bodens und seiner Krümel. So schreibt Sekera in seinem Buch „Gesunder Boden – kranker Boden": *„Erst wenn die Krume die ganze Vegetationszeit über krümelig bleibt und nicht unter der verschlämmenden Wirkung des Wassers zusammenbricht, kann man von Gare sprechen."*

Weitläufig bekannt sind die oberflächliche **Verschlämmung** und der Abtrag von Boden, kurz Erosion. Weniger bekannt ist das Phänomen der inneren Erosion. Diese beschreibt den Vorgang, bei dem Wasser nicht oberflächlich abfließt, sondern horizontal von oben nach unten durch den Boden rinnt. Sind die Grobporen im Boden nicht ausreichend durch aktive und vielfältige Pflanzenwurzeln und Bodenorganismen verbaut (sondern z. B. das Produkt von mechanischer Bearbeitung), so können Feinteile vom Boden in Zwischenräume und Poren gespült werden und der Boden „verdichtet" von selbst. Dies ist umso mehr plausibel, wenn man sich vor Augen hält, dass ein m² Krume auf der Tiefe von 30 cm in wassergesättigtem Zustand bis zu 500 kg wiegt. Lastet dieses Gewicht auf einer komplett durchfeuchteten, nicht biologisch stabilisierten Unterkrume, dann sind Dichtlagerung oder sogar **Verdichtungen** die Folge. Das heißt auch, dass Verdichtungen nicht nur durch mechanische Belastungen entstehen, wie z. B. durch zu schweres Gerät oder eine Bearbeitung bei zu feuchtem Boden, sondern auch durch Starkniederschläge bei fehlendem Pflanzenwuchs und durch Abwesenheit von intensiver Durchwurzelung.

Innere Erosion ist nicht selten der Grund für „Makroerosion", also der Erosion, die wir augenscheinlich und oberflächlich beobachten. Das was wir als Makroerosion mit dem bloßen Auge sehen, also das Abschwemmen von Oberboden bei Starkregen oder das „Wegfliegen" von Boden durch Winderosion nach Bearbeitung oder auf blankem Boden, ist, neben der gewöhnlichen Schadverdichtung, nicht selten die Folge dieser Mikroerosion, also dem **Gareschwund**. Ist der Boden nicht ausreichend intensiv durchwurzelt und stabilisiert, verliert er durch innere Erosion sein Porenvolumen; es können sich Sperrhorizonte (auch in oberen Bodenschichten) bilden, in denen sich Feinanteile im Boden ansammeln. Dies führt dazu, dass kein Wasser in den Unterboden oder die Unterkrume eindringen kann. Der obere Teil des Bodens ist dann komplett wassergesättigt; die Bodenschichten unter der Sperrschicht sind jedoch weiterhin ausgetrocknet. In der Folge schwimmt der Boden auf und fließt ab: Sichtbare Erosion, ausgelöst durch unsichtbare innere Erosion ist die Folge. Das gleiche gilt für Winderosion: Je besser der Boden biologisch verbaut ist, desto weniger wird er im Winter durch Frostsprengung zu Pulver zerlegt, welches vom Wind verweht werden kann, und desto weniger wird er im Sommer bei Regenfällen verschlämmen und nach dem Austrocknen verwehen.

Bodenphysik, Bodenbiologie, Bodenchemie

Die Teile des Bodens, die am meisten zur Krümeligkeit, Porigkeit und Wasserbeständigkeit beitragen, sind die Ton-Humus-Komplexe. Diese bestehen aus mikroskopischen Tonplättchen (kleiner als 0,002 mm), die zusammen mit mehr oder weniger stabilem organischem Material größere Teilchen bilden können. Für die Ton-Humus-Komplexe müssen die drei Komponenten Bodenphysik, Bodenbiologie und Bodenchemie auf einem hohen Niveau zusammenwirken.

Bodenphysik Mit Bodenphysik sind die physikalischen Eigenschaften des Mineralbodens gemeint, die zu einem großen Teil von der Körnung bestimmt werden. Jenseits dessen kann unter Bodenphysik die Bodenstruktur, die Wasserhaltekapazität und Infiltration, die Luftdurchlässigkeit, die Temperatur und Erwärmung, die Resistenz gegenüber Erosion und die Neigung zur Verdichtung des Bodens begriffen werden. Für die Ton-Humus-Komplexe geht es vor allem um einen gewissen Tonanteil im Boden. Die Tonteilchen als kleinste Fraktion im Mineralboden sind an ihrer Oberfläche fast ausschließlich negativ geladen.

Bodenbiologie Die Bodenbiologie beschäftigt sich sich mit den Lebens- und Sterbeprozessen aller Organismen im Boden (Stichwort: Bodennahrungsnetz) sowie auch den kleinteiligeren Vorgängen wie der Enzymaktivität und damit, wie sich all dies auf die landwirtschaftlichen Produktionssysteme auswirkt. Nicht nur für diese Lebensprozesse braucht es grundsätzlich ausreichend Humus und organische Materie im Boden, sondern auch für die Bildung von Ton-Humus-Komplexen. Die organische Substanz im Boden verfügt teilweise über positive geladene Oberflächenladung, ist aber vorwiegend negativ geladen. Die Bildung von Ton-Humus-Komplexen findet z. B. im Darm von Regenwürmern statt.

Bodenchemie Mit Bodenchemie sind alle chemischen Prozesse im Boden gemeint sowie die Nährstoffkonzentrationen im Boden, der pH-Wert, die Elektronegativität der Bodenteile. Mit Hinblick auf Ton-Humus-Komplexe rücken gerade hier Calcium (Ca^{2+}) und Magnesium (Mg^{2+}) als zweifach positiv geladene Ionen in den Blick. Sie verbinden nun die Bodenphysik, den Ton, mit der Bodenbiologie, dem Humus, und bilden eine Brücke zwischen diesen Bodenteilen. Saure Bodenverhältnisse können dazu führen, dass diese Brücken nicht entstehen oder wieder zerfallen.

Die **Ton-Humus-Komplexe** als anschauliches Beispiel für den Dreiklang von Physik, Biologie und Chemie, sind in der Lage, auch größere Mineralanteile im Boden miteinander zu verkleben, wie z. B. Sand. Die Zwischenräume, die hierbei entstehen, sind

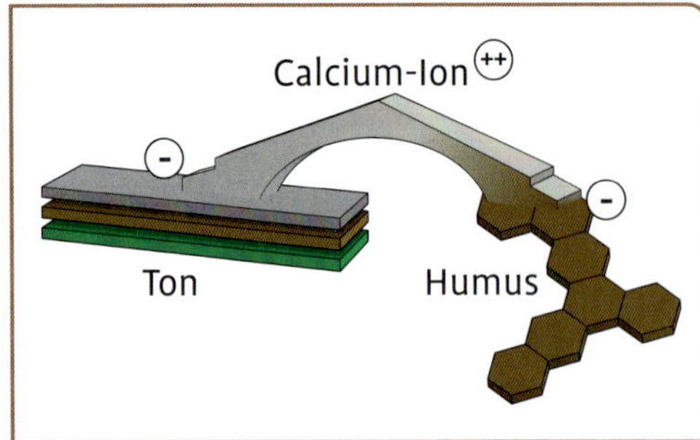

Abb. 4.5 Calcium bildet Brücken zwischen Ton und Humusanteilen im Boden; hierdurch entstehen Ton-Humus-Komplexe.

eher durch kleinere Poren gekennzeichnet, die sogenannten **Zwischenkornporen oder Mesoporen**. Es entstehen Aggregate. Werden diese Aggregate dann durch intensive Durchwurzelung und dadurch entstehende hohe biologische Aktivität zu größeren Aggregaten verbunden, entstehen sogenannte **Zwischenaggregatporen oder Makroporen**.

Die Entstehung dieser Ton-Humus-Brücken ist eine wichtige Voraussetzung für Krümeligkeit, Porigkeit und Wasserbeständigkeit von Böden. Aber auch ohne den Tonanteil im Boden können z. B. reine Sandböden biologisch stabilisiert werden und aggregieren.

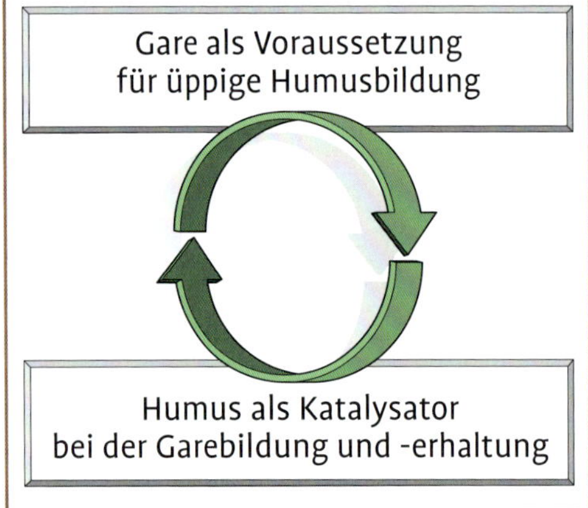

Abb. 4.6 Wechselseitiger Einfluss von Humus und Gare.

In diesen Fällen sind allerdings eine hohe biologische Aktivität, intensive Durchwurzelung und hohe Humusgehalte umso mehr vonnöten, weil bei sehr geringen Tonanteilen im Boden eine **Aggregierung** allein durch die Bodenbiologie gewährleistet werden muss.

Grundsätzlich lässt sich festhalten, dass Bodengare und Humusbildung in einer positiven Wechselwirkung zueinanderstehen:

- Eine gute Bodenstruktur ist für eine üppige Humusbildung wichtig. Es braucht genug Luft, um aerobe, d. h. humusbildende Prozesse zu ermöglichen.
- Ein hoher Gehalt an organischer Substanz, also Humus, führt dazu, dass der Boden sich schneller und leichter in einen garen Zustand, d. h. in eine gute Bodenstruktur überführen lässt. Je höher der Humusgehalt, desto einfacher kann eine gute Aggregierung erreicht werden.

Gare als Prozess

Sekera entwickelte vor vielen Jahrzehnten eine noch heute hilfreiche Anwendung des Garebegriffs auf die landwirtschaftliche Praxis. Die oben beschriebene Bodenstruktur nannte er „**stabile Krümelung**“. Er meinte hiermit eine optimale Bodengare, die auf den „Lebendverbau“, also auf eine hohe biologische Aktivität zurückzuführen ist. Sein Ziel war es, den Boden möglichst ganzjährig in dieser „stabilen Krümelung“ durch lebende Pflanzenwurzeln zu halten. Als einen zweiten Zustand beschrieb er die „**labile Krümelung**“. Dies könnte zum Beispiel der Boden nach einer Bodenbearbeitung sein. Der Boden ist gekrümelt, jedoch „labil“, das heißt die Gare entstand durch das Zerschlagen (mechanische Bearbeitung) oder die Sprengung („Frostgare“) von Bodenteilchen. Den letzten und schlechtesten Zustand im Gareprozess nennt Sekera dann schlicht „verdichteten Boden“. Dies ist selbsterklärend: Es ist ein Boden, der z. B. durch mechanische **Verdichtung**, durch falsche Bearbeitung, zu hohe Achslasten, oder aber auch durch

Exkurs: Bodenchemie – Ausbalancierte Böden durch die „richtige Basensättigung"

In der Diskussion um Bodenfruchtbarkeit und Humusaufbau wird immer von den „richtigen Nährstoffverhältnissen" und chemisch ausbalancierten Böden gesprochen. Der Hintergrund dieser Überlegungen sind Ansätze in den USA aus der Mitte des 20. Jahrhunderts, die davon ausgehen, dass ein bestimmtes Verhältnis der Kationen, die z. B. an den negativen Ladungen der Ton-Humus-Komplexe angelagert sind (die Gesamtsumme dieser negativen Anlagerungsplätze ist die **Kationen-Austausch-Kapazität**, kurz KAK) optimal ist. Diese ausbalancierten Böden würden dann Erträge, Bodengare und Bodenbiologie in besonderem Maße fördern. Ein Schlüsselelement dieser Theorie ist das Verhältnis zwischen Calcium und Magnesium im Boden (Ca:Mg).

Trotz aller Überzeugungskraft, die diese Theorie auf den ersten Blick haben mag, konnte man in wissenschaftlichen Untersuchen bisher keine Auswirkungen der oben beschriebenen Nährstoffverhältnisse auf die Erträge finden. Die gefundenen Ertragssteigerungen konnten lediglich durch die Wirkung der Kalkung auf den pH-Wert erklärt werden. Ähnliches gilt für die Auswirkungen des Ca:Mg-Verhältnisses auf die Pflanzenernährung. Es fanden sich keine Zusammenhänge zwischen bestimmten Verhältnissen und gesünderen Pflanzen. Eine weitere Vermutung, dass vor allem sehr schwere und bindige Tonböden über das richtige Ca:Mg-Verhältnis in einen besseren Garezustand zu überführen sind, gilt ebenfalls als widerlegt. Tonböden können in stark variierenden Ca:Mg-Verhältnissen eine gute Gare halten. Es konnte nicht bestätigt werden, dass diese Verhältnisse einen wesentlichen Einfluss auf Verdichtungen, Wassergehalt, Infiltrationsraten oder Lagerungsdichte hatten. Ebenfalls konnte kein Effekt auf bodenbiologische Parameter wie Humusgehalt, biologische Aktivität, Unkrautvorkommen oder Krankheitsdruck gefunden werden oder eine stichhaltige Theorie vorgelegt werden, auf welchen Mechanismen und Prozessen diese positiven Effekte beruhen sollten.

Neben diesen Untersuchungen zu Auswirkungen auf einzelne Parameter haben auch Systemvergleiche keine Vorteile der entsprechenden Bodenanalytik und der darauf aufbauenden Düngung finden können. Während die Erträge gleich blieben, waren die Düngekosten, die durch Düngemittel zur „Ausbalancierung" der Böden notwendig sind, deutlich höher. Zwar schaden die Methoden im Prinzip auch nicht, aber sie führen tendenziell zu Mehrkosten, die sich nicht in Ertrag umsetzen.

Bei näherer Betrachtung ist es nur nachvollziehbar, dass diese Methoden wenig Effekte zeigen: Denn es mutet sehr schwierig an, für die jeweils sehr unterschiedlichen Böden „optimale Verhältnisse" an allen Nährstoffen festzulegen.

Trotz der hier formulierten Zweifel bleibt dennoch das Problem bestehen, dass die heutigen Standardtechniken in der Analytik der Bodenchemie oft kein ausreichendes Bild geben über den chemischen Zustand unserer Böden. Es ist selbstverständlich unterkomplex, nur die leicht löslichen Nährstofffraktionen im Boden zu analysieren und jene Nährstofffrachten außer Acht zu lassen, die mehr oder weniger fest gebunden an den Austauschern liegen oder sich als Vorrat im Mineralgestein befinden – vor allem wenn wir davon ausgehen, dass Pflanzenwurzeln und Bodenmikroben Nährstoffe mobilisieren und verfügbar machen. Des Weiteren ist es klar, dass es Wechselwirkungen zwischen verschiedenen Nährstoffen gibt. So z. B. die Festlegung von Phosphor durch Calcium-Überschüsse, die den Phosphor dann in Form von Calciumphosphaten (Apatit) festlegen oder die Mobilisierung von Phosphor durch Silizium. Ebenso gibt es nachgewiesene Wechselwirkungen zwischen Kalium und Calcium sowie Magnesium: Kaliumüberschüsse können sowohl Calcium- als auch Magnesiummangel hervorrufen. In diesen Fällen kann es sinnvoll sein, mit speziellen Calcium- oder Magnesium-Gaben das überschüssige Kali zu verdrängen und über K-zehrende Pflanzen den Kalium-Gehalt zu reduzieren. Es gibt viele weitere solcher Beispiele und bei optischen Mangelsymptomen können das Zurateziehen einer Person mit entsprechendem Fachwissen sowie Blattanalysen der Pflanzen

Exkurs: Bodenchemie – Ausbalancierte Böden durch die „richtige Basensättigung“ (*Fortsetzung*)

Auskunft über den bodenchemischen Zustand geben.

Auch die Kalkung bleibt grundsätzlich wichtig. Fällt der pH-Wert unter 6 (oder 6,5 für kalk- bzw. basenliebende Kulturen), sollte über eine Kalkung nachgedacht werden, denn dann steigt die Gefahr, dass aufgrund von fehlenden Kationen bzw. durch die sauren Verhältnisse die stabilisierenden Wechselwirkungen zwischen Biologie, Chemie und Physik ins Stocken geraten. Wenn für die Kalkung dann die Frage im Raum steht, welcher Kalk genutzt werden soll, kann natürlich auch das Ca:Mg-Verhältnis mit berücksichtigt werden. So empfiehlt es sich, bei einem Mg-Gehalt am Austauscher über 20 % mit einem Ca-reichen Kalk zu düngen und bei einem Mg-Gehalt unter 10 % mit einem Mg-reichen Kalk. Wenn allerdings der pH-Wert in Ordnung ist und die Pflanzen keine offensichtlichen Defizite aufweisen, dann muss auch nichts am Ca:Mg-Verhältnis geändert werden – so „unbalanciert“ es auf dem Papier auch zu scheinen mag.

Um den Ernährungszustand von Pflanzen genauer zu erfassen, kann, wie oben schon erwähnt, eine Pflanzenanalyse sinnvoll sein. Bei diesen Methoden werden die jüngsten und ältesten Blätter auf ihren Nährstoffgehalt hin untersucht, um die Pflanzenverfügbarkeit von bestimmten Nährstoffen zu ermitteln, was vor allem bei hochpreisigen Kulturen (z. B. im Gewächshaus) zielführend sein kann.

Insgesamt kann gesagt werden, dass die Bodenchemie zwar ein wichtiger, aber eben nur einer der verschiedenen Bausteine der Bodenfruchtbarkeit und der Humusbildungsprozesse ist. Allgemeingültige „optimale Nährstoffverhältnisse“ konnten bisher nicht wissenschaftlich fundiert werden. Dennoch sollte auf Wechselwirkungen zwischen verschiedenen Nährstoffen und daraus resultierende Mangel- und Überschusssituationen geachtet werden. Ausschlaggebend dafür, ob Calcium und Magnesium ausgebracht werden, ist in Abwesenheit von offensichtlichen Mangelerscheinungen aber nicht das Ca:Mg-Verhältnis, sondern der pH-Wert. Bei der Auswahl des auszubringenden Kalkes kann das Ca:Mg-Verhältnis aber durchaus zu Rate gezogen werden.

innere Erosion schadverdichtet wurde. Die Schritte vom verdichteten Boden zur labilen Krümelung und weiter zur stabilen Krümelung sowie umgekehrt kann man als landwirtschaftlichen Gareprozess beschreiben. So befindet man sich in der pflanzenbaulichen Produktion immer irgendwo in diesem Fließgleichgewicht, und verschiedene Maßnahmen führen in die eine oder andere Richtung. Sich im Betrieb immer mal wieder vor Augen zu führen, wo man sich in der Fruchtfolge an welcher Stelle in diesem Fließgleichgewicht befindet, kann helfen, die Bewirtschaftungsentscheidungen besser auf die Steigerung der Bodenfruchtbarkeit auszulegen. Ziel sollte es sein, sich möglich permanent in der stabilen Krümelung zu befinden.

Andere Garebegriffe

In diesem Kapitel wollen wir einige häufig genutzte Garebegriffe auf den Prüfstand stellen. Immer wieder hört man in der Praxis von „Maschinengare“ oder „Frostgare“. Diese bezeichnen aber weniger die biologisch stabilisierte Gare im obigen Sinne, sondern vielmehr das Ergebnis von physikalischen oder mechanischen Prozessen.

Maschinengare

Maschinengare wird häufig genutzt, wenn vom Ergebnis der Bodenbearbeitung gesprochen wird. Hier handelt es sich allerdings nicht um eine Gare im obigen Sinne, sondern vielmehr um zerschlagenen Boden, der nicht biochemisch stabilisiert ist, sondern lediglich durch physikalisch-mechanische Zerkleinerung in Krümel zerschlagen wurde.

Exkurs: Bodengare und Klimawandel

Ausbleiben der Frostgare Durch den Klimawandel werden die Winter milder und feuchter, und somit kann mit der „Frostgare" nicht mehr gerechnet werden. Werden vor allem schwere, tonige Böden im Herbst in die Pflugfurche gelegt und bleibt der Frost aus, dann findet sich im Frühjahr kaum eine gute Bodenstruktur. Vielmehr ist der Boden durch die zahlreichen Niederschläge oberflächlich verschlämmt, innerlich erodiert und matschig-strukturlos. Bodengare muss also durch biologischen Verbau, durch Pflanzenwurzeln erreicht werden.

Aktives Bodenleben über den ganzen Winter Zusätzlich ist in den letzten Jahren zu beobachten, dass durch die extrem milden Wintermonate zumeist deutlich über dem Gefrierpunkt das Bodenleben in den Monaten November bis März extrem aktiv bleibt. Dies stellt die Herausforderung, auch über die gesamten Wintermonate eine Nahrungsgrundlage für die Bodenbiologie anzubieten. Vielfältige Pflanzenbestände und Mulchschichten mit geringem Auswaschungsrisiko sollten daher im Herbst erzeugt werden.

Große Niederschläge in kurzer Zeit Durch den Klimawandel wechseln sich vermehrt Perioden mit Extremniederschlägen und Trockenheit ab. Das bedeutet als anzustrebendes Ziel, dass die Böden zu jedem Zeitpunkt große Mengen an Wasser in sehr kurzer Zeit aufnehmen können und dann durch Verdunstungsschutz nicht wieder verlieren. Dies ist nur mit perfekter Bodengare (Wasseraufnahmefähigkeit) und Bodenbedeckung (Verdunstungsschutz) zu erreichen.

Frostgare

Frostgare ist der vielleicht geläufigste Garebegriff. Hiermit wird allerdings ebenfalls nicht die biologische Gare im eigentlich Sinne beschrieben, sondern vielmehr der physikalische Prozess, bei dem in Tonböden durch Quellen und Schrumpfen und in diesem Fall die Ausdehnung des Wassers beim Gefrieren zu einer „Sprengung" der Bodenteile führt. Auch hier liegen die Bodenteile beziehungslos nebeneinander und sind nicht stabil biologisch verbaut.

Schattengare

Anders beim Begriff der Schattengare, der eher auf das zutrifft, was mit Bodengare und guter Bodenstruktur gemeint ist: Als Schattengare wird zumeist die Gare an der Bodenoberfläche beschrieben, die im Schatten eines Bewuchses oder im Schatten einer Mulchschicht aus toter organischer Substanz entsteht. Schatten auf dem Boden ermöglicht die Arbeit der Bodenbiologie, die wiederum bei ausreichend feuchten Bedingungen eine porige und krümelige Bodenoberfläche schafft. Ein Teil der positiven Effekte eines ganzjährigen Bewuchses bzw. einer ganzjährigen Bedeckung des Bodens basiert auf der Beschattung des Bodens.

Garebiologie in der Rhizosphäre/dem Rhizobiom

Echte Bodengare entsteht aus dem intensiven und komplexen Zusammenspiel von Boden, Pflanze und Mikroorganismen. Die Pflanzenwurzeln, welche die Schnittstelle zwischen den einzelnen Komponenten darstellen, spielen hier eine ganz entscheidende Rolle.

Wurzelexsudate

Pflanzenwurzeln geben ein Gemisch aus verschiedenen Zuckern und Aminosäuren in den Boden ab. Diese Exsudate verändern die physikalischen, chemischen und biologischen Bedingungen des Bodens zugunsten der Pflanzen und schaffen dadurch die Rhizosphäre. Schleimstoffe erhöhen die Wasserhaltekapazität im Boden und stabilisieren die Bodenstruktur, indem sie Aggregate verkleben. Organische Säuren lösen Nährstoffe aus den Mineralen und schaffen ein optimales Milieu für die Aktivität der Enzyme. Die energiereichen Ausscheidungen der Pflanzenwurzeln bilden die Lebensgrundlage für die Mikroorganismen in der Rhizosphäre. So sondert ein Samen im Keimungsprozess als erstes Exsudate ab, um die Bodenbiologie anzuziehen und zu ernähren, die dann ihrerseits den jungen Keimling schützt und ernährt. Aber auch in späteren Stadien pumpen die Pflanzen große Mengen an nährstoffreichen Absonderungen in den Boden: bis zu 30 % ihrer Photosyntheseleistung. Dies kann unter anderem gut an den Adventivwurzeln von Maispflanzen im Sommer beobachtet werden: In Hochwachstumsphasen sondern sie auch oberirdisch schleimige Exsudate ab.

Wurzelwachstum

Ein weiterer Faktor für die Garebildung sind die Pflanzenwurzeln selbst. So sterben beim Wachstum der Wurzeln ständig kleine Bestandteile derselben ab: Es werden beim Wachstum der Wurzeln ständig tote Zellen von der Wurzelspitze abgeschilfert. Diese organischen Reste dienen ebenfalls als Nahrung für das Bodenleben. Der biologisch mit aktivste Bereich der Wurzel ist der Bereich direkt hinter der Spitze des jeweiligen Wurzeltriebes, das sogenannte „Wurzelhaar“. Hier stehen sehr dünne, kaum sichtbare Wurzeln durch ihre sehr starke Interaktion mit dem Boden für eine biologisch hohe Aktivität und starke Garebildung. Um einen Eindruck von diesem Prozess zu gewinnen, können Pflanzen bei der Spatendiagnose auf Wurzelhosen untersucht werden. Als **Wurzelhosen** bezeichnet man die schlauchförmige Ummantelung der Wurzeln mit feinen Bodenpartikeln, die auch bei leichtem Schütteln nicht von den Wurzeln abfallen.

Finde ich diese Wurzelhosen, habe ich eine hohe Konzentration an Schleimstoffen um die Wurzeln, was einen Indikator für eine aktive Garebiologie im Boden darstellt. Wurzeln sind auch deshalb so wichtig, weil z. B. Bakterien selbst im Boden kaum mobil sind. Sie vermehren sich an und auf den Pflanzenwurzeln und werden von ihnen in tiefere Bodenschichten hineintransportiert.

Unter den verschiedenen Begrünungspflanzen sind vor allem mehrjährige Gräser mit ihrem dichten, garebildenden Wurzelnetz hervorzuheben.

Abb. 4.7 Wurzelexsudate sind entscheidend für den Gare- und Humusaufbau. Selten sind Exsudatausscheidungen für das bloße Auge sichtbar. Die Adventivwurzeln des Maises im Hochsommer sind eine Ausnahme. Hier tropfen die Exsudate in der Hauptwachstumsphase aus den oberirdischen Wurzelanlagen.

Nahrung und Lebensraum für vielfältige Bodenbiologie

Um diese Garebiologie zu fördern, braucht sie Futter. Hierfür hilft eine möglichst große und vielfältige Biomasse aus einem intensiven, vielfältigen Wurzelnetz mit möglichst hohem Feinwurzelanteil in den verschiedenen Bodenschichten. Es braucht viele Erntereste und überschüssigen Aufwuchs aus Begrünungen, der möglichst als Mulchschicht an der Bodenoberfläche abgelegt wird, um die Bodenbiologie zu schützen.

Zum anderen braucht es optimale Lebensbedingungen. Ab ca. 5 °C über null fängt die Garebiologie an zu arbeiten. Sie braucht optimalerweise mehr als 15 % Sauerstoff in der Bodenluft, um zu „atmen“, weshalb die Porenvielfalt und auch die Porenkontinuität bis in tiefere Bodenschichten wichtig sind. Deshalb sollte sie möglichst wenig durch Bodenbearbeitung gestört werden, da diese z. B. sowohl der Porenkontinuität schadet als auch Schadverdichtungen hervorrufen kann. Für Mikrorganismen ist ein Lebensraum mit großer Oberfläche ebenfalls von Vorteil, denn sie besiedeln Poren- und Partikeloberflächen. Hierfür ist sind der Ton mit seiner großen Oberfläche sowie der Humus mit seinen Feinporen und seiner hohen biologischen Oberflächenaktivität besonders hilfreich. Einen ähnlichen Effekt vermutet man auch beim Einsatz von Biokohle.

Bodenpilze

Viele **Pilze** im Boden, wie die arbuskulären Mykorrhizapilze fördern die Garebildung direkt oder indirekt und benötigen einen möglichst ungestörten Lebensraum und reagieren sehr empfindlich auf Bodenbearbeitung. Sie sind deshalb entscheidend für die Garebildung, weil sie zum einen die Wurzelleistung von Pflanzen durch ihre Symbiose vervielfältigen. Zum anderen bilden sie als Schutzüberzug für ihre Pilzhyphen den Stoff **Glomalin**, der als klebrige und äußert stabile Hülle die Hyphen schützt. Glomalin trägt entscheidend zur Stabilisierung der Aggregate bei und schützt den Boden vor Verschlämmung. Glomalin ist extrem zersetzungsresistent (10–50 Jahre) und zählt damit zu den eher stabileren Humusfraktionen. In natürlichen Ökosystemen kann das Glomalin bis zu 20 % (auf sehr C-reichen Moorböden, in „normalem“ Ackerboden oft weniger) des organischen Kohlenstoffs ausmachen. Der Aufbau in immer wieder bearbeiteten ackerbaulichen Böden ist schwierig, aber nötig für eine stabile Bodengare.

Gare, Erträge und Ertragsstabilität

Eine gute Bodengare trägt zu stabilen und hohen Erträgen maßgeblich bei. Sie puffert Wetterextreme ab und macht die Pflanzen und den Boden resilienter und widerstandsfähiger gegenüber Stressereignissen. Dies gilt für alle Bodenarten, für sehr trockene wie auch sehr feuchte Witterungsabschnitte und auch unabhängig davon, ob Betriebe auf einem hohen oder niedrigen Düngeniveau arbeiten.

Gare und Wasserhaushalt

Eine gute Bodengare ist entscheidend für die Wasseraufnahmefähigkeit von Böden. Je weiter die Bodengare in tiefe Bodenschichten reicht, desto besser ist die Wasserspeicherkapazität der Böden insgesamt. Ein poröser und garer Boden kann in kurzer Zeit große Mengen an Wasser „verdauen“, also aufnehmen und in tiefen Bodenschichten speichern. Die Bodengare vermindert damit oberflächliche Erosion wie auch unproduktive Verdunstung durch z. B. auf der Fläche stehendes Wasser. Dies bedeutet, dass die durch den Klimawandel immer stärker zunehmenden Extremwetterereignisse mit starken Niederschlägen eine

Abb. 4.8 Organische Mulchauflagen liefern die optimale Grundlage zur Ernährung des garebildenden Bodenlebens. Man sieht hier die Beziehung zwischen Pflanzenwurzel, Bodenkrümeln und Mulchauflage.

Exkurs: Einfache Spatendiagnose und erweiterte Spatendiagnose nach Dr. Andrea Beste

Um die Gare in der pflanzenbaulichen Praxis zu erfassen und ein Gefühl für sie zu bekommen, sollten vor jeder Bewirtschaftungsentscheidung mit dem Spaten die ersten 30 cm des Bodens begutachtet werden und hierauf basierend eine Entscheidung getroffen werden. Bei einer einfachen Spatendiagnose sind folgende Faktoren grob und nach Augenmaß abschätzbar:

- Größe und Form der Bodenaggregate (klein – groß, rund – eckig, krümelig – schollig)
- Wurzelverlauf (gleichmäßig oder abknickende Wurzeln an Horizonten)
- Wurzelkontakt zum Boden (gibt es viele Feinwurzeln, finde ich sogenannte „Wurzelhosen" um die Wurzeln)
- Farbverlauf (gleichmäßig oder Verfärbungen ab bestimmter Tiefe)
- Bodenbiologische Aktivität (welche bodenbiologischen Akteure finde ich mit bloßem Auge?)
- Feuchtigkeitsverlauf (gleichmäßig oder Unterbrechung der Kapillarität nach oben oder nach unten)
- Bodenoberfläche (offenporig oder verschlämmt)
- Reststoffe und deren Zustand (findet ein aerober Abbau organischer Substanz statt?)
- Geruch (riecht der Boden neutral-erdig oder unangenehm?)

Für diese einfache Spatendiagnose bietet sich auch das Klemmbrett zur „Einfachen Feldgefügeansprache für den Praktiker" des von-Thünen-Instituts und der Gesellschaft für konservierende Bodenbearbeitung (GkB) an.

Will man einen noch genaueren Blick auf das **Bodengefüge** und die Aggregatstabilität der Krümel werfen und diese auch in ihrer Entwicklung über mehrere Jahre verfolgen, eignet sich die erweiterte Spatendiagnose/Gefügebonitur oder der Aggregatstabilitätstest von Dr. Andrea Beste.

Andrea Beste entwickelte die Spatendiagnose so weiter, dass mit verschiedenen Boniturschemata für verschiedene Bodenarten (tonig, lehmig und sandig) ein einheitliches Bewertungssystem vorliegt, das Vergleiche über mehrere Jahre und bis zu einem gewissen Grad auch zwischen verschiedenen Standorten ermöglicht. Die entwickelten Boniturbögen für die Gefügebonitur unterscheiden zwischen Oberflächen, Oberkrume, Unterkrume und Unterboden. In den Boniturschemata wird im Rahmen der Methode eine Note von 5 (bestes Gefüge) bis 1 gegeben. Die Methode bonitiert vor allem die Form der Bodenaggregate und ihre Größe und Oberflächen (glatt oder rau), wobei sie verschiedene Erscheinungsbilder für die verschiedenen Bodenarten beschreibt.

Die **Bonitur** soll das bodeneigene Strukturvermögen beurteilen. Deshalb sollte möglichst lange nach der letzten Bearbeitung bonitiert werden (z. B. abreifendes Getreide, vor der Ernte im Gemüsebau, vor Einarbeitung der Begrünungen). Um die Ergebnisse von verschiedenen Jahren vergleichen zu können, ist es nötig, zusätzlich immer den gleichen Vegetationszeitpunkt (z. B. Apfelblüte) bei ungefähr gleicher Feuchte zu wählen. Die Wahl eines Vegetationszeitpunktes statt eines fixen Datums muss für die Vergleichbarkeit der Boden im gleichen jahreszeitlichen Entwicklungsstadium sein. So könnte zum Beispiel ein 15. April in einem Jahr noch Frost und Schnee bedeuten und in einem anderen Jahr sommerliche Temperatur. Die Wahl eines Vegetationszeitpunktes schließt diese Fehlerquelle aus. Um genaue Ergebnisse zu erzielen, sollten 4 Probestellen pro homogener Fläche angepeilt werden.

Wird die Methode jährlich mindestens einmal zum gleichen Zeitpunkt angewandt, stellt sie ein vorzügliches Monitoring-Instrument dar, um die Wirkung der eigenen Bewirtschaftungsentscheidungen einschätzen zu können. Sie lässt Vergleiche zwischen den Jahren, zwischen verschiedenen Flächen und Standorten mit verschiedenen Bodenarten zu.

Zusätzlich zum Gefüge wird in einer separaten Methode die **Aggregatstabilität** des Bodens getestet. Mithilfe von einfachen Mitteln wie Eiswürfelformen, Spritzflasche und Pinzette wird

Exkurs: Einfache Spatendiagnose und erweiterte Spatendiagnose nach Dr. Andrea Beste (*Fortsetzung*)

praxisnah die Wasserbeständigkeit der Bodenkrümel beurteilt. Ergebnis dieser Methode ist eine %-Zahl der Aggregatstabilität (z. B. 67 % Aggregatstabilität/wasserbeständige Krümel). Eine Kombination aus Gefügebonitur und Aggregatstabilitätstest bietet sich grundsätzlich immer an, egal welche Methoden genau verwendet werden. Ein verdichtetes Gefüge kann nämlich eine hohe Aggregatstabilität aufweisen (verdichtete Krümel) und ein gutes Gefüge eine geringe Aggregatstabilität (Beurteilung eines sehr stark bearbeiteten Bodens der zwar feinkrümelig, aber überhaupt nicht wasserstabil ist). Diese Missinterpretation wird durch eine Kombination der beiden Tests ausgeschlossen.

Ist nur Kapazität für eine der beiden Methoden vorhanden, so darf die Gefügebonitur ohne Aggregatstabilitätstest durchaus gemacht werden. Anders herum ist ein Aggregatstabilitätstest ohne Gefügebonitur von der Aussagefähigkeit her wenig sinnvoll.

möglichst ganzjährig gute Bodengare immer notwendiger machen. Ziel muss es sein, dass sich die Böden zu jedem Zeitpunkt in einem Zustand befinden, in dem sie jeden Millimeter Regen aufnehmen können – auch wenn es sich dabei um große Wassermengen in kurzer Zeit handelt. Dies ist die einzige Chance, um den immer konzentrierter fallenden Gesamtjahresniederschlag produktiv für die Landwirtschaft nutzbar zu machen.

Zusammenfassung

- Gare bedeutet Krümeligkeit, Porigkeit und Wasserstabilität über den Lebendverbau durch Pflanzenwurzeln. Bodengare ist ein primär biologischer Prozess.
- Zusätzlich zu dieser bodenbiologischen Aktivität müssen auch Bodenchemie und Bodenphysik beachtet werden, um eine optimale Bodengare zu erreichen.
- Gare ist ein Prozess. Je nach Bewirtschaftungsmaßnahme stellt sich der Garezustand unterschiedlich gut oder schlecht dar. Ziel ist es, die Anbausysteme so zu gestalten, dass eine optimale Gare zu möglichst vielen Zeitpunkten gefördert wird.
- Die Spatendiagnose ist das wichtigste Instrument zur Erfassung der Bodengare in der Praxis.
- Eine optimale Gare stabilisiert Erträge sowie den Wasserhaushalt im Boden und erhöht damit die Resilienz der Anbausysteme.

5 Humus

Humus als Prozess

Die Gesamtheit der fein zersetzten organischen Bodensubstanz wird Humus genannt. Abgestorbenes organisches Material wird in komplexen Prozessen biochemisch stabilisiert. Humus ist zugleich Nährstoffspeicher und bestimmender Faktor für die Bodenstruktur, also die Gare. Gare und Humus befinden sich in einer positiven Wechselwirkung zueinander: Eine gute Gare ermöglicht humusaufbauende Prozesse, ein hoher Humusgehalt ermöglicht eine gute und schnelle Garebildung.

Jenseits davon, dass Humus auch eine stoffliche Ebene hat, kann er – ähnlich wie Gare auch – als Prozess begriffen werden, quasi als Niveau des Fließgleichgewichts zwischen Auf- und Abbau der organischen Substanz. Für einen Humusaufbau braucht es sowohl die stoffliche Grundlage, ausreichend Kohlenstoff und Nährstoffe, also Nahrung und Energie für jene Bodenbiologie, die dann unter den richtigen Bedingungen wiederum humusaufbauende Prozesse gestaltet. Welche genauen Bedingungen diese humusaufbauende Bodenbiologie jenseits der materiellen Grundlage braucht, ist bisher wissenschaftlich erstaunlich wenig verstanden. Ein großes Hindernis für die Wissenschaft stellte bisher ausgerechnet das in den Anfängen der Bodenchemie entstandene Konzept der Humin- und Fulvosäuren dar. Diese Einteilung der organischen Bodensubstanz in ihre Löslichkeit in Säure bzw. Lauge resultiert in wissenschaftlichen Artefakten, die zwar eine „wissenschaftliche" Untersuchung zulassen und eine ungefähre Idee der chemischen Zusammensetzung geben, in der wirklichen Welt des Bodens allerdings eine äußerst geringe Relevanz haben. Die Einteilung in Nähr- und Dauerhumus ist in der Praxis sinnvoller, allerdings wird die Verfügbarkeit der organischen Bodensubstanz sowohl von ihrer molekularen Zusammensetzung, von ihrer physikalischen Verfügbarkeit, als auch von den biochemischen Bedingungen des Bodens bestimmt. In den letzten Jahren ist endlich wieder Bewegung in die Humusforschung gekommen und die Verwendung neuartiger Analysemethoden lässt mittelfristig auf neue Erkenntnisse und ein besseres Verständnis der zugrunde liegenden Prozesse hoffen.

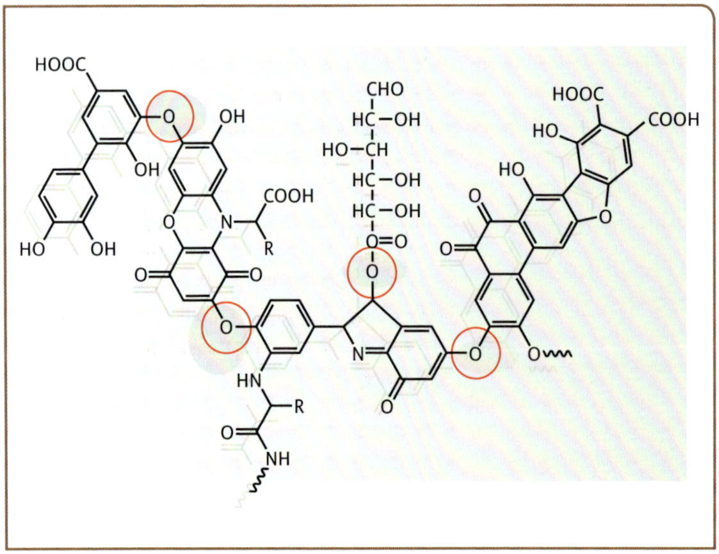

Abb. 5.1 Humus braucht Luft. Dies zeigt sich am Beispiel der Formeln von Huminsäuren: Die Sauerstoffmoleküle verbinden die längerkettigen, molekularen Strukturen.

Humus heißt Sauerstoff

Als Anhaltspunkt kann gelten, dass 90 % der humusbildenden Prozesse aerobe Prozesse sind, also unter sauerstoffreichen Bedingungen stattfinden. Dies wird auch deutlich, wenn wir uns die molekulare Struktur von **Humusverbindungen** anschauen, wobei Sauerstoffatome oft als Bindeglied zwischen den verschiedenen Molekülen wirken. Humusaufbau braucht also Luft und Sauerstoff im Boden. Auch dies weist darauf hin, dass eine gute Gare humusbildende Prozesse unterstützt.

Humus heißt Bodenbiologie

Humusaufbauende Prozesse finden statt, wenn das Bodenleben mit einer Vielfalt an organischer Substanz gefüttert wird, was wiederum eine Vielfalt in der Bodenbiologie ermöglicht. Humusaufbau bedeutet Werden und Vergehen, Fressen und Gefressenwerden, es bedeutet das Zusammenspiel von mikrobiologischen Prozessen mit der Fress- und Verdauungstätigkeit von größeren und kleineren Bodentieren. In einem gesunden Bodennahrungsnetz finden diese Prozesse auf einem hohen Niveau (das heißt in hohen Umsatzmengen) statt. Da am Ende dieser humusbildenden Nahrungskette die großen Bodenlebewesen, die sogenannte Meso- und Makrofauna, stehen, können diese bei der Ansprache des Bodens mit berücksichtigt werden. Die „unsichtbare" Biomasse des Bodenlebens ist sehr groß. Unter einem Hektar landwirtschaftlich genutzter Fläche können bis zu 10 t Bodenorganismen leben. Davon entfallen ca. 20 % auf die Regenwürmer, 40 % auf die Pilze und 15–30 % auf die Bakterien. Eine große Anzahl und Diversität von Regenwürmern, Asseln, Käfern, Enchyträen, Spinnen, Springschwänzen usw. sind Zeichen eines breit aufgestellten Bodennahrungsnetzes. Dieses Bodennahrungsnetz besteht, stark verallgemeinert, aus den folgenden Komponenten:

Bakterien Bakterien besiedeln die Erde in gigantischer Anzahl und beeindrucken durch ihre große Diversität an Überlebens- und Ernährungsstrategien. Sie sind konkurrenzstark und einzelne Arten können sich geänderten Bedingungen durch Massenvermehrung schnell anpassen. Sie binden dabei Nährstoffe in ihrer Biomasse und verbauen Mikroaggregate mit ihrem Schleim. Bakterien sind auch Erstbesiedler; auch Strahlenpilze (Actinomyceten) gehören zu den Bakterien. Die stickstofffixierenden Bakterien, insbesondere die Knöllchenbakterien der Leguminosen, nehmen eine besondere Rolle ein.

Pilze Pilze werden, obwohl ein großes Exemplar mit seinem verzweigten unterirdischen Netzwerk an Hyphen mehrere Tonnen wiegen kann, zu den Mikroorganismen gezählt. Sie können durch ihre hochentwickelten Werkzeuge organische und mineralische Nährstoffe (Phosphor, Calcium, Mikronährstoffe) gut aufschließen, stabilisieren Makroaggregate und Poren und verbessern so den Gasaustausch. Die arbuskulären Mykorrhizapilze versorgen die Pflanzenwurzeln mit Nährstoffen und Wasser im Austausch gegen Zucker. Da Pilze und Bakterien im Labor relativ einfach zu unterscheiden sind (oder auch nicht, wie bei den Strahlenpilzen offensichtlich wird, die lange Zeit fälschlicherweise zu den Pilzen gezählt wurden, aber eigentlich Bakterien sind), werden diesen Organismengruppen einheitlich bestimmte Funktionen zugeschrieben (z. B. Bakterien wachsen schnell und ernähren sich von leicht verfügbaren Substanzen, während Pilze langsam komplexe Stoffe verdauen). Das Pilz:Bakterien-Verhältnis wird oft dazu herangezogen, um (landwirtschaftliche) Ökosysteme zu charakterisieren. Das ist kritisch zu hinterfragen, da es Pilze gibt, die hinsichtlich der Funktion „klassischen" Bakterien in nichts nachstehen, während spezialisierte Bakterien sich wie Pilze verhalten.

Protozoen Protozoen (auch genannt „Urtiere" oder Einzeller) ernähren sich von Pilzen und beweiden Bakterien und machen die darin gebundenen Nährstoffe pflanzenverfügbar. Sie bewegen sich in Poren mittlerer Größe fort.

Nematoden Nematoden haben sehr unterschiedliche Nahrungsquellen: Es gibt Wurzelfresser, Pilz- und Bakterienfresser sowie Jäger von Protozoen und kleineren Nematoden. Auch hier werden mikrobielle gebundene Nährstoffe wieder pflanzenverfügbar gemacht. Nematodengesellschaften reflektieren das Alter und den Status von Ökosystemen und wahrscheinlich auch die Bodenqualität.

Meso- und Makrofauna Zur Meso- und Makrofauna gehören Springschwänze, Bärtierchen, Enchyträen, Milben, Asseln, Tausendfüßler, Spinnen, Käfer, Ameisen, Fliegen, Regenwürmer usw. Sie fressen Mikroben, zerkleinern und fressen Pflanzenreste und scheiden dabei Kotaggregate aus. Sie schaffen bei ihrer Tätigkeit vor allem Grobporen.

Ein intaktes Bodennahrungsnetz, das eine hohe Vielfalt an den oben beschriebenen Komponenten aufweist, sorgt bei ausreichender Fütterung mit Kohlenstoff und Nährstoffen für humusbildende Prozesse. Jenseits dessen führt es zu einem hohen Umsatz und damit auch einer hohen Verfügbarkeit an Nährstoffen. Gleichzeitig können überschüssige Nährstoffe rasch gebunden werden. Pflanzen gehen Symbiosen mit einzelnen Teilen der Bodenbiologie ein und werden hierdurch gestärkt. Außerdem wird die Garebildung durch die diverse Durchporung und Krümelung des Bodens angeregt und dadurch Dichtlagerungen und Fäulnis im Boden aufgelöst. Leider wissen wir immer noch viel zu wenig über die genauen Funktionen vieler dieser Organismengruppen, und die Identifikation ist zu aufwendig, als dass die Untersuchung der genauen Artenzusammensetzung derzeit als relevantes Instrument für die Praxis in Betracht kommen könnte.

Störungen im Humusprozess

Das Bodennahrungsnetz und damit die Humusprozesse können durch verschiedene Vorgänge gestört werden:

Qualitative Verarmung der Mikrobiologie

Die Artenvielfalt bei den Mikroorganismen wird gefährdet …

- durch Monokulturen mit einer geringen Vielfalt an Wurzelexsudaten. Selbst zwischen Sorten unterscheiden sich die Zusammensetzungen der Wurzelexsudate. Einige Kulturpflanzen unterhalten nur wenige funktionelle Mikroorganismengruppen der Rhizosphärenbewohner (z. B. Brassicaceae oder Lupinen).
- durch Sauerstoffarmut. Insbesondere Pilze (u. a. arbuskuläre Mykorrhiza) reagieren

Abb. 5.2 Mulchauflagen fördern die Bodenbiologie und regen die Humusbildung an. Hier im Bild eine Mulchdecke in fortgeschrittenem Abbaustadium. Humusbildende Prozesse sind erkennbar.

empfindlich auf Sauerstoffmangel, der durch Schadverdichtung entsteht.
- durch Fäulnis. Fäulnis ist ein anaerober Abbau organischer Substanzen. Dabei fallen pflanzentoxische Substanzen an, die Wachstum und Gesundheit der Pflanzen gefährden.
  Fäulnis kann begünstigt werden durch Bearbeitung bei zu nassen Bedingungen, Einarbeitung von sehr jungem, frischem grünen Pflanzenmaterial in den Boden, durch die Einarbeitung von Wirtschaftsdüngern, die bei der Lagerung eine vorwiegend anaerobe Rotte durchlaufen haben.

Quantitative Verarmung der Mikrobiologie

Die Populationsgröße der einzelnen Gruppen im Bodennahrungsnetz kann abnehmen...
- durch Anbaupausen, also z. B. Stoppelbearbeitung ohne darauf folgende Begrünung (Sommerbrache) oder die Bearbeitung mit Pflug vor dem Winter (Winterfurche/Winterbrache).
- durch langsam auflaufende Bestände (Spätsaaten im Herbst, Mais), die den Boden nicht schnell durchwurzeln.
- durch geringe Pflanzenzahl/m^2 bzw. Wurzelmasse. Dies trifft vor allem auf manche Gemüsearten sowie manche Reihenkulturen zu und wenn die Kultur keine optimale Standraumverteilung aufweist. Dies ist einer der Vorteile von Mischkulturen.
- durch abreifende Bestände ohne Untersaat. Die ersten Mykorrhiza-Pilze fangen nach etwa 14 Tagen ohne Pflanzendecke und Exsudate an, abzusterben.

Sauerstoffarmut

- Sauerstoffarmut schränkt die Zellteilung und Zellstreckung von Wurzeln sehr stark ein (ab < 15 % Sauerstoff in der Bodenluft zeigen sich erste Einschränkungen im Wurzelwachstum). Ist aller Sauerstoff veratmet, sterben die Wurzeln (ab ca. < 5 % Sauerstoff in der Bodenluft). Auch wenn der Sauerstoffgehalt in der Praxis selten gemessen werden wird, verweisen diese Fakten auf die Wichtigkeit, Schadverdichtungen im Boden zu vermeiden.
- Eine Sauerstoffarmut im Boden kann Schaderregern, die eine größere Resistenz haben, einen Vorsprung geben: Quecke, Drahtwürmer, Engerlinge, Fusarien.
- Bei Sauerstoffarmut im Boden nimmt die Verfügbarkeit von einigen Nährstoffen stark ab. Biologische Zersetzungsprozesse werden verlangsamt: Chemische und biologische „Trägheit“ bzw. „Lähmung“ des Bodens sind die Folge.
- Bodenmikroben stellen ihre Atmung von Sauerstoff auf Nitrat um. Insbesondere bei hohen Nitratkonzentrationen entstehen Stickoxide, die stark zum menschengemachten Klimawandel beitragen.

Weitere Störungen durch landwirtschaftliche Maßnahmen

Folgende Maßnahmen können den Humusprozess stören:
- **Fungizid-Einsatz** (z. B. Kupfersulfat, Netzschwefel). Er tötet Pilze auf dem Blatt der Pflanze. Dies hat auch Auswirkungen auf die Bodenpilze und andere Organismen.
- **Intensive Bodenbearbeitung** zerreißt regelmäßig den pilzlichen Gareverbau.
- **Unangepasste Düngung**, wie zum Beispiel:
  - Phosphor-Überdüngung (Gülle, Geflügelmist) reduziert Mykorrhizabildung, da die Pflanzen „verwöhnt“ werden.
  - Salzwirksame Dünger mit hohem Anteil an einwertigen Kationen (NH_4^+, K^+, Na^+) können Mikroorganismen töten und Bakterienschleime zwischen den Aggregaten lösen sowie die Calcium- bzw. Magnesium-Brücken zwischen Ton und Humus angreifen.

Dauerhumus versus Nährhumus

Humus kann in zwei Fraktionen unterteilt werden, den Dauerhumus und den Nährhumus. Dies ist in der Praxis sinnvoll, obwohl die Stabilität der organischen Bodensubstanz in Wirklichkeit ein Kontinuum darstellt.

Der **Dauerhumus**, in dem sich ein Großteil der Kohlenstoffreserven unserer Böden befindet, hat sich über Jahrhunderte und Jahrtausende aufgebaut. Er ist relativ stabil und stellt die physikalisch-chemisch stabilisierten und geschützten Komponenten des Humus im Boden dar (Strukturverbesserung). Der Abbau ist sehr langsam, außer bei extrem humuszehrender Bearbeitung. Umso schwieriger ist allerdings der Aufbau der Dauerhumusfraktion im Boden. Durch pflanzenbauliche Maßnahmen (z. B. die Zufuhr von organischer Substanz) kann sein Anteil nur sehr langsam gesteigert werden. Das Zuführen von künstlich geschaffenen und extrem stabilen Kohlenstoffformen (z. B. Biokohle), die ähnliche Funktionen übernehmen, könnte eine Lösung sein. Auf diese Maßnahmen, bei denen wir von der Anwendung auf großer Skala noch weit entfernt sind, wird im Folgenden nur am Rande eingegangen.

Im Zentrum der Bemühungen von Anbausystemen zur Verbesserung der Bodenfruchtbarkeit durch Humusaufbau steht also vielmehr der **Nährhumus**. Er stellt die leicht abbaubare wie auch aufbaubare Humusform im Boden dar und wird vor allem durch die Zu- und Abfuhr von organischer Substanz bestimmt. Hierbei ist davon auszugehen, dass der weitaus größte Teil der zugeführten organischen Materialien im Pflanzenbau einem vollständigen Abbau unterliegen. Organisches Material wird innerhalb weniger Monate, spätestens nach wenigen Jahren im Boden komplett abgebaut.

Diese Abbauprozesse führen dazu, dass die Mineralisierung bzw. der Abbau von Nährhumus (organischem Material) und die darauf folgende Nährstofffreisetzung einen wesentlichen Teil der Pflanzenernährung sichern. Der Nährhumus im Boden ist also ständigen Auf- und Abbauprozessen unterworfen. Der Nährhumusgehalt bildet das Fließgleichgewicht diese Prozesse ab – also auf welchem Niveau diese sich ausgleichenden Auf- und Abbauprozesse stattfinden. Ziel des pflanzenbaulichen Managements zum Humusaufbau ist die Anhebung dieses Fließgleichgewichts auf ein höheres Niveau.

Die Maßnahmen in diesem Buch haben also im Wesentlichen nur einen Einfluss auf die Nährhumusgehalte im Boden. Generell gilt: Wenn landwirtschaftliche Maßnahmen beschrieben werden, die die Humusgehalte innerhalb kurzer Zeit stark steigern sollen, dann handelt es sich meistens um Veränderungen im labilen Teil der organischen Bodensubstanz (Nährhumus), die dann aber

Exkurs: Humusaufbau vor allem entscheidend auf „schwierigen", stark sandigen oder tonigen Böden

Besonders entscheidend sind ein ausreichender Humusgehalt und ein entsprechender Humusaufbau auf sehr leichten oder sehr schweren Böden. Sandige Böden profitieren von einem hohen Humusgehalt, in dem dieser über die hohe biologische Aktivität zu einer biologischen Aggregierung und Verklebung der einzelnen Sandkörner führt. Sehr bindige und tonige Böden kann ein hoher Humusgehalt auflockern; er bringt Luft in den sonst sehr dicht lagernden Boden und führt zu einer verbesserten Struktur und Bearbeitbarkeit. Insofern kann es vor allem auf sehr leichten und sehr schweren Sand- bzw. Tonböden mit zusätzlich geringen Humusgehalten sinnvoll sein, mit relativ hohen Gaben von kompostierten organischen Wirtschaftsdüngern (wie z. B. Qualitätskompost) zu arbeiten, um die Humuswerte initial zu erhöhen und eine gute Bewirtschaftbarkeit herzustellen. Denn auf entsprechend heruntergewirtschafteten Böden mit geringer eigener Fruchtbarkeit aufgrund der Bodenart, werden nur dünne und schlechte Pflanzenbestände erzeugt werden können. Entsprechend kann auf solchen Böden die in diesem Kapitel beschriebene Humussteigerung durch Biomasseüberschüsse aus dem eigenen Betrieb heraus nur sehr begrenzt umgesetzt werden.

auch entsprechend schnell wieder abgebaut werden können, wenn die Maßnahmen nicht dauerhaft beibehalten werden.

Strategien für den Aufbau von Nährhumus

Welche Einflussgrößen gibt es nun also, die den Nährhumusgehalt bestimmen, und welche davon sind durch das pflanzenbauliche Management beeinflussbar? Da die Standortbedingungen (Bodenart, Klima etc.) nicht veränderbar sind, bleiben für den **Humusaufbau** die folgenden Stellschrauben:

Steigerung des Umsatzniveaus

Zufuhr versus Abfuhr

Um den Nährhumusgehalt im Boden zu steigern, sollte möglichst viel organisches Material im Betrieb erzeugt und dort gehalten werden. Das heißt, je größer die Biomasseproduktion im Anbausystem ist und je geringer die Abfuhren an organischem Material im Erntegut sowie die Verluste durch z. B. Erosion und Auswaschung sind, desto höher sind die Aufbauraten an Nährhumus.

Eine Annäherung an dieses Verhältnis können schlagspezifische Bilanzrechnungen für alle für den Humusaufbau wesentlichen Elemente und Nährstoffe sein. So bindet eine Tonne Humus-C, also 1000 kg **Kohlenstoff** (C) des Weiteren 80 kg Stickstoff (N), 20 kg Phosphor (P) und 14 kg Schwefel (S). Auch wenn diese Zahlen nur eine Annäherung sind und je nach Boden und Ausgangsmaterial variieren können, werden sie im weiteren Verlauf als grober Richtwert verwendet.

Bilanzierung

Es sollte also für jeden Schlag eine fortlaufende **Humusbilanzierung** für C, N, P und S geführt werden. In diese Bilanz fließt ein, welche Abfuhren an den jeweiligen Elementen im Erntegut (z. B. Weizenkörner) stattgefunden haben und welche Mengen an C, N, P und S über die auf der Fläche verbleibenden Ernte- und Pflanzenreste (z. B. Stroh und Begrünungen) und die Zufuhr von betriebsfremdem organischen Material aufgebracht wurden.

Soll z.B. 1 % Humus aufgebaut werden, rechnet man das auf stofflicher Ebene wie in der unten gezeigten Kalkulation.

Kalkulation: 1 % Humusaufbau in 30 cm Bodentiefe

Grundannahme: 1 t Humus-C = 1000 kg C | 80 kg N | 20 kg P | 14 kg S

1. Schritt: Krumengewicht pro Hektar ermitteln. Der Beispielboden hat ein Trockengewicht von 1,2 t/m³.

Welches Gewicht hat also die Oberkrume von 30 cm auf einem Hektar (10000 m²)?

10000 m² (1 ha) x 0,3 m (30 cm Krumentiefe) = 3000 m³

3000 m³ x 1,2 t/m² (durchschnittliche Dichte des Bodens) = 3600 t (Krumentrockengewicht).

2. Schritt: In dieser Krume von 30 cm soll 1 % (Gewichtsprozent) Nährhumus aufgebaut werden.

Wie viel kg Humus-C entspricht dies?

1 Gewichts-% C im Boden = 3600 t x 0,01 = 36 t

Welche überschüssigen C-Mengen und Nährstoffe sind dafür notwendig?

36 t Humus-C = 36000 kg C | 2900 kg N | 720 kg P | 504 kg S

Für den Aufbau von 1 % (Gewichtsprozent) Nährhumus sind in diesem Beispiel also mindestens Überschüsse von 36000 kg Kohlenstoff, 2900 kg Stickstoff, 720 kg Phosphor und 504 kg Schwefel pro Hektar nötig.

Exkurs: Energetische Nutzung von Biomasse und Humusaufbau

Grundsätzlich ist es im Sinne einer nachhaltigen Landwirtschaft, diejenige fossile Energie, die in der landwirtschaftlichen Produktion in Form von Treibstoffen, Strom und Wärme verbraucht wird, mit erneuerbaren Quellen zu ersetzen. Dies kann zum Teil über die energetische Nutzung von Biomasse geschehen. Darüber hinaus gibt es in den letzten Jahrzehnten einen Trend, energetische und stoffliche Bedarfe außerhalb der Landwirtschaft über Biomasse abzudecken (Stichwort Bioökonomie). Bei beiden Prozessen ist zu bedenken, dass jede energetische Nutzung von Biomasse mit Verlusten an Kohlenstoff verbunden ist, der dann dem Humusaufbau nicht mehr zur Verfügung steht.

Wird Biomasse aus dem Betrieb für eine stoffliche oder energetische Nutzung abgeführt, so sollte dies nur geschehen, wenn über die Fruchtfolge auch deutliche Kohlenstoffüberschüsse erzeugt werden und dieses Minus vertretbar ist und nicht mit massivem Humusabbau einhergeht. Des Weiteren sollten möglichst nur Reststoffe genutzt und nicht etwa potenzielle Lebensmittel zweckentfremdet werden.

Biogas Bei einer Nutzung von Biomasse zur Erzeugung von Biogas gehen dem Betrieb ca. 60 % des Kohlenstoffs verloren. Die langkettigen Kohlenstoffverbindungen wie Lignin und Zellulose bleiben allerdings erhalten. Die flüssigen Gärreste können als schnell verfügbare Stickstoffdünger zur Ertragsoptimierung genutzt werden, verursachen allerdings dadurch potenziell auch einen gesteigerten Humusabbau durch den sogenannten „Priming-Effekt" (siehe S. 44). Neben Reststoffen, die in der landwirtschaftlichen Produktion anfallen, wäre es am nachhaltigsten – aber technisch am anspruchsvollsten – ausschließlich Kleegras als zusätzliches Ausgangssubstrat zu verwenden. Der Anbau von einjährigen Energiepflanzen (insbesondere Silomais) muss aufgrund der hohen Kohlenstoffverluste als kritisch für den Humushaushalt angesehen werden. Eine Alternative wäre die Nutzung von mehrjährigen Biomasse-Kulturarten; hier hat man verschiedene Systeme entwickelt, bei denen sich, zumindest, wenn gut bilanziert wird, auf der Geberfläche ein Gleichgewicht einstellen kann.

Direkte Verbrennung Die Verbrennung von organischer Substanz, wie z. B. Stroh, trockene Gärreste oder andere trockene Reststoffe aus der Landwirtschaft, ist eine der am stärksten humuszehrenden energetischen Verwertungen, kommt aber auch nur für wenige Stoffe aus der landwirtschaftlichen Produktion infrage. Um die Verbrennung möglichst effizient zu gestalten, sollten effiziente Kraft-Wärme-Kopplungsanlagen genutzt werden. Eine weitere Form von direkter Verbrennung ist die Nutzung von Pflanzenöl aus Treibstoff.

Pyrolysierung Durch die Verschwelung von Biomasse unter Luftabschluss wird sogenannte Biokohle hergestellt. Hierbei bleiben bis zu 65 % des Kohlenstoffs in Form von Kohle gebunden. Des Weiteren kann die Abwärme des Prozesses genutzt werden, die Prozesse sind aber klar auf die Produktion der Kohle optimiert. Biokohle kann wieder auf den Flächen ausgebracht werden und den Gehalt an organischem Kohlenstoff im Boden steigern (siehe Exkurs Biokohle, S. 15).

Im Spannungsfeld zwischen erneuerbaren Energien und Landwirtschaft kann Folgendes festgehalten werden: Es sollte ein Ziel sein, dass die Landwirtschaft die Energie, die sie verwendet, auch selbst produzieren könnte und vielleicht sogar sollte. So können fossile Treibstoffe durch Pflanzenöl, Biogas oder Strom ersetzt werden, und auch der weitere landwirtschaftliche Bedarf an Strom und Wärme sollte ggf. über durchdachte, humusschonende Biomasse-Nutzung von überwiegend Reststoffen abgedeckt werden. Ebenso können ggf. Bodenhilfsstoffe wie Biokohle so erzeugt werden.

Ob die Nutzung von landwirtschaftlicher Biomasse zur Versorgung der gesamtgesellschaftlichen Energiebedürfnisse herhalten sollte, muss unter dem Aspekt des Humusaufbaus kritisch gesehen werden. Bei der Biomasseverwertung wird häufig nicht die gesamte Kohlenstoffbilanz (z. B. Humusverluste) berücksichtigt und die Gesamtbewertung ist nur scheinbar positiv.

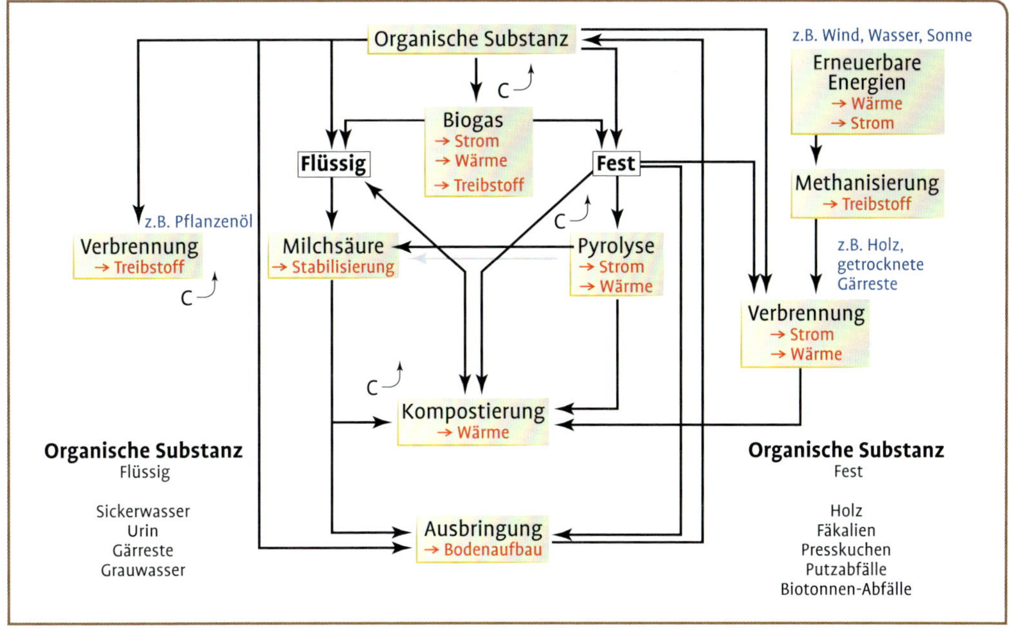

Abb. 5.3 Die energetische Verwertung ist an vielen Stellen mit Kohlenstoffverlusten verbunden. Es sollten dafür also vornehmlich Reststoffe verwendet werden.
Rot = Output; Blau = Ausgangsmaterial; C ⤴ = Kohlenstoffverluste

Um herauszufinden, wie viele Jahre es für diesen Aufbau von 1 % braucht, kann die betriebliche Fruchtfolge mit betriebsüblichen Erträgen zugrunde gelegt werden. Darauf basierend und mithilfe von den C-, N-, P- und S-Gehalten des jeweiligen Ernteguts, der Erntereste, der Begrünungs-Biomasse usw. kann ermittelt werden, wie viel **Fruchtfolge**-Durchgänge bzw. wie viele Jahre es braucht, bis diese Überschussmengen zustande gekommen sind.

Des Weiteren kann über eine solche Bilanzrechnung herausgefunden werden, welches der Elemente bzw. welcher der Nährstoffe den Flaschenhals für den Humusaufbau in der jeweiligen Fruchtfolge darstellt. So kann es sein, dass zwar C, P und S in ausreichenden Überschüssen vorhanden sind, aber aufgrund von fehlendem Stickstoff (N) der Humusaufbau limitiert ist. Bei einem Ungleichgewicht der einzelnen Bestandteile ist die Humusproduktion ineffizient und die überschüssigen Bestandteile entweichen als Gas (CO_2, N_2O) oder werden ausgewaschen (Nährstoffe).

Um die Bilanzen möglichst positiv zu gestalten, sollten zum einen die Abfuhren reduziert und zum anderen die Biomasseproduktion maximiert werden.

Minimierung von Abfuhren und Verlusten

In der Regel werden höhere Abfuhren im Erntegut bzw. höhere Erträge durch die damit verbundenen größeren Mengen an Ernteresten ausgeglichen (so führt ein hoher Kornertrag bei Getreide auch oft zu einem höheren Strohertrag, der dann zum Ausgleich auch auf der Fläche verbleiben müsste). Um Abfuhren zu reduzieren, kommen vor allem Maßnahmen infrage, die das organische Material im Betrieb belassen. So sollten z. B. kein Stroh und keine Kleegras-Aufwüchse verkauft werden, ohne ein Äquivalent an C-, N-, P- und S-haltigen Wirtschaftsdüngern zurückzuerhalten. Sonst kommt es zum **Humusabbau**.

Kalkulation: Humusbilanz-basierte Rückführung zum Humusaufbau

Für einen Schlag wurde eine fünfjährige Fruchtfolge erarbeitet und die Fläche entsprechend bewirtschaftet. Während des ersten Durchlaufs dieser fünf Jahre wurden konsequent die im Erntegut abgefahrenen Mengen an C, N, P und S pro ha dokumentiert sowie die Bindung von C und N durch Erntereste und Begrünungen dem gegenübergestellt. Daraus ergeben sich jeweils Einzelnährstoff-Salden. Im Beispielbetrieb liegen die Bilanzen der einzelnen Nährstoffe für den Schlag bei den folgenden Werten:

Kohlenstoff (C)	+ 3600 kg/ha
Stickstoff (N)	+ 450 kg/ha
Phosphor (P)	– 320 kg/ha
Schwefel (S)	– 230 kg/ha

Die vorliegende Fruchtfolge erzielt also durch ausreichendes Pflanzenwachstum und Leguminosenanteil einen Überschuss bei Kohlenstoff und Stickstoff. Dem gegenüber stehen negative Salden für Phosphor und Schwefel. Werden diese nicht rückgeführt bzw. ausgeglichen, drohen hier langfristig Mangelsituationen. Des Weiteren kann ohne Rückführung dieser beiden Nährstoffe kein effektiver Humusaufbau stattfinden. Um zu ermitteln, welche Stoffe in welcher Menge für einen maximalen Humusaufbau zurückgeführt werden sollten, sollte man sich an dem Element oder Nährstoff mit den im Verhältnis höchsten Überschüssen orientieren. Um dieses Verhältnis zu ermitteln, brauchen wir wieder das Verhältnis zum optimalen Humusaufbau:
1 Teil Kohlenstoff (C) | 0,08 Teile Stickstoff (N) | 0,02 Teile Phosphor (P) | 0,014 Teile Schwefel (S)

Um den Überschuss von 3600 kg C in Gänze in Humus umzuwandeln, bräuchten wir also 288 kg N/ha. Wir haben allerdings bereits 450 kg/ha Überschuss. Das heißt, der Flaschenhals für den Humusaufbau auf diesem Schlag ist nicht nur Phosphor und Stickstoff mit ihren klar negativen Salden, sondern auch Kohlenstoff. Alle drei Komponenten müssen also zugeführt werden. Nur in welchen Mengen?

Kohlenstoff	+ 5652 kg/ha	(3600 / 0,08)
Stickstoff	+ 450 kg/ha	(ist die feste Variable, da am meisten vorhanden)
Phosphor	+ 113 kg/ha	(5652 x 0,02)
Schwefel	+ 79 kg/ha	(5652 x 0,014)

Eine Rückführung muss also unter Berücksichtigung der obigen Salden liefern:

Kohlenstoff	5652 – 3600	=	2052 kg/ha
Stickstoff	450 – 450	=	0 kg/ha
Phosphor	113 + 320	=	433 kg/ha
Schwefel	230 + 79	=	309 kg/ha

Zur Rückführung wird aufgrund des Kohlenstoffbedarfs als erstes ein Grüngutkompost gewählt. Dieser enthält beispielsweise: 139 kg C / t | 8,4 kg N / t | 4,0 kg P / t | 1,2 kg S / t

Um den Kohlenstoffbedarf zu decken, werden 15 t von diesem Kompost je ha ausgebracht.

	Benötigt	**Ausgebracht**	**Überschuss/Mangel**	
Kohlenstoff	2052	2085	33	kg C/ha
Stickstoff	0	126	126	kg N/ha
Phosphor	433	60	-373	kg P/ha
Schwefel	309	18	-291	kg S/ha

Die restlichen Mengen an benötigtem Phosphor und Schwefel werden über Rohphosphat und Elementarschwefel in Reinform ausgebracht und damit die Mängel beseitigt. Eine Zudüngung von Phosphor kann ggf. unterlassen werden, wenn bekannt ist, dass noch große Mengen Phosphor im Ausgangsgestein vorhanden sind und von einer Mobilisierung durch intensive Durchwurzelung ausgegangen werden kann.

Die Düngung sollte aufgrund des leichten (wenn auch im Kompost organisch gebundenen) Stickstoffüberhangs dieser Rückführung vor einer Kultur mit entsprechendem Bedarf erfolgen.

Ausgleichende, bilanzorientierte Rückführung

Wird die oben beschriebene Bilanzierung angewendet, kann es für einzelne Elemente und Nährstoffe zu negativen Salden kommen. Die Abfuhren an Kohlenstoff und Stickstoff können über eine humusaufbauende Fruchtfolge durch die im eigenen Betrieb erzeugte Biomasse und den darin aus der Luft gebundenen Kohlenstoff und Stickstoff ausgeglichen werden. Anders bei Phosphor und Stickstoff. Hier kommt es oft zu klar negativen Salden. Beide Nährstoffe, die elementar für den Humusaufbau sind, können zwar durch intensive Durchwurzelung besser verfügbar gemacht, die in einem intensiven System hohen Abfuhren aber nicht allein durch die Rückbindung aus der Luft mittles Anbau von Leguminosen und anderen Pflanzen ausgeglichen werden.

Deshalb müssen diese Nährstoffe über externe Düngemittel wieder zurückgeführt werden. Idealerweise sollte dies über die hygienische Rückführung von Produktionsabfällen bei der Lebensmittelverarbeitung, Fäkalien und Bioabfall-Kompost geschehen. Schließlich sind dies die beiden Nährstoffpools, in denen die zuvor abgefahrenen Nährstoffe im Erntegut letztendlich landen. Weitere Möglichkeiten sind **Grüngutkompost** sowie andere **Wirtschaftsdünger** und schwefel- und phosphorhaltige Handelsdünger.

Exkurs: Anbauplanung, Düngekalkulationen sowie Kohlenstoff- und Nährstoffbilanzierung

Anbauplanung Für die Umsetzung von Anbausystemen zur Steigerung der Bodenfruchtbarkeit ist eine weitsichtige und detaillierte Anbauplanung sehr hilfreich. So sollten im Ackerbau schlagbezogen und im Gemüsebau beetbezogen die grob geplanten Zeitpunkte für Bodenbearbeitung, Düngung, Saat/Pflanzung, Unkrautregulierung und Ernte aller Hauptkulturen, Zwischenfrüchte, Untersaaten am besten 1,5 bis 2 Jahre im Voraus dargestellt werden. Auch die auf die Nachfrucht abgestimmten Zwischenfrucht- und Untersaat-Mischungen sollten möglichst weit im Voraus festgelegt werden. All dies hilft dabei, das entsprechende Saatgut rechtzeitig zu beschaffen und bodenaufbauende Maßnahmen im laufenden Betrieb nicht zu übersehen.

Düngekalkulation Im Gemüsebau unverzichtbar und im Ackerbau vor allem für Kulturen mit hohem Nährstoffbedarf empfehlenswert ist eine genaue Düngekalkulation mit ausreichendem Vorlauf vor der ersten Bodenbearbeitung. Die entsprechenden Formeln, Ausgangswerte und Datengrundlagen sind idealerweise ebenfalls in der Anbauplanung hinterlegt und können dann für die Kulturen auf den jeweiligen Schlägen bzw. Beeten abgerufen werden. Grundlage ist die Berechnung des Nährstoffbedarfs der jeweiligen Kultur bei dem Erzielen eines bestimmten Ertragsniveaus. Über eine gute Dokumentation der Ergebnisse von Nährstoffuntersuchungen (z. B. N_{Min}-Proben) und der Nährstoffmengen aus Ernterückständen, Zwischenfrüchten, Untersaaten und anderen Begrünungen kann leicht berechnet werden, welche Nährstoffmengen extern zugeführt werden müssen. Die Düngekalkulation ist umso entscheidender, da Anbausysteme zur Steigerung der Bodenfruchtbarkeit die Nährstoffdynamik grundlegend verändern und vor allem in den ersten Jahren der Umsetzung ein höheres Düngeniveau erfordern können.

Kohlenstoff- und Nährstoffbilanzierung Des Weiteren sollten in der Anbauplanung schlag- bzw. beetspezifisch die Abfuhren an Kohlenstoff und an jenen Nährstoffen, die für Pflanzenernährung und Humusaufbau am entscheidendsten sind (mind. N, P, K, S), genau dokumentiert und mit den Zufuhren der gleichen Stoffe durch Begrünungsanbau sowie zugeführte organische Substanz, organische Düngemittel etc. ins Verhältnis gesetzt werden. Diese Bilanzsummen sind entscheidend, um die Entwicklung von Humuswerten abzuschätzen.

Kalkulation: Können doppelte Zwischenfrüchte mehrjähriges Feldfutter ersetzen?

Immer wieder wird die Frage gestellt, mit welchen Begrünungen die Humusreproduktion und N-Fixierung in Anbaupausen maximiert werden kann. Hier stehen sich mehrjähriges Feldfutter wie Kleegras und die intensive Nutzung von Zwischenfrüchten gegenüber.

Einarbeitung von mehreren jungen Zwischenfrüchten Der mehrmalige Anbau und die Einarbeitung von mehreren jungen Zwischenfrüchten in einem Jahr können die Wurzelleistung, die Humusreproduktion und die N-Fixierung von Kleegras nicht annähernd erreichen. Vielmehr besteht hier die Gefahr des Priming-Effekts (siehe S. 44) durch die Einarbeitung von Biomasse mit engem C/N-Verhältnis. Mit einem geringen C/N-Verhältnis geht eine geringe Trockenmasse (TM) einher, was die Humusreproduktionsleistung des jungen Pflanzenmaterials mindert.

Kleegras versus Zwischenfrüchte zur Biomasseernte Etwas anders sieht es bei der Nutzung von Zwischenfrüchten zur Produktion von Biomasse aus. Diese werden zur Blüte gehäckselt, abgefahren und die Biomasse z. B. als Mulchmaterial (siehe Kapitel 12) oder für andere Zwecke verwendet. Zum Einsatz kommen vor allem GPS-Mischungen, die auch für die Produktion von Biogas-Ausgangssubstrat genutzt werden. Eine Einarbeitung dieses Materials verbietet sich, da das hohe C/N-Verhältnis der organischen Masse Nährstoffe binden und das Wachstum der darauf folgenden Begrünung behindern würde. Um einen Vergleich dieses Systems mit dem Anbau von Kleegras vorzunehmen, können zwei Begrünungsstrategien für eine zweijährige Anbaupause (September – September) gegenübergestellt werden:

System 1: Kleegras

Beginn:	Aussaat Kleegras mit Deckfrucht Wick-Roggen (ungedüngt)
Jahr 1:	Biomasseernte Wick-Roggen (11 t TM) – Danach 2 Schnitte Kleegras (9 t TM)
Jahr 2:	3 Schnitte Kleegras. (15 t TM) Umbruch im September – Etablierung Hauptkultur

Gesamttrockenmasseertrag:	**35 t TM**
N-Fixierleistung:	Jahr 1: 150 kg/ha (Wick-Roggen) + 210 (Kleegras) = 360 kg/ha Jahr 2: 350 kg/ha (Kleegras) Gesamt: 710 kg N/ha
N-Düngung:	Gesamt: 0 kg N/ha
Fixierleistung abzüglich Düngung	N-Nettofixierung: 710 – 0 = **710 kg N/ha**

System 2: Zwischenfrüchte

Beginn:	Aussaat Wick-Roggen
Jahr 1:	Biomasseernte Wick-Roggen (11 t TM) – Aussaat Legu-Hafer GPS –. Biomasseernte Legu-Hafer (6 t TM) – Aussaat Wick-Roggen
Jahr 2	Biomasseernte Wick-Roggen (11 t TM) – Aussaat Legu-Hafer GPS –. Biomasseernte Legu-Hafer (6 t TM)

Gesamttrockenmasseertrag:	**34 t TM**
N-Fixierleistung:	Jahr 1: 150 kg/ha (Wick-Roggen) + 100 (Legu-Hafer) = 250 kg/ha Jahr 2: 150 kg/ha (Wick-Roggen) + 100 (Legu-Hafer) = 250 kg/ha Gesamt: 500 kg N/ha
N-Düngung	90 kg N/ha bei Wick-Roggen x 1 = 90 kg N/ha 50 kg N/ha bei Legu-Hafer x 2 = 100 kg N/ha Gesamt: 190 kg N
Fixierleistung abzüglich Düngung	N-Nettofixierung: 500 – 190 = **310 kg N/ha**

Kalkulation: Können doppelte Zwischenfrüchte mehrjähriges Feldfutter ersetzen? (*Forts.*)

Die Düngung in Variante 2 liegt auf einem so hohen Niveau, da die angegebenen TM-Erträge nur bei einer entsprechenden Zudüngung realistisch sind. Unter diesem Aspekt ist die N-Fixierleistung der Leguminosen in den Mischungen noch sehr optimistisch angesetzt. Schließlich führt eine so hohe N-Düngung grundsätzlich zu einer verminderten Fixierleistung.

Bei beiden Varianten wird davon ausgegangen, dass der geerntete Aufwuchs im Betrieb verbleibt und zum Humusaufbau genutzt wird.

Insgesamt zeigt der Vergleich, dass Kleegras selbst im Vergleich mit einem auf Biomasse ausgelegten Zwischenfruchtsystem mehr als die doppelte Menge Stickstoff bei ähnlichem Trockenmasse-Niveau fixiert. Hinzu kommt, dass das Biomasse-Zwischenfruchtsystem deutlich mehr Überfahrten für Bodenbearbeitung, Aussaat und Düngung erfordert, was sowohl Kosten als auch Arbeitsaufwand bedeutet. Zusätzlich dürfte die geerntete Biomasse aus den Zwischenfrüchten ein deutlich höheres C/N-Verhältnis aufweisen als die Schnitte vom Kleegras. Dies führt wiederum zu einer schlechteren Nährstoffverfügbarkeit, wenn das Material z. B. als Mulch verwendet wird.

Insgesamt ist es dadurch unwahrscheinlich, dass Zwischenfrüchte ein effizient gemanagtes mehrjähriges Feldfutter mit mehrfacher Schnittnutzung und betriebsinterner Verwertung des Aufwuchses vollumfänglich ersetzen können.

Welche Mengen Nährstoffe in welcher Form zurückgeführt werden, entscheidet die Bilanzierung.

Die Kalkulation auf S. 40 zeigt verschiedene Herausforderungen bei der Rückführung von Nährstoffen zum Humusaufbau. Grundsätzlich illustriert es, dass für die Verarbeitung von überschüssigem Kohlenstoff und Stickstoff zu Humus vor allem auch Phosphor und Schwefel benötigt werden. Diese stellen damit die potenziellen Flaschenhälse für den Humusaufbau dar. Eine verhältnisgerechte Rückführung von Phosphor und Schwefel ist über organische Wirtschaftsdünger allerdings sehr schwierig und ein Rückgriff auf Reinnährstoffdünger oft nötig, um die entsprechend notwendigen Verhältnisse zu erreichen.

Des Weiteren kann eine solche Rückführung natürlich nicht unabhängig vom allgemeinen Versorgungszustand der Böden erfolgen. Liegt z. B. eine historische Überdüngung mit Phosphor vor, kann diese Komponente selbstverständlich bei der Rückführung ausgelassen werden.

Das Gleiche gilt auch für Stickstoff. Sind hier grundsätzlich hohe Mengen verfügbar, kann man auch auf eine Zudüngung mit Grüngut verzichten und lediglich die Zufuhr von Phosphor und Stickstoff prüfen.

Grundsätzlich hilft eine solche Bilanzierung allerdings dabei, abzuschätzen, wie hoch das grundsätzliche Potenzial für einen Humusaufbau ist und welche Stoffe unter Umständen Engpässe beim Humusaufbau darstellen.

Maximierung der Biomasseproduktion

Für die Maximierung der Biomasseproduktion spielt der Anteil von mehrjährigem **Feldfutter**, also von mehrjährigen Leguminosen-Grasmischungen wie Kleegras die entscheidende Rolle.

Während viele Einflussfaktoren auf den Humusgehalt wissenschaftlich umstritten sind, ist man sich hingegen darin einig, dass der Anteil an mehrjährigem Feldfutter in der **Fruchtfolge** den entscheidenden Einfluss auf den Humusaufbau hat. Dies ist auf Grundlage der hier beschriebenen Dynamiken gut erklärbar: Mehrjähriges Feldfutter ist die Kulturart, die dem Anbausystem mit Abstand am meisten Kohlenstoff und Stickstoff in humusbildenden Verhältnissen zuführt. Außerdem ist die Umsatzgeschwindigkeit durch die Bodenruhe über mehrere Jahre stark herabgesetzt. Ein Aufbau von Nährhumus findet also effektiv statt.

Rolle von Wurzelexsudaten

Immer wieder wird die Rolle von Wurzelexsudaten diskutiert und ob diese nicht unter bestimmten Umständen die Kohlenstoffmengen, die in der oberirdischen Biomasse gespeichert sind, sowie die, die im Erntegut abgefahren werden, um ein Vielfaches übersteigen und damit einen wesentlichen Einfluss auf die Erhöhung der Humusgehalte haben könnten. Einige Quellen gehen davon aus, dass ca. 30 % der gesamten Kohlenstoff-Assimilationsleistung von Kulturpflanzen als Exsudate in den Boden gepumpt werden. Weniger seriöse Schätzungen gehen von einem noch höheren Anteil aus. Es gibt keine einfache wissenschaftliche Kalkulationsgrundlage, um zu bestimmen, mit welchen Kohlenstoff-Exsudatmengen unter welchen Umständen bei welchen Pflanzen gerechnet werden kann und wie sich diese auf den Humusgehalt auswirken. Deshalb ist bei der Abschätzung des Potenzials eines Humusaufbaus in einer bestimmten Fruchtfolge mit der oberirdischen Biomasse zu rechnen. Steigern sich die Humusgehalte dann schneller, als dies die oberirdischen Kohlenstoff- und Nährstoffüberschüsse nahelegen, ist das natürlich erfreulich. Gerechnet werden sollte damit aber nicht, da für die Entwicklung von Bilanzierungsmethoden oft auch die Humusgehalte der Böden gemessen wurden und Wurzelexsudate dadurch in die Entwicklung mit einflossen sind. Es scheint unrealistisch, dass in speziellen Anbausystemen die Pflanzen plötzlich ein Vielfaches an Exsudaten produzieren sollen.

Biomasse-Maximierung und Betriebswirtschaft

Bei der Nutzung dieser Stellschraube kann sich relativ schnell ein Zielkonflikt zwischen Humusaufbau und Betriebswirtschaft ergeben. Rein betriebswirtschaftlich sind nicht nur möglichst hohe Erträge der Rentabilität zuträglich, sondern auch der Abverkauf von Ernteresten wie Stroh sowie Biomasse in Form von z. B. Kleegras-Aufwüchsen. Des Weiteren kann in viehlosen Betrieben ein hoher Anteil an mehrjährigem Feldfutter in der Fruchtfolge ökonomisch schlecht gerechtfertigt werden. Rentabler wäre die Maximierung der Anbaufläche von Drusch- oder Hackfrüchten und das Minimieren des mehrjährigen Feldfutterbaus. Diese Tendenz zeigt sich auch in den aktuellen Betriebsentwicklungen; mit der naheliegenden Folge des weiteren Humusabbaus.

Reduktion der Umsatzgeschwindigkeit

Während die **Erhöhung des Umsatzniveaus** die Kernstrategie ist, um die Nährhumus-Gehalte anzuheben, kann die **Reduktion der Geschwindigkeit des Nährhumus-Umsatzes** diesen Prozess weiter unterstützen und die Anhebung der Humusgehalte beschleunigen.

Bodenbearbeitungsintensität

Der erste Faktor für die Fragen, wie viel Nährhumus wie schnell umgesetzt ist, ist die Menge an Sauerstoff, die dem Boden zugeführt wird. Sauerstoff regt die Abbauprozesse im Boden an und führt zu einem stärkeren und schnellen Abbau von Nährhumus.

Sauerstoff wird im Pflanzenbau vor allem durch die **Bodenbearbeitung** und die **mechanische Unkrautregulierung** in den Boden eingebracht.

Eine Kernstrategie, um den Abbau also zu vermindern bzw. zu verlangsamen, ist die Reduktion der Bearbeitungsintensität und der mechanischen Unkrautregulierung. Maßnahmen in diesem Sinne werden im Laufe des Buches umfangreich erläutert.

Priming-Effekt

Der zweite Faktor, der den Umsatz anregt und beschleunigt, ist der sogenannte „Priming"-Effekt. Er kommt zum Tragen, wenn ein organisches Material, z. B. ein schnell verfügbares organisches Düngemittel oder eine sehr junge Begrünung, flächig in den Boden eingearbeitet wird und ein geringeres **C/N-Verhältnis**

Exkurs: Humusabbau durch mechanische Unkrautregulierung

Ein Striegelgang allein kann bis zu 100 kg Kohlenstoff pro ha (C/ha) und ein Hackgang sogar 200 kg Kohlenstoff pro ha (C/ha) abbauen. Was dies in der Praxis bedeutet, kann an einem Beispiel illustriert werden: Um die zusätzliche C-Veratmung durch Bodenbearbeitung auszugleichen, muss ein Mais-Bestand je 100 kg Kohlenstoffverlust anschließend mindestens 230 kg TM/ha zusätzliche Pflanzenmasse produzieren (wenn wir von einem Kohlenstoffgehalt in der Trockenmasse der Pflanze von rund 43 % ausgehen). Dieser Kohlenstoff muss allerdings dann auch erst wieder in den Humusprozess eingebunden werden. Da es dabei „Verluste" gibt (Tätigkeit der Mikroorganismen), liegt der Bedarf wahrscheinlich eher höher.
Im Fall des Maises entspricht ein dreimaliges Hacken mindestens dem Kohlenstoffgehalt von 1,4 t trockener bzw. 7 t frischer (20 % TM) Pflanzenmasse.

hat als der Boden selbst. So liegt das C/N-Verhältnis des Bodens bei rund 20–25, das von schnell wirksamen Düngemitteln (z. B. Haarmehlpellets) zwischen 3 und 10 und das von sehr jungen Begrünungen bei 10–15. Nach der Einarbeitung brauchen die Mikroorganismen zum Abbau des Düngemittels oder der jungen Begrünung die Kohlenstoffmenge in Differenz zum Boden C/N, um das organische Material zu verarbeiten. Die Einarbeitung dieser Materialien führt also zum Abbau von Nährhumus, weil Kohlenstoff für die „Verdauung" benötigt wird. Aus beiden Quellen (Düngemittel/Begrünung und Nährhumus) wird Stickstoff mineralisiert – unter Umständen sogar mehr als aufgrund der enthaltenen N-Menge im Düngemittel oder in der Begrünung zu erwarten wäre.

Priming unterbricht den Humusaufbauprozess, da die leichter verfügbaren organischen Substanzen, sozusagen das Materiallager für die Humusproduktion, geraubt werden. Gleichzeitig induziert Priming eine Verschiebung von Pilzen zu Bakterien, was den Prozess des pilzlichen Bodenstrukturaufbaus hemmt.

Um diesen Priming-Effekt zu verhindern, kann man zum einen die Einarbeitung von junger Begrünung vermeiden. Zum anderen sollten schnell verfügbare Düngemittel präzise entweder als Punkt- oder Streifendüngung appliziert und nicht flächig eingearbeitet werden.

Effekt von reduzierter Umsatzgeschwindigkeit auf die Nährstoffverfügbarkeit

Setzt man die bodenschonenden, humusaufbauenden Systeme (weniger Bodenbearbeitung, weniger mechanische Unkrautregulierung, Reduzierung von Priming-Effekten) um, dann kann man davon ausgehen, dass durch den reduzierten Abbau des Nährhumuses die Nährstoffverfügbarkeit sinkt. Dies muss in der Einführungsphase von neuen Anbausystemen zur Steigerung der Humusgehalte über eine erhöhte Düngergabe ausgeglichen werden; ansonsten ist zu erwarten, dass die Erträge durch eine geringe Nährstoffverfügbarkeit logischerweise abfallen.

Im Idealfall steigt dann durch die konsequente Umsetzung der Anbausysteme und den hohen Input an organischem Material über die Jahre das Gesamtniveau des Nährhumusgehaltes. Dies führt dann trotz einer geringen Umsatzgeschwindigkeit zu einer wieder langsam steigenden Nährstoffverfügbarkeit, da der Gesamtumsatz sich erhöht. Dadurch sollte die erhöhte Düngung langsam und schrittweise wieder reduziert werden können.

Zusammenfassend bedeutet dies: In einer Übergangsphase muss ein höheres Düngeniveau gefahren werden, bis die langjährigen Überschüsse an organischem Material und die Steigerung des Nährhumuses dazu führen, dass der Nährstoffumsatz auch bei reduzierter Geschwindigkeit auf einem ausreichend hohen Niveau verläuft.

Kalkulation: Nährstofffreisetzung aus Nährhumus

Genaue Zahlen dafür, wie die Nährstoff-Nachlieferung aus dem Humus verläuft und sich verändert und welche entsprechend höheren Düngegaben angewendet werden müssen, gibt es leider noch nicht. Um die oben beschriebene Transformation zu höheren Nährhumusgehalten besser begreifbar zu machen, kann ein abstraktes Zahlenspiel dennoch helfen:

Vor der Umsetzung der genannten humussteigernden Maßnahmen hat ein Betrieb einen Nährstoffpool aus dem Nährhumus, der bei	1000 liegt.
Die allgemeine Nährstoffverfügbarkeit aus diesem Pool beträgt zu diesem Zeitpunkt	x 10 %
Die Nährstoffverfügbarkeit liegt vor Umsetzung der Anbausysteme also bei	100
Nach der Umsetzung der humussteigernden Maßnahmen liegt die Nährstoffverfügbarkeit wegen der geringeren Umsetzungsgeschwindigkeit nur noch bei	5 %
Die Nährstoffverfügbarkeit liegt nach der Umsetzung der Anbausysteme also bei	50 (1000 x 5 %)
Der notwendige Ausgleich mit einem Mehr an Handelsdüngern liegt dann bei	50 (100 – 50)

Der Betrieb behält die humussteigernde Bewirtschaftung bei.

Nach 5 Jahren liegt der Nährstoffpool durch die Humussteigerung bei	1500
Die Umsatzgeschwindigkeit liegt weiterhin bei	x 5 %
Die Nährstoffverfügbarkeit liegt dadurch nach 5 Jahren bei	75
Und der notwenige Ausgleich durch Handelsdünger liegt nur noch bei	25 (100 – 75)
Nach 10 Jahren erhöht sich der Humusgehalt weiter auf	2000
Die Umsatzgeschwindigkeit liegt weiterhin bei	x 5 %
Die Nährstoffverfügbarkeit liegt nach der Umsetzung der Anbausysteme also bei	100
Nun kann die Ausgleichsdüngung mir Handelsdünger ausgesetzt werden. Denn diese liegt bei	0 (100 – 100)

Das Zahlenbeispiel zeigt, wie – unter Umständen – in einer **Transformationsperiode** von rund zehn Jahren das Düngeniveau erhöht werden muss, bis die Nährhumusgehalte soweit gestiegen sind, dass auch bei einer geringeren Umsatztätigkeit mit ähnlichen Nährstoffverfügbarkeiten gerechnet werden kann.

Im Zuge der Einführung von humussteigernden Maßnahmen wird immer wieder davon gesprochen, dass sich das „Bodenleben an die neuen Bedingungen anpassen muss“, bis wieder mit Normalerträgen zu rechnen ist. Diese Beobachtung aus der Praxis kann maßgeblich mit den oben genannten Effekten zusammenhängen. Um die Ertragsdepressionen, die mit dieser Feststellung oft gerechtfertigt werden, zu verhindern, muss entsprechend mit einem höheren Düngeregime gegengesteuert werden.

Nährstoffüberschüsse durch hohe Humusgehalte

Werden nach einer Phase der Umsetzung von humusaufbauenden Maßnahmen z. B. durch einen Wechsel in der Betriebsleitung wieder intensivere Bodenbewirtschaftungsformen umgesetzt, kann dies zu hohen Nährstofffreisetzungen führen. Dies zeigt sich an einer Weiterführung der Kalkulation auf Seite 47.

Bei sehr hohen Nährhumusgehalten wird daher immer wieder die Sorge formuliert, dass es durch die hohe Nährstoffnachlieferung aus dem Humus zu Auswaschungen und unproduktiven Verlusten kommen kann. Dies

Kalkulation: Nährstofffreisetzung aus Nährhumus (*Fortsetzung*)

Die Ausgangssituation nach 10 Jahren humusaufbauenden Maßnahmen war, wie oben beschrieben, die folgende:

Nach 10 Jahren erhöhte sich der Humusgehalt auf	2000
Die Umsatzgeschwindigkeit liegt bei den humusaufbauenden Maßnahmen bei	x 5 %
Die Nährstoffverfügbarkeit also aktuell bei	100

Durch einen Wechsel in der Betriebsleitung wird nun zu den alten, intensiven Anbauverfahren zurückgekehrt. Durch die intensive Bearbeitung und Düngung steigt die Umsatzgeschwindigkeit wieder auf das Niveau vor der humusaufbauenden Bewirtschaftung, nämlich auf 10 %

Die Nährstoffverfügbarkeit springt daher in die Höhe auf 200 (2000 x 10 %)

und liegt damit auf einem doppelt so hohen Niveau wie vor dem Beginn des Humusaufbaus. Über Jahre kann nun vom „vollen Bankkonto" profitiert werden. Die Nährstoffverfügbarkeit wird durch die humuszehrenden Maßnahmen zwar langsam abnehmen, aber für einige Jahre spürbar anhalten. Dies ist vergleichbar mit den Effekten eines Grünlandumbruchs, die ja ebenfalls zu enorm schubhaften Nährstofffreisetzungen führen, welche sich auch oft in Ertrag umsetzen.

ist in den hier beschriebenen Anbausystemen allerdings unwahrscheinlich. Zum einen führt die Umsetzung dieser speziellen humussteigernden Maßnahmen – wie bereits schon erwähnt – zu einer geringeren Umsatzgeschwindigkeit, was schubartige, hohe Mineralisierung unwahrscheinlicher werden lässt. Des Weiteren ist durch die dauerhafte und maximierte Begrünung fast durchgehend eine lebende Pflanzendecke vorhanden, die etwaig frei werdende Nährstoffe sofort aufnehmen und in der eigenen Biomasse binden kann.

Hinzu kommt, dass das Ertragsniveau der heutigen Sorten im Ökolandbau noch lange nicht ausgereizt ist. Dies führt dazu, dass die Humussteigerung und das damit verbundene höhere Nährstoffniveau in diesen Anbausystemen höchstwahrscheinlich erst einmal in Mehrertrag umgesetzt werden. Bis die Nachlieferung aus der organischen Substanz und dem Nährhumus ein Niveau erreicht haben, das die angebauten Kulturen nicht mehr verarbeiten können, ist es noch ein langer Weg.

Aus diesen Gründen sind Verluste bei zu hohen Humusgehalten in den hier beschriebenen Anbausystemen für den Ökolandbau nicht zu erwarten.

Anders sieht es natürlich aus bei abweichenden Strategien des Humusaufbaus. Werden z. B. hohe Mengen an unreifem Kompost (oder anderem, wenig stabilisiertem organischen Material) zur schnellen Humussteigerung ausgebracht und wird gleichzeitig nicht mit intensiven Begrünungen gearbeitet, sondern mit viel Schwarzbrache und intensiver Bodenbewegung, dann sind Nährstoffverluste vorprogrammiert. Eine weitere Ausnahme stellen trockengelegte Moore mit nahem Grundwasserstand dar, die einer intensiven Bewirtschaftung unterzogen werden.

Betriebsvergleich

Die Auswirkungen aller bisher beschriebenen Parameter, also der Veränderung des Umsatzniveaus und der Umsatzgeschwindigkeit auf den Humusaufbau, lassen sich an zwei Betriebsformen exemplarisch erläutern:

Milchviehbetrieb

In Langzeit-Untersuchungen weisen Milchviehbetriebe oft sehr hohe Humusgehalte auf. Dies ist dadurch zu erklären, dass in der ackerbaulichen Fruchtfolge der Anteil an mehrjährigem Feldfutter sehr hoch ist. Die

Biomasseproduktion wird hiermit maximiert und damit auch die Produktion und Mobilisierung von C, N, P und S. Zusätzlich wird ggf. von außen Kraftfutter mit entsprechenden Nährstoffmengen für die **Viehhaltung** hinzugekauft, die sich später im Mist wiederfinden. Gleichzeitig werden die Abfuhren aus dem Betrieb insgesamt sehr gering gehalten. Ein Großteil des Kohlenstoffs und der Nährstoffe aus dem Kleegras geht per Mist auf die Flächen zurück. Außerdem werden im Erntegut, in diesem Fall also Fleisch oder Milch, nur minimale Mengen an Kohlenstoff und Nährstoffen abgeführt. Milch enthält nur geringe Mengen an C, N, P und S. Die Salden der Ackerschläge dürften also deutlich positiv ausfallen. Hinzu kommt eine stark reduzierte Geschwindigkeit des Umsatzes, da durch den hohen Anteil an mehrjährigem Feldfutter sehr lange Perioden der Bodenruhe vorhanden sind, in denen weder Boden bearbeitet wird noch mechanische Unkrautregulierung stattfindet. Schnell wirksame Düngemittel werden nur gelegentlich in Form von Güllen

Exkurs: Humus kommt von Pflanzen und nicht von Tieren

Wird von Humusaufbau oder Steigerung der Bodenfruchtbarkeit gesprochen, ist eine der ersten landläufigen Assoziationen, dass es dafür einen guten Mist aus Rinderhaltung braucht. Doch das ist ein großes Missverständnis.

Denn **Mist** ist nichts anderes als z. B. durch den Kuhmagen transformierte Pflanzenmasse mit einem schwankenden Strohanteil. Tiere schaffen keinen Humus und schon gar keine Nährstoffe, sondern lassen die im Pflanzenmaterial enthaltenen Kohlenstoffe und Nährstoffe durch sich hindurchfließen. Würde man die Pflanzenmasse direkt ausbringen, würde dies die gleichen Effekte auf den Boden haben. Dass die Verdauung durch das Tier das organische Material für eine bessere Humusmehrung aufbereitet, ist wissenschaftlich umstritten.

Hinzu kommt, dass je nach Management durch den Transport und die Lagerung von Mist und anderen Reststoffen aus der Tierproduktion wie Güllen Nährstoffe gasförmig verloren gehen – und dies unter Umständen in deutlich höherem Maße als wenn die Pflanzenbiomasse direkt ausgebracht worden wäre, anstatt den Umweg durch den Rindermagen zu nehmen.

Warum bauen viehhaltende Betriebe trotzdem tendenziell mehr Humus auf als viehlose, wie in zahlreichen großen Studien belegt? Dies liegt nicht an der Tierhaltung, sondern an anderen Faktoren:

- Für die Tierhaltung wird oft viel mehrjähriges Feldfutter angebaut. Dies führt zu einer hohen Biomasseproduktion, die im System/im Betrieb verbleibt.
- Durch den etwaigen Zukauf von Futtermitteln, Stroh etc. werden zusätzliche Kohlenstoff- und Nährstoffmengen in das System/in den Betrieb eingeführt.
- Diesem hohen Input stehen sehr geringe Abfuhren gegenüber. Im Vergleich zu Ackerfrüchten oder Gemüsekulturen werden in den Schlachttieren oder noch deutlicher in der Milch nur sehr wenige Nährstoffe und sehr wenig Kohlenstoff vom Betrieb abverkauft.

Es ist also davon auszugehen, dass, wenn in einem Versuch eine typische Viehbetriebsfruchtfolge und damit die Biomasseproduktion und Inputs bei den gleichen Abfuhren rein pflanzlich rekonstruiert werden würden und die Biomasse ohne Umweg über den Tiermagen direkt ausgebracht werden würde, dies zu mindestens den gleichen, wenn nicht gar höheren Humussteigerungen führen würde. Hinzu kommt, dass in viehlosen Betrieben Stroh und Biomasse aus stickstoffreichem Kleegras und Gründüngungen nicht verfüttert oder eingestreut werden muss. Dies führt dazu, dass die in diesem Buch beschriebenen Anbausysteme mit permanenter Durchwurzelung und Bodenbedeckung konsequent umgesetzt werden können. Viehaltende Betriebe haben es hierbei deutlich schwerer.

eingesetzt und auch nicht zwangsläufig eingearbeitet. Entsprechend haben Milchviehbetriebe oft ein Humusfließgleichgewicht auf sehr hohem Niveau bei einer langsamen Umsatzgeschwindigkeit.

Gemüsebaubetrieb

Am anderen Ende des Spektrums stehen rein pflanzenbauliche Betriebe ohne Viehhaltung, wobei Gemüsebaubetriebe hier die extremste Ausformung sind. Die Fruchtfolge ist oft geprägt von einem sehr geringen Feldfutteranteil, falls überhaupt vorhanden. Es kommt also zu einer sehr geringen Produktion von Biomasse, die im Betrieb verbleibt, und einer entsprechend schlechten Bereitstellung von C, N, P und S. Hinzu kommen sehr hohe Abfuhren im Erntegut. Oft werden ganze Pflanzen, wie z. B. Kohl, abverkauft; diese enthalten enorme Mengen an C, N, P und S, welche dem Betrieb dadurch verloren gehen. Zudem erfolgt in solchen Betrieben eine Bodenbearbeitung, die oft äußerst intensiv ausfällt, und eine Kulturführung, die dominiert ist von intensivster, mechanischer Unkrautregulierung. Als letzter Faktor kommt noch ein ausgeprägter Einsatz von organischen Handelsdüngern mit den damit verbundenen Priming-Effekten hinzu.

Gemüsebaubetriebe sind also geprägt von einer geringen Bereitstellung von organischer Substanz für die Humusreproduktion bei gleichzeitig hohen Abfuhren und hoher Humusmineralisierungsrate, was zu einem rapiden **Humusabbau** und einem Humusfließgleichgewicht auf sehr geringem Niveau führt.

Humus heißt Stickstoff

Mit Bezug auf die Wechselwirkungen zwischen Humus und Stickstoff stellen sich zwei Fragen. Zum einen ist zu überlegen, woher die N-Überschüsse stammen, die für einen Humusaufbau nötig sind. Zum anderen ist es eine relevante Frage, wie viel N aus der organischen Bodensubstanz, also dem Nährhumus nachgeliefert wird und damit der Pflanzenversorgung zur Verfügung steht.

Exkurs: Humusaufbau durch hohe Kompostgaben

Eine Strategie für den schnellen Humusaufbau ist das Einbringen von großen Mengen an hochwertigem Kompost auf kleiner Fläche. Abgesehen davon, dass nach aktuellen Wissensstand auch dieses organische Material einem Abbau unterworfen ist, also nicht die Dauerhumusfraktion im Boden mehrt, ist dies sicherlich eine Maßnahme, um den Nährhumusgehalt in geringer Zeit schnell nach oben zu bringen. Allerdings ist das Verfahren in verschiedener Hinsicht problematisch.

Herkunft des organischen Materials bzw. des Komposts Das Verfahren ist schwer verallgemeinerbar. Denn würden die entsprechenden Kompostmengen auf allen bewirtschafteten Ackerflächen ausgebracht werden, würde nicht annähernd genug Kompost bzw. Ausgangsmaterial zur Herstellung dieser Kompostmengen zur Verfügung stehen. Diese Strategie basiert auf einem massiven Input von organischem Material von außerhalb des Betriebes und ist in dieser Hinsicht weder verallgemeinerbar noch nachhaltig. Gerechtfertigt wäre eine Zufuhr an Kompost in einem Maße, das sich an der Abfuhr der nicht regenerierbaren Nährstoffe wie P, K, S usw. im Erntegut orientiert (siehe Kapitel 5).

Humusaufbau aus dem Betrieb heraus
Während die oben genannten Nährstoffe nicht aus dem landwirtschaftlichen Betrieb heraus erzeugt werden können, sollte Kohlenstoff und Stickstoff für den Humusaufbau zum überwiegenden Teil aus dem eigenen Anbausystem oder der eigenen Fruchtfolge heraus gebunden werden. Dies kann über einen ausreichend hohen Anteil an mehrjährigem Feldfutter, Zwischenfrüchte und anderen Begrünungen gewährleistet werden.

Exkurs: Die Rolle von frei lebenden N-fixierenden Bakterien

Immer wieder wird spekuliert, ob die Umsetzung von Anbausystemen zur Steigerung der Bodenfruchtbarkeit eine sprungartige Erhöhung der Populationen an frei lebenden, N-fixierenden Bakterien zur Folge hat. Zu den bekanntesten Bakterien dieser Gruppe zählen Arten der Gruppe **Azotobacter**. Sie sind anders als die sogenannten „Knöllchenbakterien" auch ohne eine Symbiose mit der Pflanzenwurzel in der Lage, zu überleben, und können auch im sauerstoffreichen Milieu des Bodens Stickstoff fixieren. Ihr natürliches Fixierungspotenzial wird auf ca. 10–20 kg N pro Jahr und ha geschätzt. Andere Unterarten der Azotobacter können Kalium und Phosphor im Boden aufschließen und verfügbar machen. Auch wenn Azotobacter unabhängig von der Pflanzenwurzel leben können, so findet sich trotzdem eine höhere Konzentration in den Hotspots der Rhizosphäre, also in der Nähe der Pflanzenwurzel. Eine intensive und vielfältige Durchwurzelung bietet also auch diesen hilfreichen Bakterien ein gutes Habitat.
Wie stark die Fixierleistung dieser Bakterien durch eine Änderung der Anbausysteme und eine intensive Durchwurzelung des Bodens steigen kann und ob ein gezieltes Ausbringen dieser Bakterienstämme (erste Präparate sind bereits auf dem Markt erhältlich) diese Fixierleistung weiter erhöht, wird zurzeit wissenschaftlich untersucht. Einem eigenen Experimentieren mit solchen Präparaten steht zwar nichts im Wege, allerdings sollte man bei der N-Versorgung nicht auf diese Effekte bauen, bis harte Daten zur Verfügung stehen werden. Zugespitzt formuliert: Wenn durch darauf ausgerichtete Anbausysteme die N-Fixierung der freilebenden Stickstofffixierer um 100 % gesteigert, also verdoppelt werden könnte, wäre das schon eine enorme Leistung. Allerdings würden wir selbst in diesem optimalen Falle von maximal 10–20 kg zusätzlichem N sprechen.

Woher stammt der Stickstoff für den Humusaufbau?

Wie oben beschrieben sind es keine unerheblichen N-Überschüsse, die vorhanden sein müssen, um einen mittel- oder langfristigen Humusaufbau zu erreichen.

Biologische N-Fixierung über die Fruchtfolge maximieren Um die entsprechenden N-Überschüsse zu erzeugen, sollte das biologische Fixierungspotenzial durch **Leguminosen** maximiert werden. Hierfür bieten sich vor allem ein optimal gemanagtes Kleegras sowie die intensive Nutzung von leguminosenhaltigen Zwischenfrüchten an.

Nutzung nachhaltiger N-Handelsdünger Für die Versorgung N-bedürftiger Kulturen ist ein organischer **Handelsdünger** oft unerlässlich. Auch dieser liefert Stickstoff für einen potenziellen Humusaufbau. Um die Anbausysteme möglichst nachhaltig zu gestalten, sollten diese Handelsdünger ihren Ursprung vor allem in der ökologischen Landwirtschaft haben und/oder idealerweise ebenfalls aus der symbiotischen N-Fixierung der Leguminosen hervorgegangen sein.

Düngemittel auf Leguminosen-Basis Als schnell verfügbare Stickstoffdünger sind Kleegras- bzw. Klee- oder Luzerne-Pellets das Düngemittel der Wahl – wenn auch relativ teuer. Ebenfalls infrage kommen Körnerleguminosenschrote, wie z. B. Ackerbohnen-, Soja-, Erbsen- oder Lupinenschrot. Wenn regional verfügbar, kann auch Bio-Biogasgülle mit möglichst Kleegras als Substratgrundlage genutzt werden.

Weitere Düngemittel Eine ähnlich gute Nährstoffverfügbarkeit weisen Handelsdünger auf, die aus dem Substrat und der abgetöteten Pilzbiomasse der Penicillinherstellung hervorgehen. Eher langsam fließende bzw. mit Verzögerung wirkende Düngemittel mit ggf. vertretbarer Herkunft sind zudem Pellets aus dem Presskuchen von ökologischen Ölsaaten, die bei der Bio-Speiseöl-Herstellung anfallen, und Wollpellets aus Schafwolleresten.

Aus der Perspektive des nachhaltigen Humusaufbaus sollte man Düngemittel aus konventionellen Reststoffen oder Schlachtabfällen vermeiden. Allein schon deshalb, weil für den Anbau von Futtermitteln für die dafür notwendige Tierproduktion irgendwo auf der Welt massiv Humus abgebaut wurde. Wenn die konventionelle Herkunft der Düngemittel nicht vermeidbar ist, sollten Dünger pflanzlichen Ursprungs tierischen Düngemitteln vorgezogen werden.

N-Nachlieferung / N-Verfügbarkeit aus Humus

Wie hoch die standortspezifische Nachlieferung von Stickstoff aus dem Humus ausfällt, ist nur sehr schwer spezifisch zu bestimmen. Sie hängt ab vom Wasser- und Sauerstoffgehalt im Boden, der Bodentemperatur und damit vom Standort (Witterung, Hangrichtung, Hangneigung). Diese Faktoren sind nicht beeinflussbar. Allerdings spielt zusätzlich die Intensität der Bodenbearbeitung, die Intensität der mechanischen Unkrautregulierung und die Höhe der aktuellen Humusgehalte und das C/N-Verhältnis des Bodens (hoch = wenig Nachlieferung; niedrig = viel Nachlieferung) eine Rolle.

Für einmaliges Striegeln kann man Freisetzungen von ca. 10 kg N/ha und für das Hacken solche von ca. 20 kg N/ha ansetzen. Hiermit sind natürlich auch die oben beschriebenen Humusverluste verbunden.

All dies bleibt jedoch eine Annäherung, da viele Faktoren wie Bodenbearbeitung und Standortfaktoren in dem oben beschriebenen Modell nicht mit einbezogen werden. Dennoch hilft es zur Annäherung als Grundlage der N-Kalkulation. Denn diejenige Menge des Pflanzenbedarfs, welche nicht aus der organischen Bodensubstanz zur Verfügung gestellt wird, muss über Ernterückstände, Begrünungen, also die Zufuhr von organischer Substanz, und organische Düngemittel ausgeglichen werden.

Kalkulation: Faustzahlen für die N-Nachlieferung aus Humus

Im März und April:	ca. 2,5 kg (niedrig), 3 kg (mittel) oder 3,5 kg (hoch) N/ha pro Woche (8 Wochen)
Mai bis Mitte September:	ca. 5 kg (niedrig), 6 kg (mittel) oder 7 kg (hoch) N/ha pro Woche (18 Wochen)
Mitte September bis Mitte November:	ca. 2,5 kg (niedrig), 3 kg (mittel) oder 3,5 kg (hoch) N/ha pro Woche (8 Wochen)

Anteilig bedeutet diese Nachlieferung also gerundet:

März und April:	gleichmäßig 15 % des nachgelieferten Stickstoffs
Mai bis Mitte September:	gleichmäßig 70 % des nachgelieferten Stickstoffs
Mitte Sept. bis Mitte Nov.:	gleichmäßig 15 % des nachgelieferten Stickstoffs

Möchte man sich nicht an den Faustzahlen orientieren, sondern am realen Humusgehalt, so muss man über den Humusgehalt den Anteil an organischem Stickstoff errechnen. Beispielsweise könnte ein Boden mit 3 % Humus auf einer Krumentiefe von 30 cm 5000 kg organischen Stickstoff enthalten. Davon werden in einem Jahr rund 2–3 % frei. Gehen wir von 3 % aus, sind dies 150 kg. Auf die drei Jahresabschnitte ausgeteilt würde dies bedeuten:

März und April:	22,5 kg N/ha/8 Wochen = 2,8 kg N/ha/Woche
Mai bis Mitte September:	105 kg N/ha/18 Wochen = 5,8 kg N/ha/Woche
Mitte Sept. bis Mitte Nov.:	22,5 N/ha/8 Wochen = 2,8 kg N/ha/Woche

Zusammenfassung

- Humusaufbau und gute Bodengare stehen in einer positiven Wechselwirkung zueinander. Eine gute Bodengare ermöglicht humusaufbauende Prozesse. Ein hoher Humusgehalt führt schneller zu guter Bodengare.
- Für den Humusaufbau sind vor allem eine hohe Vielfalt und eine starke Aktivität aerober Bodenbiologie entscheidend. Eine Verarmung dieser Bodenbiologie stört den Humusbildungsprozess. Die Basis für Humusaufbau ist die Produktion von Biomasse-Überschüssen aus Pflanzen.
- Während der Aufbau von Dauerhumus durch pflanzenbauliche Maßnahmen nur schwer zu erreichen ist, geht es vor allem um den Aufbau von Nährhumus. Nährhumus befindet sich in einem ständigen Umsatz aufgrund von Auf- und Abbau der organischen Substanz im Boden.
- Für den Humusaufbau gibt es zwei zentrale Stellschrauben: Umsatzniveau und Umsatzgeschwindigkeit.
- Um Humus aufzubauen, muss das Umsatzniveau gesteigert werden. Durch einen höheren Überschuss an Kohlenstoff und Nährstoffen pendeln sich das Umsatzniveau und damit auch die Humusgehalte auf einem höheren Niveau ein. Dieser Überschuss steigt, wenn die Biomasseproduktion im Betrieb gesteigert, die Rückführung optimiert und die Abfuhren minimiert werden.
- Die zweite Stellschraube ist die Umsatzgeschwindigkeit. Wird diese reduziert, wird weniger Humus abgebaut. Dies kann z. B. durch eine Reduzierung der Bearbeitungsintensität erreicht werden. Eine verringerte Umsatzgeschwindigkeit bedeutet aber auch eine geringere Nachlieferung an Nährstoffen aus abgebauten Humusverbindungen. Diese fehlenden Nährstoffe müssen ausgeglichen oder die Pflanzenernährung transformiert werden.

6 Unkrautregulierung im System

Systemische Ursachen und biologische Regulierung

Eine Unkrautregulierung im Bestand sollte nur das letzte Mittel der Wahl sein. Deutlich nachhaltiger ist eine systemische und biologische Regulierung des Unkrautvorkommens in der gesamten Fruchtfolge, für die es verschiedene Ansatzpunkte und Strategien gibt.

Systemische Ursachen

Exkurs: Unkräuter als Hinweisgeber für die Bewirtschaftung

Unkräuter können Hinweisgeber für die zukünftige Bewirtschaftung sein. Viele Unkräuter übernehmen bestimmte biologische Funktionen. So können sie einen Hinweis darauf geben, welche Begrünungspflanzen zur Unkrautunterdrückung gewählt werden sollten – nämlich solche, die von der Pflanzenfamilie, der Wuchsform und Durchwurzelung ähnliche Eigenschaften besitzen wie die dominanten Unkräuter. In einer flexiblen Fruchtfolge können ebenso Hauptkulturen auf Grundlage der Unkrautflora eingesetzt werden. So konnten beispielsweise nach einer Verunkrautung von Wintergetreidebeständen mit Wickearten besonders gute Wickenerträge erzielt werden, wenn diese in der Folge als Hauptkultur angebaut wurden.

Ökologische Nischen beseitigen Viele Unkräuter können als Bewohner ökologischer Nischen aufgefasst werden. Das heißt, dass ihr Wachstum und Vorkommen eine Reaktion auf bestimmte Boden- und Standortverhältnisse ist. Dass dies der Fall ist, lässt sich daran ablesen, dass sich mit einer Veränderung der Bewirtschaftung die Unkrautflora oft schlagartig ändert. Es gilt also, diese Nischen zu erkunden und mit ihnen so umzugehen, dass die Unkräuter nicht mehr „gebraucht“ werden.

Gareschäden und Verdichtungen Eine dieser Nischen sind Verdichtungszonen im Boden. Vor allem Wurzelunkräuter wie Disteln, Ampfer und Quecken nutzen diese Zonen, die andere Pflanzen nicht nutzen können. Des Weiteren sind diese drei Arten auch sehr tolerant gegenüber sauerstoffarmen Verhältnissen im Boden. Oft sind sie auch Anzeiger von durch Verdichtung bedingter Staunässe. Andere Pflanzen wie Kamille und Löwenzahn können eher oberflächliche Verschmierung durch Hacken oder Säschare anzeigen. Eine systemische Maßnahme wäre hier die Beseitigung von Verdichtungs- bzw. Schmierzonen durch z. B. Maßnahmen, wie sie im Kapitel 9 erläutert werden.

Sind Böden von starkem Strukturverfall, geringen Humusgehalten und darauf folgend von Verschlämmung und Erosion betroffen, kommen Pionierpflanzen wie Trespen, Amaranthe, Beifuß, Knöterich, Winden, Quecken und Windhalm zum Zuge. Eine Gegenstrategie wäre der möglichst schnelle Aufbau von stabilisierender, organischer Bodensubstanz.

Nährstoffmängel und -überschüsse Unkräuter können auch eine Reaktion auf Nährstoffmängel und -überschüsse sein. Sie versuchen dann, diese jeweils mit ihrem Wachstum zu beseitigen. So können Unkräuter bestimmte Nährstoffe aufschließen oder sie in ihrer Biomasse binden. Bestimmte Ungräser erhöhen die Eisen- und Zinkverfügbarkeit. Schachtelhalm schließt Silizium auf, während Klettenlabkraut und Brennnesseln N-Überschüsse verarbeiten. Eine Strategie zur Bekämpfung wäre dann die pflanzbaulich effektive Beseitigung dieser Mangel- und Überschusssituationen durch Kulturpflanzen, die diese Aufgaben übernehmen.

Exkurs: Nichtmykorrhizierende Kulturpflanzen

Neben Unkräutern gibt es selbstverständlich auch Kulturpflanzen aus den entsprechenden Pflanzenfamilien, die keine Symbiose mit Mykorrhiza eingehen:

- Kreuzblütler: Raps, Senf, Kohle, Rettiche usw.
- Gänsefuß- und Amaranthgewächse: Zucker-/Futterrübe, Rote Beete, Spinat, Mangold usw.
- Knöterichgewächse: Buchweizen, Rhabarber

Außerdem bilden Lupinen keine Symbiose mit Mykorrhiza; sie haben in ihrer Evolution anders als andere Leguminosen die genetische Grundlage hierfür verloren.
Da die Symbiosepilze allerdings sehr empfindlich sind, kann es sinnvoll sein, den entsprechenden Kulturpflanzen andere Partner als Untersaaten, Beisaaten oder in Form von Gemengen zur Seite zu stellen, die die Mykorrhiza weiter ernähren.

Fehlende Bodenbiologie Des Weiteren können Unkräuter die Funktion von Pionierpflanzen übernehmen, die auf bodenbiologisch verarmten Standorten zurechtkommen. Fehlt beispielsweise Mykorrhiza, können ggf. Unkräuter vergleichsweise gut gedeihen, die diese Symbiose nicht eingehen. Dies sind z. B. Kreuzblütler, Gänsefuß- und Amaranthgewächse sowie Knöterich- und Nelkengewächse. Auch hier kann mit ausreichender Begrünung und Wurzelvielfalt gegengesteuert werden.

Chemische Ungleichgewichte beseitigen Unkräuter können ebenfalls Anzeiger für chemische Überschüsse oder Mangel sein. Eine komplexe Bodenanalyse und eine entsprechende Düngung können hier als systemische Strategien zielführend sein. Allerdings herrscht zu diesem Thema noch viel Unklarheit: Es fehlen Studien und es gibt wenig wissenschaftliche Beweise. Dies führt dazu, dass verschiedene Analyse- und Empfehlungsmethoden in Konkurrenz zueinander stehen

Exkurs: Queckenbekämpfung

Während der Bewuchs von vielen **Wurzelunkräutern** durch systemische bzw. biologische Regulierung bzw. durch einen mehrfachen Schnitt in der Blüte geschwächt werden kann, ist dies bei der Quecke schwieriger.
Die Quecke sondert sowohl beim Wachstum als auch beim Abbau ihrer organischen Substanz allelopathische Stoffe aus, die andere Pflanzen bei der Keimung hemmen und ihr Wachstum unterdrücken; sie schaden deren Wurzelmassebildung und vermindern die N-Fixierungsmöglichkeiten von Leguminosen. Diese pflanzenschädigenden Effekte dauern 1–2 Wochen nach dem Absterben der letzten Quecken an. Deshalb ist eine einmalige Bearbeitung bei einem stark „verqueckten" Schlag selten ausreichend. Die darauf folgende Saat wird kaum keimen bzw. im Wachstum kümmern. Hinzu kommt, dass die Quecke mehrmals aus ihren Stolonen neu austreiben kann. Es kann deshalb unter Umständen sinnvoll sein, um die Quecke zu beseitigen, eine intensive Bodenbearbeitung zu nutzen. Dies kann zwar zu einem zeitweisen Abbau der organischen Substanz führen, allerdings ist mit der Quecke auch kein Bodenaufbau möglich. Die **Bodenbearbeitung** sollte zu trockenen Bedingungen im Sommer stattfinden. Ziel ist es, mit z. B. Federzinken oder anderen tief arbeitenden schmalen Werkzeugen die Queckenwurzeln aus tieferen Bodenschichten an die Bodenoberfläche zu bringen und dort vertrocknen und absterben zu lassen. Ein Zerschneiden der Wurzelausläufer sollte unbedingt vermieden werden. Nach einer mehrwöchigen entsprechenden Bearbeitung und nach einer gewissen Rottephase der Quecke kann dann eine **Zwischenfrucht**, am besten ein Dominanzgemenge (bestehend z. B. aus Ölrettich, Senf, Rauhafer mit einer Untersaat aus Weißklee und Deutschem Weidelgras) erfolgen. Senf und Rettich bedecken den Boden sehr schnell. Rauhafer ist selbst allelopathisch und unterdrückt etwaige Queckenkeimlinge und der Weißklee macht der Quecke durch seine ähnliche Wuchsform weiter Konkurrenz.

(siehe Exkurs Bodenchemie, S. 25). Es obliegt dem Betriebsleiter, hier die für ihn überzeugendste Methode zu wählen.

Biologische Regulierung

Untersaaten Untersaaten können Unkräuter im Bestand effektiv verdrängen. Oft unkontrollierbare Unkräuter werden durch niedrig wachsende und nicht so konkurrenzfähige Kulturpflanzen als Untersaaten ersetzt.

Allelopathische Begrünungen Zwischenfrüchte, wie z. B. Rauhafer oder Daikon- bzw. Winterrettich sind dafür bekannt, sowohl während ihres Wachstums als auch nach ihrem Absterben Unkräuter besonders gut zu unterdrücken. Bei Rauhafer wurden beispielsweise Wurzelausscheidungen gefunden, die andere Pflanzen in ihrem Wuchs hemmen. Bei Daikon- bzw. Winterrettich kann man beobachten, dass nach seinem Abfrieren im Frühjahr bis zu 8 Wochen keine Unkräuter auflaufen. Und dies obwohl der Rettich nach seinem Abfrieren kaum eine nennenswerte Mulchauflage hinterlässt. Hierfür werden hemmende Stoffe verantwortlich gemacht, die die Keimung von Unkräutern verhindern.

Vorteilhaft ist nun, dass sich diese **allelopathischen Wirkungen** bei Wachstum und Abbau von Rückständen ungleich weniger stark auf Kulturpflanzen auswirken. So funktioniert Rauhafer sehr gut in Gemengen und hindert seine Mischungspartner hier nicht sichtlich am Wachsen. Und so konnten im Ernterest von Daikon- bzw. Winterrettich nach dessen Abfrieren im Winter ohne Bodenbearbeitung Feinsämereien wie Möhren, Spinat und Sommerweizen ohne starke Keimhemmungen etabliert werden (siehe Kapitel 13).

Standraumverteilung optimieren Je besser eine Kultur im Raum verteilt ist, desto besser unterdrückt sie durch ihr eigenes Wachstum die Unkräuter. So kommt es nicht nur auf die Anzahl der Kulturpflanzen pro m² an, sondern auf deren Verteilung. Auf diese Weise kann man vor allem über den Reihenabstand einen Effekt erzielen: Ein enger Reihenabstand führt oft zu einer gleichmäßigeren Verteilung der Pflanzen pro Fläche, sodass diese eine maximale Konkurrenzkraft gegenüber Unkräutern zeigen können. Dieses Vorgehen ist vor allem bei Begrünungen wie Kleegras, Zwischenfrüchten und Untersaaten möglich und bei Kulturpflanzen, bei denen kein bestimmter Reihenabstand zwecks mechanischer Unkrautregulierung eingehalten werden muss.

Schnelles Auflaufen und optimaler Wuchs Ein dichter, dynamischer Pflanzenbestand ist die beste Unkrautregulierung. Die Hauptkultur sollte von den Boden-, Nährstoff- und Witterungsverhältnissen optimale Bedingungen antreffen, um möglichst schnell aufzulaufen und zügig einen dichten Bestand zu bilden.

Sortenwahl Blattstellung und Blattform sind entscheidend für die Beschattung des Bodens und damit für die Konkurrenzkraft der Hauptkultur gegenüber Unkräutern. Bei vielen Kulturpflanzen lässt sich über eine optimierte und überlegte Sortenwahl eine verbesserte Unkrautunterdrückung durch den Hauptkulturbestand erreichen.

N-Absenkung vor Leguminosen Vor Leguminosen kann man über eine Vorkultur, die möglichst allen freien Stickstoff aus dem Boden aufnimmt, systemisch Unkraut regulieren. Die Vorkultur entzieht dem Boden den pflanzenverfügbaren Stickstoff und legt ihn in der eigenen, möglichst strohigen (hohes C/N-Verhältnis) Biomasse fest. In den so von Stickstoff entleerten Boden wird dann eine Leguminose als Folgekultur etabliert. Den Unkräutern steht dann kein Stickstoff für ihr Wachstum mehr zur Verfügung, während die Leguminosen über die symbiontische N-Fixierung ihren Stickstoff aus der Luft beziehen.

C-reiche Düngemittel in Grobleguminosen Untersuchungen an der TU Dresden haben ergeben, dass das oberflächliche Ausstreuen von C-reichen Düngemitteln (z. B. holzigen Grünguthäckseln) den Unkrautdruck reduzieren kann. Dies geschieht vor allem durch die phenolreichen Verbindungen, die beim Abbau der Düngemittel frei werden und Unkräuter

Exkurs: Unkrautregulierung mit Bioherbiziden und innovativen Methoden

In Europa weitgehend unbekannt, sind in den USA jedoch einige „Bioherbizide" zugelassen. Dabei handelt es sich vor allem um Kontaktherbizide mit brennender oder ätzender Wirkung zur **Unkrautregulierung**. Wirkstoffe sind z. B. Essigsäure, Kiefernholz-Extrakt oder Citronella-Öl.

Um eine möglichst starke Wirkung zu erreichen, werden eher niedrige Konzentrationen der ätzenden Wirkstoffe verwendet, dafür dann aber in hoher Gesamtaufwandmenge. Zudem werden biologische Netzmittel verwendet, um den Kontakt zu den Pflanzen und damit die ätzende Wirkung der Stoffe zu verstärken. Zusätzlich erfolgt die Ausbringung bei möglichst warmen Temperaturen, da diese die Wirkung der Stoffe verstärken (außer bei Essigsäure).

Da die Herbizide nicht selektiv wirken, sondern alle Pflanzen auf einem Schlag schädigen, die damit in Kontakt kommen, werden sie entweder als Totalherbizid ganzflächig zwischen den Hauptkulturen und Zwischenfrüchten eingesetzt. Oder aber, um die Abtötung von Zwischenfrüchten zu verstärken (siehe Kapitel 13).

In Deutschland hat man solche Wirkstoffe unter Vermeidung des Begriffs „Bioherbizide" unter der Abkürzung NPW (Natürliche Phytotoxische Wirkstoffe) an der Uni Bonn beforscht; sie wurden als grundlegend geeignet identifiziert, um sowohl perennierende Unkräuter wie auch Zwischenfrüchte abzutöten.

Die größten Nachteile dieser Stoffe sind allerdings die mangelnde Anwendersicherheit (auch Personal kann von ätzender Wirkung betroffen sein) und dass die fachlich sinnvolle Konzentration, die ein gutes Abtötungsergebnis erzielt, in den meisten Fällen schlicht zu teuer und daher betriebswirtschaftlich nicht vertretbar ist.

So wurde im Obstbau die Anwendung von **Essigsäure** erforscht, um den Unterstammbereich von Obstanlagen von mehrjährigen Gräsern und anderen Unkräutern freizuhalten. Die benötigten Mengen von 10 % Essigsäure hätten 100 €/ha und Anwendung gekostet. **Citronella-Öl** ist in der gleichen Anwendung noch teurer. Selbst wenn sich der Preis für die ackerbauliche Anwendung reduzieren sollte, ist es trotzdem ein verhältnismäßig teures Verfahren. Dennoch sollte es im Hinterkopf behalten werden. Würden die Stoffe auch in Europa zugelassen, gäbe es vielleicht einzelbetriebliche Situationen, in denen eine Anwendung trotz hoher Kosten sinnvoll wäre.

Ein anderes „verstecktes" Herbizid, von dem im Ökolandbau immer wieder gesprochen wird, ist **Borsäure**. Sie hat ebenfalls eine ätzende Wirkung und wird genutzt, um Bor zu düngen. So soll 2 %ige Borsäure in Verbindung mit Pflanzenöl als Suspensionsstoff wie ein Totalherbizid wirken. Eine Anwendung ist allerdings nur bei nachgewiesenem Bormangel erlaubt.

Es gibt aber auch Ansätze, systemische Bioherbizide zu entwickeln, die natürlichen Ursprungs sind. So reichte eine kalifornische Biotechnologie-Firma Ende 2018 einen Antrag zur Zulassung eines systemischen Total-Bioherbizids ein. Es handelt sich hierbei um einen mikrobiologischen Wirkstoff auf Bakterienbasis. Der Stoff wird von den Pflanzen aufgenommen, durch sie hindurch transportiert und tötet sie dabei ab. Er zeigt neben vielen Unkräutern auch eine Wirkung auf solche, die bereits eine Herbizidresistenz gegen mehrere chemische Herbizide wie Glyphosat aufgebaut haben.

Ob überhaupt und wenn ja, welche Rolle Herbizide im Ökolandbau spielen sollten, kann an dieser Stelle nicht diskutiert werden. Wer allerdings undogmatisch und systemisch denkt, sollte diese Entwicklungen kritisch verfolgen. Vielleicht ergibt sich aus diesem Forschungsprozess ein weiteres Werkzeug, das bedarfsgerecht zur Steigerung der Bodenfruchtbarkeit genutzt werden kann.

Exkurs: Unkrautregulierung mit Bioherbiziden und innovativen Methoden (*Fortsetzung*)

Weitere zukünftige Innovationen in der Unkrautregulierung
Neben den Bioherbiziden, die im ökologischen Landbau sicherlich einen schweren Stand haben werden, könnten aber auch andere Technologien die Unkrautregulierung in Richtung Bodenschonung transformieren. Zum einen steht die **Robotik**, also automatisierte Jät-Roboter, kurz vor der Marktreife. Sie können Unkräuter zum einen optisch erkennen und sollen diese unter anderem auch mit Lasern verbrennen. Zum anderen wird an **Nano-Linsen**, also unglaublich kleinen optischen Linsen, geforscht, die über eine Trägerflüssigkeit auf die Blätter der Unkrautpflanzen appliziert werden und dort tödliche Verbrennungen verursachen. Ein weiteres, bereits marktreifes Verfahren, welches mithilfe von **elektrischem Strom** die Unkräuter im Feld beseitigen soll, wird im Kapitel 13 „Ökologische Direktsaat und Direktpflanzung" als Option diskutiert, auch Zwischenfrüchte zum Absterben zu bringen.

am Wachstum hemmen. Grobleguminosen wie Erbsen oder Ackerbohnen sind hiervon nicht betroffen, was ihnen einen Vorteil verschafft.

Oberflächliche Ausbringung von Transfer-Mulch Wie im Kapitel 12 erläutert wird, kann das oberflächliche Ausbringen von Mulchmaterial auch schon in geringen Mengen eine unkrautunterdrückende Wirkung entfalten. Vor allem Samenunkräuter können durch eine dünne Mulchschicht am Keimen gehindert werden.

Aussamen vermeiden Wenn eine Regulation der Unkräuter im frühen Stadium nicht möglich ist, sollte wenigstens ein Aussamen der Pflanzen verhindert werden. Dies kann entweder über spezielle Geräte im Ackerbau erfolgen oder durch einen Handjätedurchgang im Gemüsebau.

Depotdüngung Durch eine gezielte Ablage von Handelsdüngern in Punkt- oder Streifendepots („Depotdüngung") lässt sich dieser unverfügbar für Unkräuter und gleichzeitig hoch verfügbar für die Kulturpflanzen machen (siehe Kapitel 8 und S. 59).

Zusammenfassung

- Ein komplexer Blick auf Unkrautregulierung nimmt systemische Ursachen für Unkrautprobleme und biologische Maßnahmen zu ihrer Reduktion ernst.
- Auf der Suche nach systemischen Ursachen wird die Frage gestellt: Aus welchen Gründen tauchen Unkräuter massenhaft und jenseits der Schadschwelle auf? Ziel ist die Beseitigung der unkrautfördernden Bedingungen.
- Auf der Suche nach Antworten wird gleichzeitig darüber nachgedacht, welche biologischen Unkrautregulierungsmaßnahmen jenseits von mechanischer, thermischer oder chemischer Bekämpfung in die Anbausysteme eingebaut werden können. Ziel ist die Herstellung von Bedingungen, unter denen Unkraut möglichst schlechte Keim- und Wachstumsbedingungen vorfindet.

7 Pflanzenernährung im System

Ziel ist es, dass die Pflanzenernährung komplett über die organische Substanz bzw. den Nährhumus läuft. Solange diese Um- und Freisetzungsprozesse allerdings nicht auf einem Niveau ablaufen, das hoch genug ist, um die Kulturen zu versorgen, müssen die Defizite mit Düngemitteln ausgeglichen werden.

Die größte Rolle in der Pflanzenernährung spielt die Versorgung der Pflanze mit **Stickstoff**. Grundsätzlich gibt es zwei Formen, in denen Pflanzen Stickstoff aufnehmen können: Entweder als **Nitrat** (NO_3^-) oder **Ammonium** (NH_4^+). In den meisten Fällen wird Ammonium relativ schnell über die Nitrifizierung zu Nitrat abgebaut und dieser von den Pflanzen aufgenommen. Diese Art der Ernährung hat verschiedene Nachteile.

Nitraternährung – zwangsweise Aufnahme

Nitrat wird mit dem Transpirationsstrom der Pflanze aufgenommen. Das heißt, immer wenn die Pflanze Wasser verdunstet, wird Nitrat über den Massenfluss des Wassers an die Pflanzenwurzel herangesaugt und das in diesem Wasser ggf. gelöste Nitrat zwangsweise aufgenommen. Die Pflanze kann also den Zeitpunkt und die Menge der NO_3^--Aufnahme nicht steuern. Durch die Verdunstung des Wassers über die Blätter konzentriert sich das Nitrat in den Blättern. Ein Nitratstau ist nicht nur gesundheitlich problematisch, sondern hat auch negative Auswirkungen auf die Pflanzengesundheit. So wird spekuliert, ob stechend-saugende Insekten stärker bei nitraternährten Pflanzen vorkommen. Des Weiteren begünstigt eine Nitraternährung ein sprossdominantes Wachstum.

Ammoniumernährung – Aufnahme nach Bedarf

Im Gegensatz zu Nitrat ist Ammonium an die Nährstoffaustauscher im Boden gebunden und kann nach Bedarf aufgenommen werden. Um Ammonium verfügbar zu machen, gibt die Pflanze aktiv Wasserstoffionen ab, die die Stickstoffform vom Austauscher lösen. Dies benötigt Energie und so wird die Ammoniumaufnahme in Zeitpunkt und Menge durch den Energiestoffwechsel der Pflanze gesteuert: Bei hohem Bedarf durch hohe Photosyntheseleistung organisiert sich die Pflanze viel Ammonium. Wenn sie ihn nicht braucht, nimmt sie ihn auch nicht auf. Zu einem Stau in den Blättern kommt es daher nicht. Das Ammonium wird sofort assimiliert, das heißt durch Aminosäurestoffwechsel z. B. in Form von Proteinen in die Pflanze eingebaut. Zwar kann bei einer zu hohen Ammoniumkonzentration durch die Verwendung von mineralischen Ammoniumdüngern eine toxische Wirkung auf Pflanzen auftreten. Dies ist aber im ökologischen Landbau so gut wie unmöglich. Um Ammonium zu mobilisieren und zu lösen, braucht die Pflanze ein aktives und großes Wurzelwerk. Daher führt eine Ammoniumernährung zu einem wurzeldominanten Wachstum der Pflanze. Die oben beschriebenen Vorteile einer Ammoniumernährung (besseres Wurzelsystem, kein Nährstoffstau, höhere Energieeffizienz) sowie weitere Aspekte wie eine möglicherweise dickere Blattoberfläche (Cuticula) führen dazu, dass die Pflanzen grundsätzlich resilienter gegen Stress werden und sich ggf. auch besser gegen Schaderreger wehren können.

Ammoniumernährung – Umsetzung im Pflanzenbau

Um eine Ammoniumernährung im Pflanzenbau zu ermöglichen, muss dafür gesorgt werden, dass kein Umbau des Stickstoffs aus den verwendeten Düngemitteln von Ammonium zu Nitrat stattfindet. Dies kann man zum einen dadurch gewährleisten, dass der Dünger möglichst wenig Kontakt mit dem Boden hat. Hierfür wird der Dünger sehr kon-

Tab. 7.1 Übersicht über organische Handelsdünger.

Düngemittel	N-Gehalt	Preis	N-Verfügbarkeit
Sojapresskuchen	bis 7 %	7 €/kg N	50–60 %
Leinpresskuchen	bis 5 %	6 €/kg N	50–60 %
Luzernepellets	bis 3 %	8–11 €/kg N	40–50 %
Pilzrückstände	bis 8 %	8–9 €/kg N	40–50 %
Sojaschrot	bis 6 %	–	40–50 %
Erbsenschrot	bis 3,5 %	–	40–50 %

zentriert in Streifen oder als Punkt im Boden abgelegt. Des Weiteren hilft ein hoher Rein-Stickstoffgehalt der Düngemittel dabei, die nitrifizierende Biologie am Abbau des Ammoniums zu hindern. Ist der Stickstoffgehalt hoch genug, entsteht um den Dünger herum ein für nitrifizierende Bodenmikroorganismen toxisches Milieu. Als Faustzahl gilt ein N-Gehalt über 6 %. Dieser kann über die oben empfohlenen Düngemittel auf Leguminosenbasis zum Teil erreicht werden. Ein weiterer Vorteil der Ammonium-Ernährungsform ist, dass der Stickstoff am Austauscher angelagert und damit weniger auswaschungsgefährdet ist, solange keine Nitrifizierung stattfindet. Er kann daher länger als eine Art „Depot" im Boden liegen bleiben und auch langfristig für die Pflanzenernährung wirken, solange er nicht eingearbeitet wird.

Neben den Vorteilen einer Ammoniumernährung hat ein Punkt- bzw. Streifendepot auch noch weitere Vorteile, wie z. B. das Verhindern des Priming-Effekts und eine gezielte Ernährung der Pflanzen und nicht des Unkrauts. Diese weiteren Vorteile werden in anderen Teilen des Buches erläutert. Offen ist, ob z. B. Mulchauflagen, die von den Pflanzen durchwurzelt werden, ebenfalls eine Form der Ammoniumernährung begünstigen, also eine Art „Flächendepot" darstellen. Dies liegt deshalb nahe, weil die Pflanzenwurzeln direkt an Ort und Stelle des Abbaus der organischen Substanz anliegen und die Nährstoffe somit vermutlich vor der Nitrifizierung aufnehmen.

Abb. 7.1 Ein Streifendepot aus organischem Handelsdünger auf ca. 7 cm Tiefe. Das Düngemittel wurde bei der Pflanzung bzw. Saat unter der Kultur deponiert.

Abb. 7.2 Das „Flächendepot" einer Transfer-Mulchschicht wird intensiv von Wurzeln durchwachsen. Nährstoffe werden direkt aufgenommen, ggf. schon vor der Mineralisierung.

Exkurs: Pflanzenernährung aus oberirdisch abgelegtem organischem Material

Immer wieder kann man in der Praxis beobachten, dass Pflanzen sich ganz offensichtlich aus einer Mulchauflage ernähren, so z. B. durch geänderte Blattfarbe, Ertrag etc. Hierfür muss ein passendes C/N-Verhältnis des organischen Materials vorliegen, damit darin enthaltene Nährstoffe auch frei werden. Ist dies der Fall, dann zeigt sich in der Praxis häufig, wie Pflanzen ihre Wurzeln nicht nur in den Mineralboden schicken, sondern ein dichtes Wurzelnetz in der Mulchschicht anlegen. Oft durch den Wuchs von weißen Feinwurzeln entsteht ein Teppich aus Mulchschicht, oberflächlichem Mineralboden und Wurzelnetz. Die Pflanzen scheinen ganz gezielt Nährstoffe in der Mulchschicht zu suchen und aufzunehmen. Ein leicht wiederholbarer Praxis-Topfversuch, der diesen Effekt der Pflanzenernährung verdeutlicht, sieht folgendermaßen aus.

Es gibt 3 Varianten mit mehreren Töpfen:

- Variante 1: Töpfe gefüllt mit reinem Sand + Mulchauflage aus frischem jungen Grünlandschnitt
- Variante 2: Töpfe gefüllt mit reinem Sand ohne Mulchauflage
- Variante 3: Töpfe gefüllt mit Oberboden ohne Mulchauflage

Nun werden alle Töpfe mit Jungpflanzen (z. B. Salat) bepflanzt und unter gleichen Bedingungen gepflegt, bis der Erntezeitpunkt erreicht ist. Oft zeigt sich in diesem Versuch, dass je nach Güte des Oberbodens die Variante mit reinem Sand + Mulchauflage die besten Erträge liefert. Hieraus kann gefolgert werden, dass ein erheblicher Teil der Pflanzenernährung über die Mulchauflage stattgefunden hat, da der Sand ja grundsätzlich nährstofffrei ist. Dieser Effekt lässt sich auch im Feldmaßstab beobachten: Auf Böden mit schlechten Voraussetzungen in Sachen Bodenfruchtbarkeit (Verdichtungen, chemische Ungleichgewichte etc.) kann eine Mulchschicht, aus der sich die Pflanzen ernähren können, eine ertragssichernde Funktion erfüllen.

Abb. 7.3 Das Ergebnis der Topfversuche: obere zwei Töpfe: Sand mit Mulchauflage, mittlere zwei Töpfe: Sand ohne Mulchauflage, vordere zwei Töpfe: Oberboden ohne Mulchauflage.

Pflanzenvitalisierung durch Aufnahme größerer Moleküle

Noch unklarer ist, ob nicht sogar noch größere Moleküle im Rahmen der Pflanzenernährung aufgenommen werden. Wir wissen bereits, dass Pflanzen auch größere organische Verbindungen wie Harnstoff, Aminosäuren, Peptide, Proteine, DNA und Phenole (Ligninabbauprodukte) sowie Mikroben wie Hefen und Bakterien direkt aufnehmen und zum Aufbau organischer Substanz nutzen können. Dies geschieht aber in nur sehr geringem Ausmaß. Dennoch wurde festgestellt, dass eine Aufnahme dieser längerkettigen Verbindungen Vitalitätssteigerungen bei der Pflanze zur Folge haben. Das legt nahe, dass die positive Wirkung durch die Aufnahme dieser Stoffe nicht unbedingt in großer Menge erfolgen muss, um vorteilhaft zu sein. Ob die Aufnahme dieser Stoffe durch Ammoniumernährung oder Mulchauflagen gesteigert wird, bleibt bisher im Bereich der Spekulation.

Weitere Aspekte der Pflanzenernährung

Fehlender Sauerstoff

Fehlt durch Verdichtung und Staunässe Luft, also vor allem Sauerstoff, im Boden und nehmen anaerobe Prozesse, wie z. B. Fäulnis, überhand, dann wird die Pflanzenernährung durch verschiedene Dynamiken erschwert:

- Die Mykorrhizierung leidet.
- Durch niedrige Wurzellängendichte wird die Wasseraufnahme vermindert und wasserlösliche Nährstoffe geraten in Mangel.
- Sauerstoffmangel sorgt dafür, dass Eisen und Mangan stärker verfügbar werden und andere Mikronährstoffe verdrängen.

Kalkung und pH-Wert

Ein zu niedriger **pH-Wert** kann die Nährstoffverfügbarkeit negativ beeinflussen. Um den pH-Wert zu heben, sollte man überprüfen, ob Calcium, Magnesium oder Kalium hierfür verwendet werden sollten (siehe Exkurs Bodenchemie, S. 25). Zur Auswahl stehen nämlich zum Beispiel:

• Carbonatkalk ($CaCO_3$)	Calcium-Kalk
• Gips ($CaSO_4$)	Calcium-Kalk plus Schwefel Düngung
• Mg-haltige Kalke	Magnesium-Kalk

Grundsätzlich kann eine richtige **Kalkung** dazu führen, dass Säuren von den potenziellen Austauscherplätzen verdrängt werden und dadurch mehr Austauscherplätze für die Anlagerung anderer Nährstoffe frei werden. Dies führt zu einer höheren Pufferkapazität von Böden, was bedeutet, dass seine Fähigkeit, Nährstoffe „festzuhalten" und zu speichern, steigt. Da bei einer Kalkung nicht nur Säuren, sondern auch andere Nährstoffe vom Austauscher verdrängt und frei gesetzt werden können (wie z. B. Kalium), sollten nie sehr hohe Mengen von schnell verfügbaren Kalken gedüngt werden, sondern über mehrere Jahre kleine Mengen. Gleichzeitig sollte für einen ausreichenden Bewuchs gesorgt werden, der etwaige Nährstofffreisetzungen aufnehmen kann.

Übrigens kann auch bei einem hohen pH-Wert ein absoluter Mangel an verfügbarem Calcium, Magnesium oder Kalium vorliegen.

Zusammenfassung

- Es gibt Hinweise, dass eine Nitraternährung, die nicht von der Pflanze gesteuert werden kann, verschiedene pflanzenbauliche Nachteile birgt.
- Stattdessen könnte eine Ammoniumernährung der Pflanzen angestrebt werden, die die Pflanzengesundheit ggf. fördert.
- Es ist möglich, dass eine Ammoniumernährung über den gezielten Einsatz von organischen Handelsdüngern oder eine Mulchauflage aus totem organischen Material erreicht werden kann.
- Für eine gute Pflanzenernährung sind Kalkung und ausreichend Bodenluft ebenfalls wichtig.

8 Düngung im System

Grunddüngung und feste Wirtschaftsdünger

Wirtschaftsdünger, wie z. B. Komposte, Miste sowie die langfristige Grunddüngung mit Kalk, Schwefel, Phosphor und Kali etc., sollte idealerweise in stehende Bestände, am besten im Kleegras ausgebracht oder vor dessen Saat eingearbeitet werden. Beide Maßnahmen dienen der Konservierung der Nährstoffe und ermöglichen es der Bodenbiologie, die Düngemittel aufzuschließen. Bei der Einarbeitung werden die Materialien direkt in den schützenden Boden eingebracht. Bei der Ausbringung im stehenden Bestand kann das Material auf der feuchten Bodenoberfläche unter dem Blätterdach der Pflanzen im Schutz vor UV-Strahlung und Austrocknung von der Bodenbiologie eingearbeitet werden. Eine regelmäßige Grunddüngung mit Kalk (v. a. Calcium), Schwefel, Phosphor und Kali ist notwendig, weil diese über Auswaschung oder negative Schlagbilanzen dem Boden über mehrere Jahre entzogen werden und ersetzt werden müssen. Feste Wirtschaftsdünger mit hohem C/N-Verhältnis sollten nicht in Marktfruchtbestände mit hohem Nährstoffbedarf gefahren werden, da hierdurch eine N-Festlegung und damit Ertragseinbußen die Folge sein können.

Schnell verfügbare, flüssige Wirtschaftsdünger

Schnell verfügbare N-Dünger, wie z. B. Güllen verschiedenster Arten, sollten ebenfalls in die wachsenden Bestände gegeben werden – dies entweder als Injektionsdüngung oder eingeschlitzt. Sinnvoll ist es, die Nährstoffe in Güllen vor der Ausbringung zu stabilisieren (z. B. durch milchsaure Fermentation oder den Zusatz von Biokohle). Bestände, die sich zur Ausbringung anbieten, sind N-bedürftige Kulturen, die den Stickstoff gut für die Ertragsbildung verwerten können, oder nährstoffkonservierende Zwischenfrüchte, die den Stickstoff in ihrer Biomasse für die nächste Kultur bewahren. Für diesen Zweck haben verschiedene Hersteller bereits spezifische Mischungen entwickelt.

Wirtschaftsdünger – Ausbringungszeitpunkt

Grundsätzlich sollten Wirtschaftsdünger in den Aktivzeiten des Bodenlebens, also vor allem im Frühjahr und Herbst, eingebracht werden, damit sie optimal verbaut werden können.

Handelsdünger

Handelsdünger sollten, wenn möglich, nicht breitflächig ausgebracht werden, sondern entweder als Punkt- oder Streifendepot unter die Kulturpflanzen. Der große Vorteil einer nichtflächigen Ausbringung ist es, dass die Kulturpflanzen von den Nährstoffen profitieren, die Unkräuter aber durch die Lage des Düngemittels nicht. Dadurch erhält die Kulturpflanze einen Entwicklungsvorteil.

Exkurs: Fermente, Komposttee und andere „Wundermittel"

Seien es Fermente, Komposttees oder effektive Mikrorganismen: All diesen zumeist flüssig angewendeten Substanzen wird eine pflanzenfördernde Wirkung nachgesagt. Oft kommen diese flüssigen Mittel entweder als oberflächliche Blattspritzung oder als Bodenimpfung bei der Bodenbearbeitung zum Einsatz. Grundsätzlich scheint der beschriebene Wirkmechanismus der Präparate plausibel.

Milchsäurebasierte Gärung und Fermentierung Viele sogenannte Fermente, die unter anaeroben, sauerstoffarmen Bedingungen hergestellt werden, oder die Produkte, die auf sogenannten „effektiven Mikroorganismen" basieren, haben vor allem milchsäurebildende Bakterien zur Grundlage. Diese werden oft mit einem Futtermedium wie Melasse vermehrt und sollen bei ihrer Anwendung die Pflanzengesundheit fördern oder – und das ist ihre hauptsächliche Anwendung – bei der Einbringung in den Boden die Bodenprozesse lenken und Biomasse bzw. die darin enthaltenen Nährstoffe stabilisieren und für den Boden besser „verdaubar" machen, indem z. B. Fäulnis vermieden wird.

Komposttees Unter Komposttees versteht man das Auflösen von hochwertigem Kompost in Wasser, welches unter kontrollierten Temperaturbedingungen belüftet wird.
Durch den Belüftungsprozess soll sich die pflanzenfördernde Biologie des Kompostes im Wasser vermehren. Komposttees kommen im Gegensatz zu milchsauren Präparaten eher als Blattspritzung zur Anwendung und sollen das Milieu auf der Blattoberfläche so verändern, dass die Blätter widerstandsfähiger gegen Krankheiten werden oder sich die Pflanzenernährung verbessert. Eine Ausbringung in den Boden soll z. B. humusbildende Bodenorganismen fördern und stärken.
Da die beschriebene Wirkung vor allem auf mikrobiologischen Prinzipien basiert, stellt sich allerdings eine entscheidende Frage: Wie können die Mikroorganismen in einer ihnen nicht zuträglichen Umgebung wie dem Boden oder der Blattoberfläche ihre Wirkung tun?

Einarbeitung in den Boden Werden die Substanzen in den Boden eingearbeitet, steht die als wirksam beschriebene Mikrobiologie einer vielfachen Menge an dominanten Mikroorganismen im Boden gegenüber. Es ist daher davon auszugehen, dass die Biologie im Boden die eingebrachten Organismen schnell auskonkurriert und diese mit Dominanz zum Absterben bringt, sich also das im Boden vorherrschende Milieu durchsetzt.

Blattapplikation Werden die Stoffe oberflächlich auf den Blättern der Pflanze ausgebracht, sind sie in nicht unwesentlichem Maße der UV-Strahlung ausgesetzt.
Hierdurch besteht die Gefahr eines rapiden Absterbens der photosensiblen Anteile der gespritzten Organismen. Außerdem fehlen den Mikroorganismen an der Blattfläche mit hoher Wahrscheinlichkeit Nahrung und Wasser.
Bei der Einarbeitung sowie der Blattapplikation von milchsauren Fermenten, die unter sauerstoffarmen Bedingungen hergestellt werden, kommt erschwerend hinzu, dass die Stoffe bei der Ausbringung mit großen Mengen an Sauerstoff in Kontakt kommen, der ihre Überlebensfähigkeit bzw. ihre Konkurrenzkraft gegenüber aeroben Mikroorganismen stark vermindert.
Zu diesen Fragen hinzu kommt eine Vielzahl an sich widersprechenden Empfehlungen, wie genau, mit welchen Geräten und auf Grundlage welcher Ausgangsstoffe die Präparate herzustellen sind. Hier gehen die Meinungen der verschiedenen Anwender oft sehr weit auseinander.
Zwar soll aus den oben genannten Gründen nicht die Wirksamkeit dieser Präparate grundsätzlich ausgeschlossen werden. Dennoch müssen die Bedingungen der Anwendung scheinbar so optimal sein, dass dies in der Praxis schwer zu realisieren scheint. Dies kann erklären, warum wissenschaftliche Untersuchungen zur Wirksam-

Exkurs: Fermente, Komposttee und andere „Wundermittel" (*Fortsetzung*)

keit dieser Präparate oft uneindeutige Ergebnisse liefern. Der Ansatz dieses Buches geht daher davon aus, dass die grundsätzliche, fachliche Praxis und das exakte und präzise Umsetzen der Grundelemente des Pflanzenbaus wie Bodenbearbeitung, Kulturwahl, Kulturführung und Düngung usw. einen wesentlich größeren Einfluss auf das Pflanzenwachstum und die Pflanzengesundheit haben dürften als die oben genannten Präparate. Das heißt, wenn ein massiver Stickstoffmangel oder eine Schadverdichtung im Boden vorliegt, ist es unwahrscheinlich, dass diese mit den o.g. Präparaten zu beseitigen sind. Vielmehr gilt es, diese Grundprobleme durch ein besseres Management in den Griff zu bekommen.

Nicht infrage steht dagegen im Übrigen die Sinnhaftigkeit von milchsauren Gärungsprozessen, um verschiedene organische Reststoffe verlustarm zu lagern und zu stabilisieren. Der Prozess der Silierung ist hierfür beispielhaft. Milchsaure Vergärung von organischem Material verhindert Fäulnis und bei Luftabschluss unproduktive Nährstoffverluste aus dem Substrat. Mit milchsaurer Vergärung können auch flüssige und flüchtige Düngemittel wie Gülle, Gärreste etc. stabilisiert werden, indem flüchtige Nährstoffverbindungen von den Bakterien verstoffwechselt und in den Bakterienleichen stabiler gebunden werden. Insofern erzeugt eine milchsaure Gärung Synergieeffekte mit Biokohle, die ebenfalls als Schwamm und Stabilisator von Nährstoffen fungiert.

Zusammenfassung

- Die Grunddüngung und feste Wirtschaftsdünger werden in lebendige Pflanzenbestände oder in den aktiven Boden eingebracht.
- Flüssige, schnell verfügbare Wirtschaftsdünger können in oder zu Pflanzenbeständen mit hohem Bedarf gegeben werden.
- Handelsdünger sollten möglichst präzise und konzentriert für die Kulturpflanze schnell zugänglich platziert werden.

9 Unterkrumenerschließung

Einführung

Unterkrume und Unterboden erschließen Die erfolgreiche Umsetzung von Anbausystemen zur Steigerung der Bodenfruchtbarkeit verlangt oft eine perfekte Bodenstruktur und Bodengare. Eines der häufigsten Probleme in der Bodenstruktur sind allerdings Schadverdichtungen bzw. Dichtlagerungen ab der Unterkrume (tiefer als 15 cm). Eine solche Unterkrumenverdichtung lässt sich auf sehr vielen, wenn nicht allen landwirtschaftlichen Betrieben periodisch immer wieder finden. Dies nicht zuletzt in Kleegrasbeständen, die ja üblicherweise als „Mutter des Ackerbaus" beschrieben werden.

Die Unterkrumen und sogar die Unterbodenerschließung sind ein entscheidendes wichtiges Ziel für einen regenerativen Pflanzenbau. Viele Pflanzen haben ein hohes Potenzial, was das Tiefenwachstum anbelangt. Auch wenn die ersten 30 cm des Bodens nachweislich diejenigen mit der höchsten Wurzelaktivität und höchsten biologischen Aktivität sind, so wäre es für die Widerstandsfähigkeit und Resilienz pflanzenbauchlicher Systeme wünschenswert, wenn auch der Wurzelhorizont unterhalb von 30 cm offenporig dem Pflanzenwachstum zur Verfügung stünde. Denn je höher der durchwurzelbare Raum ist, desto höher ist seine Nährstoff- und **Wasserverfügbarkeit** sowie -speicherfähigkeit. Ist der Unterboden erschlossen und für die Pflanzenwurzeln erreichbar, können Trockenperioden, in denen Ober- und Unterkrume austrocknungsgefährdet sind, deutlich besser ohne Ertragsverluste und Stress für die Kulturpflanzen verkraftet und abgepuffert werden.

Unterkrumenverdichtungen vermeiden

Vermeidung Warum aber kommt es zu solchen Schadverdichtungen? Um sie zu vermeiden, kann eine Reihe von Dingen beachtet werden:

- Grundregel Nr. 1: Der Acker darf nur zu optimalen Bedingungen befahren werden und nicht bei zu feuchten Verhältnissen.
- Geringe **Reifendrücke** verwenden (max. 0,8 bar/Drescher max. 1,0 bar). Hierfür am besten Reifendruckregeltechnik nutzen.
- **Achslasten** reduzieren auf möglichst max. 5 t.
- Möglichst viel **biologische Tiefenlockerung** durch tiefwuzelnde Pflanzen (Luzerne, Steinklee, Rotklee, Lupinen, Ackerbohne, Tiefenrettich usw.) in die Fruchtfolge einbauen.

Nachteile Unterkrumenverdichtungen haben zahlreiche pflanzenbauliche Nachteile:

- **Schlechte Bearbeitbarkeit:** Da kein Wasser in tiefere Bodenschichten vordringen kann, nimmt die Wasserhaltefähigkeit der Böden stark ab. Durch die Verdichtung kann Wasser nicht versickern, weshalb die Böden schnell sehr feucht und unbearbeitbar werden. Auf der anderen Seite verdunstet dieses Wasser auch sehr schnell wieder unproduktiv, weil es nicht in tieferen Bodenschichten gespeichert werden kann. Das Ergebnis sind deutlich weniger Feldarbeitstage, das heißt Tage, an denen der Boden im optimalen Zustand befahren und bearbeitet werden kann.
- **Hohe Erosionsgefahr:** Durch die Unterkrumenverdichtung gibt es eine reale und massive Erosionsgefahr. Ist der Boden komplett wassergesättigt und kann das Wasser nicht in tiefe Bodenschichten

Exkurs: Controlled Traffic Farming – feste Fahrspuren

Um Verdichtungen zu vermeiden und überhaupt für eine bessere Bodenstruktur zu sorgen, sollten mehr Betriebe über die Einführung von Systemen von „Controlled Traffic Farming" nachdenken. Hierbei handelt es sich um GPS- oder nicht-GPS-gestützte Lenksysteme bzw. Parallelfahrsysteme, die dafür sorgen, dass der Acker immer auf den gleichen Fahrspuren überfahren wird. Hierfür sind eine einheitliche Spur- und Arbeitsbreite nötig. Bei einer Arbeitsbreite von 4,50 m landet man beispielsweise bei einem Fahrspurenanteil von 25 %. Dies bedeutet im Umkehrschluss, dass 75 % der Fläche nie mit schwerem Gerät überfahren werden. Untersuchungen zeigen, dass hierdurch ein um 5–10 % höherer Ertrag, bis zu 3-mal mehr Feldarbeitstage (also Tage, an denen die Bodenfeuchte eine Befahrbarkeit zulässt), 15–50 % Energieeinsparung bei der Zugkraft und bis zu 40 % mehr Luft im Boden erreicht werden. Im Gemüsebau besteht durch diese Systeme zusätzlich die Möglichkeit, feste Beete anzulegen, bei denen der Zwischenachsbereich nie überfahren wird. Zusätzlich können die Fahrgassen begrünt werden, um sie tragfähiger zu machen. Um ein solches System anzulegen, bietet es sich an, aus einem mehrjährigen Kleegras-Bestand die Beete herauszuarbeiten. In den Fahrspuren bleibt das etablierte Kleegras stehen. Eine Begrünung der Fahrgassen ermöglicht auch eine manuelle, nicht-GPS-gesteuerte Spurhaltung auf Sicht. Permanente, feste Fahrspuren sind auch deshalb in Mulch- und Direktpflanzungssystemen von Vorteil, weil sie eine hohe Tragfähigkeit für die relativ schweren Kompost- und Miststreuer sowie Ladewägen bei der Ausbringung des Transfer-Mulchmaterials bieten. Auch im Gewächshaus sind begrünte Arbeitsgassen möglich.

Der Nachteil der begrünten Fahrgassen ist, dass sie ggf. mehrmals im Jahr gemäht werden müssen, um ein Aussamen zu vermeiden. Der Vorteil der Tragfähigkeit ist allerdings auch ohne Begrünung gegeben.

vordringen, besteht das Risiko, dass der gesamte Oberboden (je nach Verdichtungshorizont die ersten 10–15 cm) auf der Verdichtungssohle „aufschwimmt" und bei genug Hangneigung und Niederschlag komplett „abrutscht" und abgeschwemmt wird. Dies zeigt sich in der Praxis vor allem bei Starkniederschlägen im Sommer nicht selten.

- **Fehlender Sauerstoff:** Zusätzlich führt die komplette Belegung aller im Boden vorhandenen Poren zu staunässe-ähnlichen Verhältnissen. Das heißt, der Sauerstoffgehalt im Boden nimmt rapide ab, was die Entstehung von anaeroben Umsetzungsprozessen zur Folge hat: Fäulnis kann entstehen mit all ihren Nachteilen für Boden und Pflanze.
- **Mehr Unkräuter:** Des Weiteren kann eine Unterkrumenverdichtung eine Nische darstellen, in der sich Problemunkräuter besonders gut durchsetzen können. So sind beispielsweise Distel, Ampfer und Quecke dafür bekannt, mit verdichteten Böden deutlich besser zurechtzukommen als viele Kulturpflanzen. Dieser relative Vorteil kann im schlechtesten Fall zu massiven Unkrautproblemen führen.
- **Störung der Biologie:** Unterkrumenverdichtungen führen überdies dazu, dass die gare- und humusbildende Bodenbiologie ihr Habitat verliert. Diese ist, wie oben schon beschrieben, auf eine gute Sauerstoffversorgung angewiesen, die unter verdichteten Verhältnissen (in der Unter- aber auch in der Oberkrume) nicht gegeben ist. Vor allem Pflanzen-Symbionten, die die Pflanzengesundheit und das Pflanzenwachstum in besonderem Maße fördern, sind von Verdichtungen besonders betroffen: arbuskuläre Mykorrhiza-Pilze und Rhizobien/Knöllchenbakterien.

Bewirtschaftung ändern Als erster und nachhaltigster Schritt, um dem Problem der Unterkrumenverdichtung Herr zu werden, sollte geklärt werden, welche Ursachen ihr zugrunde liegen. Wird der Acker durch ungünstige Erntezeitpunkte zu feucht befahren? Dauert der Krumenverbau nach der Bodenbearbeitung durch langsam wachsende Folgekulturen zu lange, sodass die Unterkrume durch innere Erosion wieder „zusammenhockt"? Sind diese Ursachen geklärt, dann kann man durch systematische Änderungen in der Bewirtschaftung das Entstehen solcher Verdichtungen einfach vermeiden.

Ist eine solche Änderung der Bewirtschaftungsmaßnahmen nicht möglich oder sieht man sich konkret mit einer Unterkrumenverdichtung konfrontiert, die beseitigt werden soll, gibt es auch die Möglichkeit, Reparaturmaßnahmen durchzuführen.

Biologie ist nicht schnell genug Wer sich mit biologischen Maßnahmen zur Lösung pflanzenbaulicher Probleme auseinandersetzt, der wird bereits über die Strategie gestolpert sein, mit tiefwurzelnden Pflanzen wie Luzerne, Steinklee oder Rotklee Unterkrumenverdichtungen zu „beseitigen". Die Idee hierbei ist, einen solchen Pflanzenbestand zu etablieren, der dann durch tiefe und intensive Durchwurzelung die Verdichtungen auflockert und beseitigt. In der Praxis führt dieses Verfahren allerdings nur begrenzt zum Erfolg. Die Unterkrumenverdichtungen, über die wir hier sprechen, sind nicht „natürlich" entstanden. Sie wurden durch falsche mechanische Eingriffe oder nicht naturgemäße Bewirtschaftung herbeigeführt. Dies bedeutet, dass rein biologische Prozesse relativ viel Zeit brauchen, um diese Schäden zu beseitigen. Es steht außer Frage, dass Pflanzen hierzu in der Lage sind. Nur brauchen sie dafür nicht Monate, sondern zumeist Jahre. Hinzu kommt, dass die oben genannten Pflanzenarten kein intensives Feinwurzelwerk haben. Sie können den verdichteten Horizont vielleicht „durchlöchern", nicht aber in eine perfekte Bodengare überführen. Nicht selten zeigt sich außerdem, dass selbst Pflanzen mit einer starken Pfahlwurzel ab einer gewissen Verdichtungsschwere „abknicken" und nicht durch den Horizont hindurch wachsen können.

Abb. 9.1 Versuch, eine massiv verdichtete Unterkrume mit rein biologischen Mitteln aufzulockern: Selbst Steinklee mit seiner kräftigen Pfahlwurzel scheitert an den menschengemachten Schadverdichtungen. Es braucht eine Kombination aus mechanischen Lockerungsmaßnahmen, um die Biologie zu unterstützen.

Unterkrumenlockerung

Mechanisch lockern – biologisch stabilisieren Vielversprechender ist es daher, eine mechanische Lockerung im wachsenden lebenden Pflanzenbestand durchzuführen, um diesen biologischen Prozess zu ermöglichen und zu beschleunigen. Ausgangsbasis hierfür ist eine vielfältige Begrünungsmischung, die auch, aber nicht nur Tiefwurzler enthält. Am ehesten bietet sich eine mechanische Unterkrumenlockerung in vielfältigen, mehrjährigen Pflanzenbeständen an – also z. B.

in einem vielfältigen Kleegras im zweiten Wachstumsjahr. Grundsätzlich möglich ist eine Lockerung auch in ein- oder überjährigen Zwischenfrüchten. Wichtig ist, dass bereits ein intensives dichtes Wurzelnetz bis zur Verdichtungszone vorhanden ist, was diese potenziell erschließen kann. Ist dies der Fall, wird mit einem Unterkrumenlockerer bis unter den Verdichtungshorizont streifenweise gelockert. Ziel ist eine feine, auch horizontale Rissbildung auf Lockerungstiefe zwischen den vertikalen Lockerungsstreifen.

Arbeitsziele einer Unterkrumenlockerung:

- Es sollten **feine Risse** auch horizontal im gesamten gelockerten Horizont entstehen (mit dem Spaten durch Spatendiagnose überprüfen).
- Ein **mähbarer Bestand**. Die Lockerungsschlitze sollten wieder zugedrückt, die Bodenoberfläche wieder eingeebnet werden.
- Bei der Lockerung sollte **keine Erde** aus dem Schlitz **ausgeworfen** werden.
- Der **Bestand** sollte durch den Lockerungsvorgang **möglichst wenig beschädigt werden**. Dies ist vor allem bei Zwischenfrüchten eine Herausforderung, die nicht mehrjährig sind.
- Die Lockerung sollte **nicht wieder rückverdichtet** werden.

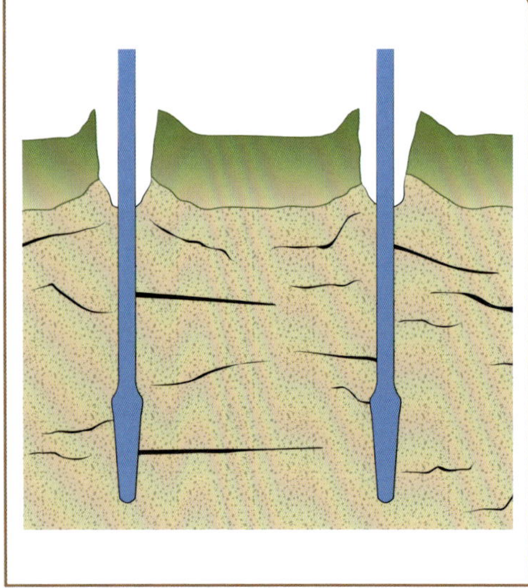

Abb. 9.2 Bei der richtigen Scharform bricht der Boden zwischen den Scharen; es findet eine ganzflächige Lockerung statt.

Technische Umsetzung Um dies zu gewährleisten, sind folgende Punkte zu beachten:

- Die **Lockerungsschare** sollten möglich **schmal** sein (2–4 cm)
- Der **Strichabstand** darf recht **weit** sein (40–60 cm)
- Entscheidend ist oft ein **vorlaufendes Scheibensech**, um ein nichtwühlendes Arbeiten des Lockerungswerkzeugs zu ermöglichen.
- Die **Arbeitstiefe** sollte unter dem zu lockernden Horizont liegen.
- Die **Bodenfeuchte** sollte in der gesamten Arbeitstiefe optimal für eine Bearbeitung sein.
- Eine **Befahrung nach der Lockerung sollte vermieden werden.** Das heißt auch, dass eine Nachsaat nach Beschädigung der Narbe durch die Lockerung nur in Ausnahmefällen vorgenommen werden sollte.

Lockerung ohne biologischen Verbau Als Ausnahmevariante und nur, wenn kein stehender wachsender Bestand zur Lockerung zur Verfügung steht, sondern schnell von einer Hauptkultur eine Schadverdichtung beseitigt werden soll, kann auch vor, nach oder zur Saat oder Pflanzung eine Unterkrumenlockerung vorgenommen werden:

- Dies kommt vor allem infrage, wenn üblicherweise eine flache Grundbodenbearbeitung gemacht wird, die die Unterkrumenverdichtungen nicht antastet.
- Entscheidend ist, dass die nach der Lockerung folgende Kultur eine **schnelle und intensive Durchwurzelung** gewährleisten kann. Kulturen mit langsamem und geringem Wurzelwachstum in der Jugendentwicklung sind hierfür nicht geeignet.
- Optimalerweise erfolgt die Lockerung auch streifenweise und **direkt zur Saat,**

Abb. 9.3 Sinnvolles Lockerungsgerät. Vorlaufendes Scheibensech, schmale Lockerungsschar, Walze zum Verschluss des Lockerungsschlitzes.

sodass keine weitere Überfahrt über den gelockerten Acker mehr nötig ist.

- Erfolgt die Saat erst nach der Lockerung, dann sollte dies entweder auf **festen Fahrspuren** passieren, sodass der gelockerte Bereich nicht wieder überfahren wird, oder diagonal zur Lockerung mit einem sehr leichten Schlepper.
- Wichtig ist zu beachten, dass es durch die Lockerung auch zu **einer stärkeren Verdunstung** aus den Lockerungsschlitzen kommen kann. Der Boden muss also ausreichend Wasser gespeichert haben, um auch in diesem Fall eine Keimung der Folgekultur zu gewährleisten. Mehr hierzu im folgenden Abschnitt.

Herausforderungen

Vor allem sehr schwere Böden mit hohem Tonanteil und ausgeprägte Trockenphasen nach einer Lockerung können zu Schwierigkeiten in der Unterkrumenlockerung führen.

Abb. 9.4 Grundsätzlich sauberes Arbeitsergebnis. Der Lockerungsschlitz liegt jedoch offen dar: Gefahr der unproduktiven Verdunstung und Trockenschäden am Pflanzenbestand. Besser: Eine nachlaufende Walze, die den Schlitz schließt.

Schwere Böden Im ersten Fall der schweren Böden bzw. Tonböden muss die Technik gut angepasst sein, damit man keine Schollen und Soden mit den Lockerungswerkzeugen herausreißt. Entscheidend hierfür ist eine Andruckrolle, die möglich nah hinter der Lockerungsschar läuft, damit der Boden direkt nach dem Anheben wieder angedrückt und verschlossen wird.

Findet sich auf schweren Böden u. a. auch wegen der grenzwertigen Bodenfeuchte, die oft in den tieferen Bodenschichten herrscht, kein geeigneter Zeitpunkt zur Unterkrumenlockerung, kann mit natürlichen Lockerungsvorgängen gearbeitet werden. So bilden sich auf Tonböden vor allem in Trockenphasen oft tiefe Schwundrisse/Trockenrisse im Boden; diese können mehrere Meter tief reichen. Durch diesen natürlich „Schrumpf- und Quellprozess" gibt es das Potenzial der natürlichen Lockerung der Böden. Um diese Trockenrisse und ihren Lockerungseffekt allerdings zu nutzen, müssen Bestände auf den Böden etabliert sein, die diese Risse durchwurzeln und stabilisieren können, damit sie nicht wieder in sich zusammenfallen, wenn die nächste Feuchteperiode eintritt.

Trockenphasen Das sofortige Schließen des Lockerungsschlitzes ist auch wichtig, um Probleme in Trockenphasen zu verhindern. Vereinzelt kam es bei der Unterkrumenlockerung auf sehr leichten Standorten zu dem Problem, dass nach einer Lockerung eine ausgewiesene Trockenperiode folgte. Auf manchen Betrieben war der Lockerungsschlitz durch das Gerät nicht wieder gut geschlossen worden, was zu einer Art „Kamineffekt" führte. Der Boden trocknete durch den Schlitz auch in tiefen Bodenschichten aus, und ein Bereich von rund 10 cm um den Lockerungsschlitz starb aufgrund von Wassermangel und Vertrocknen ab; eine Nachsaat war notwendig. Auch in diesen Fällen ist es wichtig, den Lockerungsschlitz wieder fest zu verschließen.

Perspektive erschlossene Unterkrume

Werden die Unterkrume und der Unterboden durch die oben genannten Maßnahmen erschlossen und in einen garen Zustand überführt, ergeben sich diverse Vorteile:

- Höhere **Wasserhaltefähigkeit**.
- **Eindämmung** von Unkräutern wie Ampfer, Disteln und ggf. Quecken durch Zerstörung der ökologischen Nische Verdichtung.

Abb. 9.5 Tiefenlockerung. Kleegras-Bestand vor Lockerung mit mäßiger Struktur in der Unterkrume.

Abb. 9.6 Gute Bodenstruktur auf Krumentiefe als Ergebnis der Lockerung (ca. 30 cm) im wachsenden Bestand.

- Höhere **Erträge** in Hauptkulturen sowie höhere Biomasseleistung bei Kleegras und anderen Begrünungen.
- Sehr flacher **Umbruch ohne tiefe Bodenbearbeitung** möglich (siehe Kapitel 10).
- Zerstörung ökologischer Nischen bei Verdichtung auch für **Schädlinge**. Es gibt z. B. Hinweise, dass der Drahtwurm mit Sauerstoffmangel besonders gut zurechtkommt und deshalb in verdichteten Böden einen relativen Vorteil gegenüber seinen Antagonisten hat.
- Insgesamt **bessere Gare** und **höhere Wasserbeständigkeit** der Krümel. Dadurch weniger oberflächliche Verschlämmung und innere Erosion.

Exkurs: Schlechte Bodenstruktur im Kleegras

Nicht selten finden wir in Kleegras-Beständen, die ja eigentlich als aufbauende Fruchtfolgeglieder begriffen werden können, Verdichtungszonen, vor allem ab der Unterkrume. Diese können verschiedene Ursachen haben:

- Ein langsamer Krumenverbau bei der Blanksaat vom Kleegras. Das Kleegras ist sehr langsam in der Jugendentwicklung. Stand vorher eine intensive Bodenbearbeitung an, dann kann eine Blanksaat mit Kleegras diese „labile Krümelung" nicht schnell genug verbauen. Höchstens die oberen Bodenschichten können stabilisiert werden; darunter findet aufgrund mangelnder biologischer Stabilisierung „innere Erosion" statt. Die labile Krümelung fällt in den verdichteten Boden zurück.
- Kleegras hat, wenn es intensiv bewirtschaftet wird, mit extrem vielen Überfahrten durch Ernte und Pflegegerät zu kämpfen. Wird kein Lenksystem verwendet, das die überfahrenen Bereiche auf den Flächen zu minimieren versucht (z. B. CTF – Controlled Traffic Farming) dann kann es gut sein, dass nach drei Schnitten mit Mäh- und Erntegeräten die gesamte Fläche einmal überfahren wurde. Auch dies führt zu mechanischer Verdichtung.
- Einseitige wenig vielfältige Kleegras-Mischungen oder sogar reine Klee- oder Luzerne-Bestände können ebenfalls zu Gareverlusten führen. Mehrjährige Gräserarten sind entscheidend für eine gute Aggregierung und Bodengare. Werden beispielsweise Rotklee oder Luzerne in Reinkultur angebaut, kann es zu Strukturproblemen kommen. Dies liegt nicht zuletzt an dem geringen Feinwurzelanteil der beiden Kulturen. Sie bestehen vor allem aus einer kräftigen Pflahlwurzel, die aber nicht ausreicht, um die gesamte Fläche auf Krumentiefe zu stabilisieren.

Analog zu diesen Ursachen ergeben sich Lösungsstrategien, um Unterkrumenverdichtungen im Kleegras zu vermeiden:

- Wenn möglich keine Blanksaat von Kleegras.
- Etablierung mit **Deckfrucht** (z. B. einem Getreide-Leguminosen-Gemenge: Hafer-Wicke für die Frühjahrsansaat oder Wicke-Roggen für die Herbstansaat). Die durch Bodenbearbeitung gelockerte Krume wird dann von der schnell wachsenden Deckfrucht stabilisiert. Das Kleegras hat sich bis zur Ernte der Deckfrucht (Grünschnitt oder Drusch) etabliert und übernimmt die Gare der Deckfrucht.
- Etablierung als **Untersaat** unter einer Hauptfrucht.
- Bei intensiver Bewirtschaftung eine flächige Befahrung der Flächen vermeiden und z. B. durch feste Fahrgassen oder GPS-gestützte Systeme ein Controlled-Traffic-Verfahren etablieren, das die überfahrenen Zonen im Kleegras auf ein Minimum reduziert.
- Eine Erhöhung der **Vielfalt** in Kleegras-Beständen durch die Nutzung von mehreren mehrjährigen Gräser- sowie Leguminosenarten gewährleistet eine intensive Durchwurzelung mit hoher Wurzelvielfalt.
- Unterkrumenlockerung im wachsenden Bestand.

Zusammenfassung

- Die Unterkrume und der Unterboden sollten in der Tiefe erschlossen werden, um den Raum für die Pflanzenwurzeln nutzbar zu machen.
- Unterkrumenverdichtungen sollten durch Änderungen in der Bewirtschaftung möglichst oft vermieden werden.
- Entstandene Schadverdichtungen lassen sich durch eine Kombination von Biologie (tiefreichende Pflanzenwurzeln) und einen mechanischen Eingriff, also die Lockerung im stehenden Pflanzenbestand, beseitigen.
- Eine so erschlossene Unterkrume und ein erschlossener Unterboden sorgen für optimale Wachstumsbedingungen im Pflanzenbau.

10 Garekonservierende Bodenbearbeitung

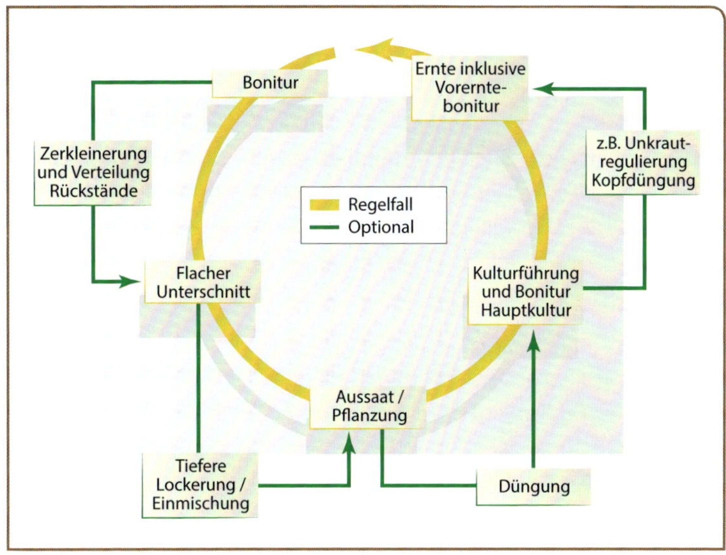

Abb. 10.1 Zyklus Garekonservierende Bodenbearbeitung.

Einführung

Umstrittene Begriffe und Praxis Seit vielen Jahrzehnten wird von verschiedenen Seiten versucht, die Bodenbearbeitungsintensität zu reduzieren. Es gibt viele Begriffe für dieses Verfahren: „Reduzierte Bodenbearbeitung“, „Nichtwendende Bodenbearbeitung“, „Minimalbodenbearbeitung“, „Pfluglose Bodenbearbeitung“. Die Gründe hierfür sind vielfältig: Erosionsschutz durch organische Rückstände an der Bodenoberfläche, Arbeits-, Kosten- und Energieersparnis und verminderter Humusabbau durch weniger Bodenbewegung sind nur einige davon. Ebenso unterschiedlich sind die Erfahrungen verschiedener Praktiker*innen. Einige verzichten schon seit Jahrzehnten konsequent auf den Pflug und sind zufrieden mit den Ergebnissen, andere handhaben seinen Einsatz flexibel je nach Bedarf, und wieder andere wollen auf die „Winterfurche“ in keinem Jahr verzichten. Fest steht auf jeden Fall, dass es auf einigen, vor allem auf ökologisch wirtschaftenden Betrieben durch die Reduzierung der Bodenbearbeitungsintensität zu stärkerem Unkrautdruck und geringeren Erträgen gekommen ist. Ähnlich differenziert stellt sich der wissenschaftliche Diskurs dar. Während einige Akademiker*innen zu dem Ergebnis kommen, dass die Bearbeitungsintensität keine Auswirkung auf die Gesamt-Humusgehalte hat, sondern sich vielmehr die Menge an organischem Material gleichmäßiger im Boden verteilt, statt sich wie bei flacher Bodenbearbeitung in den oberen Bodenschichten zu akkumulieren, sind andere Forscher*innen davon überzeugt, dass wir höhere Humusgehalte erreichen, je weniger Bodenbearbeitung wir betreiben. Das Thema ist also hoch umstritten und viel debattiert.

Garekonservierend statt reduziert Das Anliegen dieses Kapitels ist es, die Dogmen beiseite zu legen und Entscheidungen hinsichtlich der Bodenbearbeitung basierend auf dem Zustand der Bodenstruktur und der Bodengare zu treffen. Es geht also darum, angepasst jenes Bearbeitungsverfahren zu wählen, welches der Bodenzustand am ehesten nahelegt. Das bedeutet: Entscheidungen basierend auf der eigenen Beobachtung treffen. Dieser Ansatz ist deshalb so wichtig, weil die Vermutung naheliegt, dass die Betriebe, die mit einer dogmatischen Reduzierung der Bodenbearbeitungsintensität deshalb mit Misserfolgen zu kämpfen hatten, weil sie zum einen den Boden aus dem Blick verloren haben und strikt nach Schema F verfahren sind und zum anderen nicht ihre gesamten Anbausysteme umgestaltet haben, sodass eine Reduzierung der Bearbeitungsintensität möglich gewesen wäre. Der Begriff „Garekonservierende Bodenbearbeitung" legt eigentlich schon nahe, worum es geht: Die Gare des Bodens soll erst begutachtet werden und darauf basierend eine Entscheidung getroffen werden, welche Intensität und Form von Bodenbearbeitung nötig ist. Dies kann zum Pflugeinsatz genauso führen wie zu einer extrem flachen Bodenbearbeitung. Ziel bleibt zwar in dieser Sichtweise die Reduzierung der Bearbeitungsintensität, weil trotz aller Debatten davon ausgegangen wird, dass ein Weniger an Bodenbearbeitung Vorteile für die Bodenfruchtbarkeit mit sich bringt. Diese Reduzierung soll allerdings nur stattfinden, wenn die Bedingungen stimmen und mit hoher Wahrscheinlichkeit keine Probleme wie Verunkrautung oder Ertragseinbußen auftreten werden.

Bodenbearbeitungsziele reflektieren Um sich diesem systemischen Ansatz zu nähern, ist es sinnvoll, einen Schritt zurückzugehen und sich drei Hauptziele (es gibt sicher noch weitere) der Bodenbearbeitung vor Augen zu halten:

- 1. Abtöten eines ungewünschten Aufwuchses (Vorkultur, Unkraut, Ausfall etc.)
- 2. Bodenlockerung
- 3. Einmischung von organischem Material

Die garekonservierende Bodenbearbeitung setzt nun bei der gedanklichen Aufteilung dieser drei Arbeitsziele an und fragt sich bei jedem notwendigen Bearbeitungszeitpunkt: Welche dieser Ziele möchte bzw. muss ich erreichen? Um hier eine Entscheidung zu treffen, ist die **Spatendiagnose** und die Beurteilung des aktuellen oberirdischen Bestandes das Mittel der Wahl. So kann man z. B. bei einer Spatendiagnose im Kleegras zu dem Ergebnis kommen, dass lediglich eine Bodenlockerung nötig ist. Abtöten und Einmischen sind nicht nötig, weil das Kleegras noch ein weiteres Jahr stehen soll. Dies würde uns in das vorangegangene Kapitel 9 führen.

Arbeitsziele über Biologie bereits erfüllt? Hier soll es aber als erstes um den Idealfall gehen, in dem ich eine Vorkultur (Begrünung) oder Erntereste (Stoppel) vorfinde und bei der Spatendiagnose auf Spatentiefe eine perfekte Bodengare vorliegt. In diesem Fall wären Ziele 2 und 3 unnötig. Ich muss den Boden nicht lockern, wenn er in einem perfekten Zustand ist. Genauso wenig müssen die organischen Rückstände eingemischt werden. Sie können ebenfalls flach abgelegt an der Bodenoberfläche verbleiben (die Vorteile hiervon wurden bereits in Kapitel 1 erörtert). In einem solchen Fall würden wir also lediglich den Aufwuchs (Begrünung oder Verunkrautung in den Stoppeln) abtöten wollen. Dies geschieht dann mit einem extrem flachen, ganzflächigen Unterschnitt in einer Bearbeitungstiefe von ca. 2–5 cm. Unterschnitt bedeutet in diesem Zusammenhang, dass der gesamte Boden horizontal auf der gesamten Arbeitsbreite abgeschnitten wird. Etwaige organische Rückstände werden bei diesem Arbeitsgang flach eingemischt, verbleiben dabei aber auch zu Teilen an der Bodenoberfläche.

Die grundsätzliche Idee der garekonservierenden Bodenbearbeitung basiert also auf der Annahme, dass eine Reduzierung der Bodenbearbeitung nur erfolgt, wo dies sinnvoll und aussichtsreich erscheint. Eine Beschäftigung mit diesem Bodenbearbeitungsansatz soll die Hauptknackpunkte der Bodenbearbeitung verdeutlichen und dazu befähigen, die Bearbeitungsintensität, wo möglich, erfolgreich zu reduzieren.

Exkurs: Stand der Wissenschaft zu Humusaufbau und Kohlenstoffspeicherung durch Minimalbodenbearbeitung

Die Wissenschaft ist in der Frage gespalten, ob eine Reduzierung der Bodenbearbeitungsintensität zu Humusaufbau bzw. einer Kohlenstoffspeicherung im Boden führt.
Auf der einen Seite gibt es Ergebnisse, die nahelegen, dass sich der Gesamthumusgehalt in Böden, die mit Pflug bewirtschaftet werden, nicht unterscheidet von Böden, die mit Minimalbodenbearbeitung oder sogar in Direktsaat/Direktpflanzung bestellt werden. Stattdessen gäbe es lediglich eine örtliche Verschiebung der Kohlenstoffvorräte: Während sich der Humus in gepflügten Böden auf die gesamte bearbeitete Krume verteilt, würde sich die gleiche Menge Kohlenstoff bei nur flacher oder gar keiner Bearbeitung in den oberen Bodenschichten anreichern. Eine Akkumulation durch Reduzierung der Bodenbearbeitungsintensität fände nicht statt.
Auf der anderen Seite gibt es ähnlich viele Studien, die belegen, dass eine Reduzierung der Bearbeitung durchaus dazu führt, dass mehr Kohlenstoff im Boden gebunden wird bzw. weniger organische Bodensubstanz mineralisiert wird und die Humusgehalte dadurch steigen. Je minimaler und seltener die Bearbeitung, desto höher seien die Humusgehalte.
Für beide Standpunkte gibt es Belege aus jeweils großen Meta-Studien, die versuchen, den aktuellen Stand der Wissenschaft zusammenzufassen. Oft ist die Aussagefähigkeit der Studien aber schwer zu beurteilen. Schließlich wird nur der Faktor Bearbeitungsintensität angeschaut und nicht weitere Faktoren, die den Humusaufbau maßgeblich beeinflussen wie Zwischenfrucht- und mehrjähriger Feldfutterbau. Aus rein fachlich-logischer Sicht liegt es nahe, dass durch eine Reduzierung der Bearbeitungsintensität weniger Luft und dadurch Sauerstoff in den Boden kommt und dadurch weniger Abbauprozesse stattfinden. Zusätzlich geht durch eine Verminderung der Erosion auch weniger wertvolle Bodensubstanz verloren.
Doch selbst wenn eine Reduktion der Bearbeitungsintensität einen Beitrag zum Humusaufbau leisten kann, ist dieser gering im Vergleich zu den Maßnahmen, bei denen sich auch die Wissenschaft einig ist, dass sie maßgeblich die Humusgehalte der Böden beeinflussen: Intensiver Zwischenfruchtanbau und vor allem ein möglichst hoher Anteil an mehrjährigem Feldfutterbau. Die Gleichung ist also recht einfach: Je mehr Kohlenstoff- und Stickstoff im jeweiligen Anbausystem/in der jeweiligen Fruchtfolge gebunden und im System gehalten werden, desto höher werden die Humusgehalte sein.

Das System

Bonitur – der Spaten bestimmt die Bodenbearbeitung

Um zu entscheiden, ob ein solcher flacher Unterschnitt als eine stark minimierte Bodenbearbeitung zu einem gegebenen Zeitpunkt möglich ist, muss eine Bonitur des Ist-Zustandes vorgenommen werden:

▌Boden

Bodengare Die wichtigste Voraussetzung um die Bodenbearbeitungsintensität zu reduzieren, ist eine gute Bodengare. Nur wenn der Boden auf ca. 30 cm in einem krümeligen Zustand ist, sollte mit dem flachen Unterschnitt gearbeitet werden. Auf einer Bodentiefe von 30 cm kann der Zustand noch leicht mit der **Spatendiagnose** überprüft werden. Diese Tiefe reicht aus, da es sich hierbei auch um den Hauptwurzelraum der Kulturpflanzen handelt. Allerdings sollte auch der Unterboden frei von Schadverdichtungen sein.

Bodenfeuchte Viele Geräte, die den oben beschriebenen flächigen Unterschnitt ermöglichen, brauchen einen gewissen Grad an Rechtfeuchte, um leicht in den Boden einzuziehen und exakt auf der eingestellten

Arbeitstiefe den Boden abzuschneiden. Gerade nicht-zapfwellengetriebene Geräte benötigen diese Restfeuchte. Extrem ausgetrocknete Böden können hier eine Herausforderung darstellen.

Bodenoberfläche Um exakt und präzise flach arbeiten zu können, muss die Bodenoberfläche relativ eben sein. Tiefe Fahrspuren zum Beispiel führen bei einer sehr flachen Bearbeitung dazu, dass der Boden nicht ganzflächig unterschnitten wird.

Unkräuter

Der vorhergehende Bestand bzw. der Schlag sollte weitgehend frei sein von perennierenden, also mehrjährigen Problemunkräutern, wie zum Beispiel Distel, Quecke oder Ampfer. Sollte hier ein erhöhtes Vorkommen zu verzeichnen sein, ist ggf. eine intensive Bearbeitung vorzunehmen, um die Unkräuter zu regulieren.

Erntereste/organische Masse

Soll mit einem flachen Unterschnitt gearbeitet werden, müssen die Erntereste bzw. die organische Masse gleichmäßig auf dem Schlag verteilt sein, damit sie sicher flach eingearbeitet werden können. Gegebenenfalls müssen die Rückstände zerkleinert und gleichmäßig verteilt werden.

Zeitfenster für die Bearbeitung

Da ein flacher Umbruch bedeutet, dass ggf. noch ein zweiter oder dritter Arbeitsgang nötig ist, um ein ausreichendes Saatbett zu schaffen, braucht es ein ausreichend langes Zeitfenster für die Bearbeitung.

Zerkleinerung und Verteilung der organischen Rückstände

Bei organischen Rückständen kann es sich z. B. um den Aufwuchs eines einzuarbeitenden Kleegrases, um Stroh und hohe Stoppeln, um Zwischenfrüchte oder gemüsebauliche Erntereste handeln. Eine Zerkleinerung kann entweder aus phytosanitären Gründen nötig sein (z. B. Mais, Kohl etc.) oder um ein verstopfungsfreies und präzises Arbeiten der Folgegeräte zu ermöglichen (Einzug, sicheres Einmischen). Für die Zerkleinerung der Erntereste bieten sich verschiedene Geräte/Technik an:

- Schlegelmulcher: Relativ geringe Flächenleistung, dafür gute Zerkleinerung und oft gleichmäßige Verteilung. Gut bei phytosanitären Gründen (starke Zerkleinerung).
- Messerwalzen: Einsatz vor allem im Maisbau zur Zerkleinerung des Maisstrohs; sie sind aber auch geeignet, um andere Rückstände zu zerkleinern.
- Sechwalzen: Hierbei handelt es sich um Geräte mit einer Batterie von Scheibensechen in verschiedenen Formen. Diese haben eine höhere Flächenleistung und können den Boden ggf. schon etwas vorbearbeiten.
- Scheibeneggen: Eine ähnliche Funktion übernimmt die Scheibenegge. Auch sie kann die organischen Rückstände zerkleinern und ggf. vorbearbeiten.

Was die Verteilung der Erntereste angeht, so ist dies vor allem im Ackerbau und hier speziell im Getreidebau relevant. Sollte der Drescher beispielsweise keine optimale Spreuverteilung hinterlassen haben, kann mit einem Strohstriegel nachgeholfen werden.

Flacher Unterschnitt

Das Kernstück des hier beschriebenen Bearbeitungssystems ist der ganzflächige, flache Unterschnitt. Um diesen in der Tiefe präzise und sicher durchzuführen, ist einiges zu beachten:

Arbeitsergebnis Als gewünschtes Arbeitsergebnis kann man sich das „Hacken“ als Vorbild nehmen, das heißt das sichere Abschneiden aller grünen Pflanzen auf dem Schlag möglichst knapp unterhalb des Vegetationspunktes und mit möglichst wenig Wurzelmasse. Die abgeschnittenen Pflanzen sollten mit enterdeten Wurzeln an der Bodenoberfläche abgelegt und nicht wieder angedrückt werden, sondern möglichst direkt der Sonnstrahlung und dem Wind ausgesetzt sein, um möglichst schnell abzusterben. Unkrautsamen sollen ebenfalls nicht zum Keimen angeregt werden und dafür möglichst wenig Bodenschluss haben. Dies wird gewährleistet, indem eine Rückfestigung des Bodens ausbleibt. Die Bodenbearbeitung soll einen etwaigen dichten Bewuchs (z. B. Kleegras) in möglichst kleine Stücke schneiden oder reißen, um ein möglichst feines Saatbett zu schaffen. Das heißt, dass beim ersten ganzflächig-unterschneidenden Arbeitsgang eine möglichst große Zerkleinerung des Bodens und des Bewuchses angestrebt wird. Je dichter der Bewuchs, desto schneller sollten z. B. zapfwellengetriebene Geräte drehen und desto langsamer sollte das Tempo sein. Vor allem mehrjährige Gräser sollten nicht in großen Soden aus dem Boden gerissen werden. Sind sie einmal vom Boden getrennt, sind sie nur noch schwer zu zerkleinern. Das Gleiche gilt besonders bei schweren, tonreichen Böden. Auch hier sollten keine groben Kluten gerissen werden, die nach dem Austrocknen nicht mehr zerkleinerbar sind.

Bearbeitungstiefe Der Schnitt sollte 2–5 cm tief sein. Der erste Arbeitsgang sollte so flach wie möglich erfolgen, um mit ggf. darauf folgenden Arbeitsgängen noch unbearbeiteten Boden zur Verfügung zu haben, in den das Gerät einziehen kann.

Beschaffenheit der Geräte Die Technik muss präzise in der Tiefe einstellbar sein. Dies sollte mit Stützrädern erfolgen und nicht mit Nachläufern. Es ist wichtig, dass die Messer bzw. Schare „scharf" und nicht abgenutzt sind. Am besten eigenen sich Geräte, die speziell zu diesem Zwecke konstruiert sind; oft lassen sich aber auch Altgeräte mit wenig Aufwand umbauen. In jedem Fall aber sollte die Konstruktion durchdacht sein und das entsprechende Ergebnis liefern. Das heißt auch, es sollten keine ungeeigneten Geräte verwendet werden, nur weil sie ohnehin zur Verfügung stehen (z. B. Flügelschargrubber). Oft ist ihr Arbeitsergebnis enttäuschend.

Nachläufer Um das oben genannte Arbeitsergebnis zu erreichen, sollten Nachläufer hinter dem eigentlichen Bearbeitungsgerät folgen, die die abgeschnittenen Pflanzen oberflächlich ablegen und am besten die Restwurzeln der Pflanzen von Erde befreien, damit diese möglichst schnell vertrocknen. Hierfür eigenen sich spezielle Walzen oder zapfwellen-

Abb. 10.2 Unterschnitt wenige cm unter dem Wachstumspunkt der Pflanze. Möglichst wenig Wurzeln bei möglichst viel oberirdischer Biomasse führen zum besten Abtötungsergebnis. Besonders wichtig beim flachen Umbruch von Kleegras.

Abb. 10.3 Arbeitsergebnis von garekonservierender Bodenbearbeitung; hier beim Umbruch einer jungen, überwinternden Zwischenfrucht. Der Boden krümelt und bröselt, statt zu schmieren. Es bildet sich eine lockere Rotteschicht – ein Gemisch aus Boden und organischem Material.

getriebene Geräte. Auch hier sind Eigenkonstruktionen denkbar. Wichtig ist, dass das Gerät nicht rückfestigt, also die abgeschnittenen Pflanzen nicht wieder in den Boden gedrückt werden. Das heißt auch, dass die Geräte nicht auf den Nachläufern abgestützt seien dürfen.

Überprüfung des Arbeitsergebnisses Bei jedem Arbeitsgang sollte das Arbeitsergebnis regelmäßig vom Anwender überprüft werden. Das heißt absteigen vom Schlepper und auf Arbeitsbreite das Gemisch aus Boden und organischem Material zur Seite schieben, um feststellen zu können, ob ein flächiger Unterschnitt tatsächlich stattfindet. Ebenfalls überprüft werden sollte die Ablage der abgeschnittenen Pflanzen: Liegt der Großteil der Pflanzen an der Bodenoberfläche? Wurde die Erde von den Wurzeln geschüttelt?

Abb. 10.4 Absteigen und Bearbeitungsergebnis überprüfen: Das Gemisch aus Boden und organischem Material wird auf der gesamten Arbeitsbreite zur Seite geräumt. Auf der gesamten Breite muss der Bewuchs flach abgeschnitten worden sein. Sonst sind Optimierungen an den Geräten notwendig.

Anzahl der Überfahrten Wie viele Überfahrten nötig sind, um ein Saatbett herzustellen, hängt vom vorgehenden Bewuchs ab (wie leicht ist dieser abtötbar?):

- Ein mehrjähriges Kleegras muss mit Sicherheit intensiver bearbeitet werden als eine vier Wochen alte Zwischenfrucht oder Strohstoppel. Eine erste Überfahrt kann beispielsweise eine sehr dichte Kleegras-Narbe vorbearbeiten und zerkleinern. Hier geht es im ersten Schritt um eine Zerkleinerung des dichten Bewuchses, bevor dann der Unterschnitt in einem zweiten Arbeitsgang folgt.
- Mehrere unterschneidende Arbeitsgänge können nötig sein, um Unkräuter zu regulieren oder um hartnäckigere Pflanzen zum Absterben zu bringen.
- Eine Bearbeitung nach den flächigen Unterschnitten kann nötig sein, um ein feineres Saatbett herzustellen oder um ausschließlich die unterschnittenen Pflanzen und Unkräuter zu enterden und oberflächlich abzulegen (z. B. mit einer Walze in der Front, die die Wurzelballen zerdrückt, und einer Großferderzahnegge, Roll- oder Rotorstriegeln im Heck zur lockeren, oberflächlichen Ablage der abzutötenden Pflanzen).

Bodenbearbeitungstechnik und Geräte

- Arbeitsgeräte für eine **nichtflächige, schneidende Vorarbeit**
  - Scheibenegge
  - Federzinkenegge/-grubber oder Feingrubber
  - Dynadrive
  - Sechwalze
  - Ringschneide
  - schmale Gänsefußschare
- Arbeitsgeräte für einen **flächigen Unterschnitt**
  - Gänsefußschargrubber
  - Fräse
  - Geohobel
  - „Kreiselfräse“

- Arbeitsgeräte zur **Nacharbeit**
  - Federzinkenegge/-grubber oder Feingrubber
  - Kreiselegge
  - Saatbettkombinationen
- **Nachläufer zum Enterden** und oberflächlichen Ablegen von unerwünschten Pflanzen
  - Striegelbalken
  - Spatenrollegge
  - spezielle Walzen (z. B. Rotopack-Walze, Sterncracker-Walze)
  - zapfwellengetriebene Nachläufer

Beispiel: Kleegrasumbruch im Frühjahr

Im ausgehenden Winter finden wir eine perfekte Bodengare unter einem 2-jährigen Kleegras, und der Bestand ist weitgehend frei von Unkräutern. Ein Umbruch wird angestrebt, um im Frühjahr eine gemüsebauliche Pflanzkultur zu etablieren. Um eine sichere Bearbeitung in den kurzen Trockenperioden im Frühjahr zu gewährleisten, findet der erste Bearbeitungsgang im letzten Frost statt (Abb. 10.7). Der Boden ist oberflächlich gefroren und tragfähig. Mit relativ hoher Drehzahl der Fräse bei relativ geringem Tempo wird im ersten Arbeitsgang beim ersten Unterschnitt das Kleegras möglichst stark zerkleinert. Das Arbeitsergebnis wird regelmäßig kontrolliert. Vor allem muss sichergestellt werden, dass die Verhältnisse nicht zu feucht sind und keine Schmierschicht entsteht. Bei sehr garem Boden ist dies aber unwahrscheinlich. Einige Wochen hat die Witterung nun Zeit, das geschädigte Kleegras zu schwächen. Frost trifft die enterdeten Pflanzen noch in den darauf folgenden Nächten.

Einige Wochen später, als die Böden das erste Mal abgetrocknet sind, erfolgt ein zweiter etwas tieferer Unterschnitt (Abb. 10.8). Das trockene Wetter hält und die noch lebenden Pflanzen vertrocknen. Unter optimalen Bedingungen ist das Kleegras jetzt bereits restlos abgestorben. Bei feuchteren Bedingungen müssen die Kleegrasreste ggf. mit dem Feingrubber noch einmal gestört werden oder ein feineres Saatbett hergestellt werden.

Abb. 10.5 Gänsefußschargrubber für den flächigen Unterschnitt.

Abb. 10.6 Fräse für den flächigen Unterschnitt.

Exkurs: Garekonservierende Bodenbearbeitung auf schweren Tonböden

Gerade auch auf schweren Tonböden bietet sich eine garekonservierende flache Bodenbearbeitung an. Oft findet sich hier bei der Gefügebonitur eine gute Bodenstruktur in den ersten Bodenschichten; darunter nimmt die Aggregierung ab. Um überhaupt ein gutes Saatbett zustande zu bekommen, sollte also nicht der ungare Boden aus unteren Bodenschichten nach oben befördert (z. B. durch Pflügen) und dort energieaufwendig zerkleinert werden. Vielmehr sollte oberflächennah im garen Bodenbereich gearbeitet werden und die Gare durch intensive Durchwurzelung über mehrere Jahre in immer tiefe Bodenschichten ausgedehnt werden. Auch Direktsaat/Direktpflanzung bietet sich aus dieser Überlegung heraus eher an (siehe Kapitel 13).

Abb. 10.7 Garekonservierender Kleegras-Umbruch für frühe Sommerungen. Erste Bearbeitung im letzten Frost zum Ende des Winters. Der Frost wirkt auf die stark geschädigten Pflanzen ein.

Abb. 10.8 Ein weiterer Bearbeitungsgang nach der ersten möglichen Befahrbarkeit im Frühjahr. Kleegras komplett abgestorben; bereit für die Aussaat/Pflanzung Anfang April.

Abb. 10.9 Kleegras-Umbruch für späte Sommerungen. Erster Bearbeitungsgang mit der Fräse zu trockenen Bedingungen, nachdem das Kleegras ein gewisses Wachstum aufweist.

Abb. 10.10 Es folgen ein weiterer Fräsgang sowie zwei Durchgänge mit dem Federzinkengrubber. Dies dient dem Durchbrechen des Bearbeitungshorizontes und dem Ausschütteln und oberflächlichen Ablegen der abgeschnittenen Pflanzen.

Tiefere Lockerung

Das beschriebene Vorgehen findet Anwendung, wenn die Bedingungen wie oben beschrieben optimal sind. Was aber, wenn wir bei der Spatendiagnose eine Verdichtung z. B. in einem Bereich ab 15–20 cm vorfinden? Dann bleiben die oben beschriebenen Prinzipien zum flachen Unterschnitt zwar gültig, man kann aber überlegen, ob nach der erfolgreichen flachen Bearbeitung und dem Abtöten des Aufwuchses als letzter Arbeitsschritt vor der Saat eine tiefere Bearbeitung vorgenommen werden sollte. Das Gleiche gilt, wenn der Boden unter suboptimalen Bedingungen, also z. B. zu feuchten Bedingungen, flach unterschnitten wurde oder der Boden stark zu Verschmierungen neigt (z. B. Tonböden). Hier muss der Bearbeitungshorizont nach dem flachen Unterschnitt durchbrochen werden. Es gilt in diesem Fall: Das flächig schneidende Gerät (Fräse, Gänsefußschargrubber) darf nicht die letzte und tiefste Bearbeitung sein, sondern es braucht ein nichtmischendes Brechen des Bearbeitungshorizontes.

Optimalerweise sollte diese Lockerung direkt in einem Arbeitsgang mit der Saat bzw. Pflanzung vorgenommen werden, um keine weiteren Rückverdichtungen zu verursachen. Ist dies möglich, kann über eine Saat diagonal zur Lockerungsrichtung nachgedacht werden, um die gelockerten Bereiche nicht wieder mit schwerem Gerät zu befahren. Wichtig ist, wie im Kapitel 9 bereits beschrieben, dass die Folgekultur den gelockerten Horizont möglichst schnell stabilisiert.

Diese schnelle Durchwurzelung gewährleisten vor allem Frühjahrs- und Sommerkulturen. Bei langsam wachsenden Kleegras-Ansaaten oder überwinternden Herbstaussaaten ist das Wurzelwachstum oft nicht ausreichend, weshalb hier auf eine Lockerung im Bestand zurückgegriffen werden sollte.

Eine tiefere Lockerung unabhängig vom Garezustand des Bodens kann dann notwendig sein, wenn eine flächige Unkrautregulierung wegen starkem (Wurzel)-Unkrautdruck notwendig ist. So werden dabei z. B. Ampfer-, Distel-, Löwenzahn- und Queckenwurzeln bzw. -rhizome mit geeignetem Gerät nochmals in etwas tieferen Bodenschichten abgeschnitten und an der Bodenoberfläche abgelegt.

Ebenfalls notwendig kann eine tiefere Lockerung dann sein, wenn man in Anbauverfahren arbeitet, in denen eine ausreichende Menge an lockerem Boden notwendig ist, um z. B. erhöhte Beeten oder Dämme zu formen.

Einmischende Arbeiten

Einmischende Arbeiten sind eigentlich nur dann nötig, wenn man ein sehr feines, sehr sauberes Saatbett benötigt. Dies ist der Fall, weil entweder das Saatgut sehr klein ist (z. B. Raps, Möhren, Rüben etc.) und nur eine geringe Sätiefe toleriert, weil keine geeignete Saattechnik für Mulchsaat vorhanden ist oder man eine rasche Umsetzung vom restlichen, nährstoffreichen, abbaubaren organischen Material (z. B. junger, N-reicher Zwischen-

Abb. 10.11 Garefurche: Auch mit einem Schälpflug kann man garekonservierend arbeiten.

Exkurs: Garefurche

Unter Garefurche begreift man eine sehr flache aber gleichzeitig sehr saubere Pflugfurche. Ziel ist hier die sehr schnelle Herstellung eines feinen Saatbetts durch flaches Vergraben von Rückständen. Das Verfahren kommt vor allem dann zum Einsatz, wenn nur ein kurzer Zeithorizont zur Verfügung steht, um von einer Kultur zur nächsten zu kommen, und sich eine mehrschrittige flache Bearbeitung verbietet. Dies kann entweder der Fall sein, weil zu feuchte Witterung prognostiziert ist oder grundsätzlich nur eine kurze Vegetationsperiode zur Verfügung steht, um das benötigte feine Saatbett herzustellen. Ziel ist das flache Pflügen auf ca. 15 cm, damit man noch möglichst am selben Tag säen oder pflanzen kann. Die zeitige Etablierung der Folgekultur ist wichtig, um die Restfeuchtigkeit im Boden gut zu nutzen.

- Die organischen Rückstände sollten möglichst zerkleinert, Stoppel gekürzt und ggf. ganz flach bearbeitet worden sein, um eine saubere Furche zu gewährleisten.
- Wie in allen garekonservierenden Verfahren sollte bis auf Bearbeitungstiefe eine perfekte Gare per Spatendiagnose festgestellt worden sein. Dies gewährleistet eine gute Rotte der organischen Rückstände unter sauerstoffreichen Verhältnissen. Ebenfalls wichtig ist eine gute Gare, wenn nicht mit Onland-Pflügen gearbeitet wird, um eine Verdichtung der Schlepperradsohle zu vermeiden.
- Der Boden sollte auf der Bearbeitungstiefe eine ausreichende Feuchte haben, um einen optimalen Saataufgang der Folgekultur zu gewährleisten.
- Technisch ist eine solch flache und gleichzeitig saubere Garefurche mit gängigen Pflügen erzielbar. Allerdings erfordert dies großes Pfluggeschick vom Praktiker und eine exakte Einstellung der Pflugbleche und etwaiger Vorschäler und Scheibenseche.
- Moderne, genau für diesen Zweck entwickelte Onland-Schälpflüge bieten sich für dieses Verfahren an.

Das Verfahren eignet sich zur Frühjahrs-, Sommer-, oder Herbstbestellung. Im Frühjahr z. B. nach der Ernte von Feldfutter (Landsberger Gemenge, Wick-Roggen etc.), um schnell zur Aussaat der Sommerung zu kommen. Im Sommer z. B. nach dem Drusch von Getreide zur schnellen Etablierung einer Sommerzwischenfrucht. Im Herbst z. B. zum schnellen Einarbeiten von mehrjährigen Gräsern aus einer Untersaat, was mit einer flachen Bearbeitung unter feuchten Bedingungen nur schwer zu managen wäre.
Wird sehr C-reiches Material eingepflügt, sollten leguminosenreiche Nachfrüchte folgen, denen eine etwaige N-Festelegung durch die Einarbeitung von strohigem Material keine Probleme macht.

Zu beachten ist bei der Garefurche – wie bei allen wendenden Bearbeitungsverfahren –, dass bei einer weiteren wendenden Bearbeitung im Folgejahr etwaige Unkraut- oder Ausfallsamen wieder an die Bodenoberfläche befördert werden und dort keimen können.

früchte vor Kulturen mit hohem Bedarf) wünscht, die durch die tiefere Einmischung ggf. schneller verarbeitet wird. Ein weiterer Grund kann das Stören von Speicherkörpern bestimmter Wurzelunkräuter sein, wie z. B. Distel, Ampfer oder Quecke. Man will sie damit „nach oben ziehen" und an der Oberfläche zum Absterben bringen. Problematisch kann dies aber aus verschiedenen Gründen sein: Zum einen wird damit das organische Material auch in den Sähorizont eingemischt, was bedeutet, dass es durch die Abbauprozesse zu einer **Keimhemmung** bei der Folgekultur kommen kann. Oder aber das eingearbeitete organische Material hat ein sehr hohes C/N-Verhältnis und legt durch seinen Abbau im gesamten Horizont Nährstoffe (vor allem Stickstoff) fest, die der Folgekultur nicht zur

Verfügung stehen. Des Weiteren wird im Gegensatz zur flachen Bearbeitung die Kapillarität des Bodens tief gebrochen, was zu mehr Wasserverlusten sowie schlechterer Wasserführung insgesamt und im Extremfall zu Auflaufproblemen bei der Folgekultur führt. Nicht zuletzt fällt bei einer tiefen Einarbeitung auch die oberirdische Mulchauflage mit ihrer bodenschützenden Wirkung weg.

Saat/Pflanzung

Kehren wir zum Optimalfall zurück, in dem bei einer perfekten Bodengare nur eine oder wenige sehr flache Bearbeitungsgänge vollzogen wurden, dann kommt der Saat bzw. Pflanzung eine entscheidende Rolle zu. Ziel ist es, das Saatgut auf den abgeschnittenen, wasserführenden Horizont unter dem Gemisch aus Boden und organischem Material abzulegen. Dieses Gemisch wirkt wie eine dünne Mulchschicht auf dem Bearbeitungshorizont und verhindert unproduktive Verdunstung. Die Feuchtigkeit tritt aus dem Horizont aus und zirkuliert unter dieser Abdeckung, was ein optimales Keimmilieu schafft. Das Saatgut bzw. die Jungpflanzen der Folgekultur sollten also auf diesem Horizont abgelegt werden.

Optimalerweise geschieht dies parallel zum letzten Arbeitsgang. So können verschiedene Bodenbearbeitungsgeräte zum flachen Umbruch auch mit ausgesattelten Sätanks ausgestattet werden, die z. B. hinter den Gänsefußscharen oder Fräsmessern das Saatgut beim letzten Bearbeitungsgang breit auf dem abgeschnittenen Horizont ablegen. Wird in einem zweischrittigen, abgesetzten Verfahren gearbeitet oder wird mit einer Pflanzmaschine gearbeitet, so braucht es eine technische Ausstattung, die das Saatgut durch das Gemisch aus Boden und organischem Material sicher auf dem wasserführenden Horizont ablegt. Räumsterne und Scheibenseche als Vorläufer und Scheiben- sowie Zinkenschare bieten sich hier bei der Sätechnik an. Übliche Schleppschare hingegen sind in den allermeisten Fällen nicht ausreichend, um eine gute Saatgutablage zu gewährleisten.

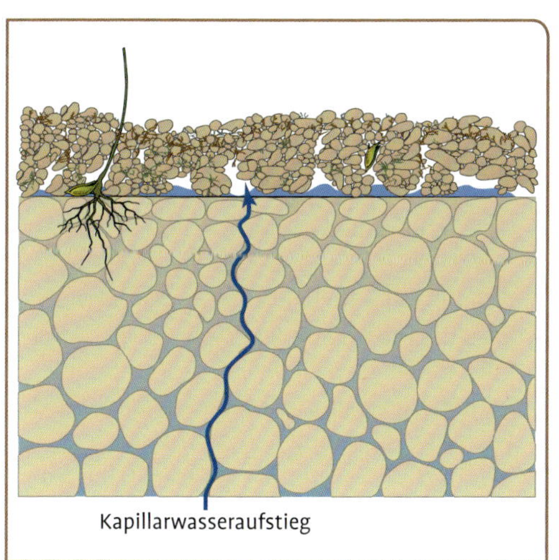

Abb. 10.12 Ziel der Aussaat (links): Platzierung des Saatguts unter dem Gemisch aus Boden und organischem Material auf dem wasserführenden Horizont. Problematisches Aussaatergebnis (rechts): Saatgut liegt im Erd-Organik-Gemisch und ist potenziell keimhemmenden Prozessen ausgeliefert.

Abb. 10.13 Die Aussaat findet optimalerweise integriert in einem Arbeitsgang mit der letzten Bearbeitung statt. Hier ein Gänsefußschargrubber mit integrierter Sätechnik. Geräte für eine Frässaat sind ebenfalls auf dem Markt verfügbar.

Wichtig ist auch bei der Saat, wie schon bei der Bearbeitung, dass die Sätechnik nicht flächig rückverdichtet, sondern – wenn überhaupt – nur schmale Andruckrollen entweder direkt im Säschlitz oder hinter der Säreihe führt.

Direkt- bzw. Mulchsaattechnik erfüllt eher diese Anforderungen als konventionelle Sätechnik, aber auch hier sind Umbauten in Eigenregie durchaus möglich und gängige Praxis.

Düngung

Die Düngung erfolgt betriebsüblich vor der Aussaat oder als Kopfdüngung während der Kulturführung oder Unkrautregulierung. Beachtet werden sollte, dass dem Boden bei erfolgreicher garekonservierender Bodenbearbeitung durch die reduzierte Bearbeitungsintensität und -tiefe weniger Sauerstoff zugeführt wird und davon ausgegangen werden kann, dass weniger Nährstoffe aus der organischen Bodensubstanz abgebaut, mineralisiert und dadurch pflanzenverfügbar werden. Dieser durchaus gewünschte Effekt sollte bei der Dünung insofern mitgedacht werden, als dass die fehlende Mineralisation durch eine erhöhte Düngung ausgeglichen werden sollte.

Unkrautmanagement

Um zu entscheiden, ob eine Unkrautregulierung nötig ist, sollte auch hierfür der Bestand vor dem optimalen Zeitpunkt der Unkrautbekämpfung bonitiert werden. Im Herbst gilt es, einzuschätzen, welche Arten überwintern, um dann im nächsten Jahr zum Problem zu werden. Des Weiteren kann es relevant sein, zu erkennen, welche Arten in die Höhe wachsen und der Kultur durch Beschattung Konkurrenz machen werden. Insgesamt ist das Ziel der Bonitur abzuschätzen, ob die Menge und Artenzusammensetzung der vorhandenen Unkräuter zu Ertragsverlusten führt, da die Kultur selbst nicht konkurrenzstark ist, um mit dem eigenen Bestandesschluss die Unkräuter zu unterdrücken.

Bei flächig unterschneidender Bodenbearbeitung verbleibt ein Großteil der organischen Rückstände an der Bodenoberfläche. Wird nun im Kulturverlauf deutlich, dass eine mechanische Unkrautregulierung nötig ist, muss die eingesetzte Technik mit entsprechend hohen Mulchauflagen zurechtkommen bzw. entsprechend angepasst werden. Das Verstopfen der Geräte mit organischen Rückständen ist die größte Gefahr, weshalb sich nach einer Mulchsaat vor allem rollende/rotierende Geräte zur Unkrautregulierung anbieten:

- **Hackstriegel:** Striegeln in Beständen mit hoher Mulchauflage birgt die Gefahr, organische Rückstände „aufzuspießen" und dass sich das Material zwischen den Zinken verfängt und das Gerät verstopft. Bei handelsüblichen Hackstriegeln müssen daher die Dichte bzw. Anzahl an Zinken reduziert werden, um den Durchgang zu erhöhen. Ebenfalls hilfreich kann es sein, Zinken mit geringer oder keiner Krümmung einzusetzen und somit ein Aufspießen des Materials zu verhindern. Unter diesen Voraussetzungen kann aber auch ein Hackstriegel gute Ergebnisse in Mulchsaatbeständen erzielen.
- **Rotierende Geräte: (Sternradhacke, Rollhacke, Rollstriegel, Rotorhacke, Tellerhacke, Fingerhacke, Reihenfräsen).** Am besten geeignet für eine Unkrautregulierung in Beständen mit hoher Mulchauflage sind rotierende Hackgeräte. Die rollenden/rotierenden Zinken und Schare befreien sich bei der Arbeit selbst von etwaigen organischen Rückständen bzw. werfen diese vor sich her, ohne zu verstopfen. Ihnen kommt daher eine Schlüsselstellung bei der Unkrautregulierung in Mulchsaat zu.
- **Flächige Hackschare: (Gänsefußschare etc.).** Starre, flächig unterschneidende Hackschare kommen bei einem Bodenbedeckungsgrad durch Rückstände von über 30 % schnell an ihre Grenzen. Mit vorlaufenden Scheibensechen vor jeder Hackschar kann das etwaige Verstopfen und „Schieben" reduziert werden (siehe auch Abschnitt zur Unkrautregulierung im Kapitel 13).

Abb. 10.14 Scheibenhacke zur Unkrautregulierung in Beständen mit einer großen Menge an oberflächennah abgelegtem organischen Material.

Kopfdüngung

Durch eine reduzierte Bodenbearbeitung wird der Humus weniger angegriffen, was zeitgleich dazu führt, dass weniger Nährstoffe aus der organischen Bodensubstanz nachgeliefert werden. Dies sollte bei der N-Kalkulation für die entsprechende Kultur berücksichtigt werden. Unter Umständen kann dies heißen, dass ein höherer externer Düngebedarf besteht. Oft ist es sinnvoll, diese Düngegabe zu splitten und nur einen ersten Teil direkt zur Etablierung zu verabreichen und einen zweiten Teil zur Unkrautregulierung mit in den Boden einzubringen. Viele Kulturen profitieren von einem Nährstoffschub in ihrem späteren Wachstum. Wann genau dies erfolgen sollte, also ob zu einem der ersten oder einem der letzten Unkrautregulierungsgänge, hängt von der jeweiligen Bedarfskurve der Kultur ab. Auch Kulturen, die ohne Unkrautregulierung geführt werden, können mit handelsüblicher Düngetechnik mit einer Kopfdüngung versorgt werden. Als Kopfdüngung anzusehen ist ebenfalls das Ausbringen einer dünnen Mulchschicht aus nährstoffreichem organischem Material, wie z. B. Kleegras-Schnitt; diese hat den zusätzlichen Vorteil, dass sie neben der Düngung auch eine gewisse Unkrautunterdrückung gewährleistet (siehe Kapitel 12).

Vorerntebonitur/Ernte

Soll nach der Ernte ggf. wieder reduziert und garekonservierend weiter gearbeitet werden, ist eine gute Planung wichtig. So sollte der Bestand bereits in der Abreife beobachtet werden, um einen Überblick über die Unkrautflora und ggf. vorkommende Unkrautnester zu behalten. Ebenfalls bonitiert werden sollte das Gefüge vor der Ernte, um darauf basierend bereits die Bearbeitungsstrategie festzulegen und nach der Ernte schnell und schlagkräftig die Bodenbearbeitung durchführen zu können. Eine weitere reduzierte Bearbeitung wird noch immer möglich sein, aber um die Option offen zu halten, sollte man beim Drusch von Druschfrüchten auf ein gutes Häckselergebnis und eine gute Spreuverteilung beim Drescher achten. Ebenfalls sollten Fahrspuren am besten komplett vermieden bzw. durch niedrige Reifendrücke möglichst klein gehalten werden, damit in der Folge möglichst flach bearbeitet werden kann. Tiefe Fahrspuren erfordern nämlich, wie schon erwähnt, eine tiefere Bearbeitung, um den Boden einzuebnen; sie stehen damit einer garekonservierenden Bearbeitungsstrategie entgegen.

Exkurs: Vorerntebonitur

Eine Vorerntebonitur kann vor der Ernte jeder Hauptkultur sinnvoll sein und hilft bei der darauf folgenden Bewirtschaftungsentscheidung. Sie kann wie folgt strukturiert sein:

Allgemeine Informationen Art und Sorte, Schlaginfos (Größe, Bodenart, Bodenpunkte, Vorfruchtertrag), Pflegeinfos (Beikrautregulierung und Pflanzenschutz/-stärkung mit Datum), Düngungsinfos (Mengen mit Datum).

1. **Oberirdische Bestandesansprache:** Kulturzustand, Wachstumsstadium, Gesundheit, Ertragsaufbau: Pfl./m² Triebe/Pfl. Ährchen/Ähre; Rispe, Körner/Ährchen, Hülse, Schote, Kolben, Ausprägung der Körner, Ertragsschätzung und Gesamtbewertung des Bestandes, ggf. mit Skizze.
2. **Beikrautansprache:** Leitarten und Gesamtbewertung: Gesonderter Fokus auf Wurzelunkräuter und andere mehrjährige Begleitflora, spezielle Gründe für Aufkommen notieren, Zeigerwerte (Unkrautfunktionen) recherchieren.
3. **Unterirdische Bestandesansprache/Gefügebonitur** (siehe auch Kapitel 4): Allgemeiner Eindruck, Bodenleben, Geruch, Feuchteverlauf, Durchwurzelung, Wurzelgesundheit, organisches Material, ggf. Gefügebonitur, Unterkrume, Aggregatstabilitätstest, Sondeneinstiche.
4. **Ergänzungen:** Versuchsauswertungen/0-Parzellen, Untersaatbonitur (Stadium, Bestandesdichte, Artenzusammensetzung, Verhältnis zur Kultur)
5. **Dokumentation von Bewährtem** (bleibt bzw. wird Standard im Betrieb) **und Fehlern**.

Herausforderungen

Saat von kleinkörnigem Saatgut Bei flächig unterschneidender flacher Bodenbearbeitung kann die Saat von fein- und kleinkörnigem Saatgut eine Herausforderung darstellen. Es kann vorkommen, dass der wasserführende Horizont zu tief liegt für z. B. Kleegras, feinkörnige Zwischenfrüchte oder Hauptkulturen wie Raps, Möhren usw. Lösungsstrategien sind hier, die Bearbeitungstiefe weiter zu reduzieren oder mit einer Garefurche ein ausreichend sauberes Saatbett herzustellen.

Ernte zu ungünstigen Bedingungen/Fahrspuren Befinden sich in der Fruchtfolge Kulturen, deren Ernte eine regelmäßige Befahrung der Äcker zu ungünstigen Bedingungen und mit schwerem Erntegerät erfordert (wie z. B. bei Körnermais, Zuckerrüben, Möhren oder Kohl), kann dies durch die dadurch verursachten Strukturschäden eine reduzierte Bodenbearbeitung verunmöglichen. Zum einen müssen in diesem Fall die Schadverdichtungen durch eine streifenweise tiefe Lockerung (siehe Kapitel 9) beseitigt werden und zum anderen müssen tiefe Fahrspuren durch eine tiefere Bearbeitung eingeebnet werden. Eine reduzierte Bearbeitung ist dann nicht möglich.

Verdichtungssohle bei zu feuchter Bearbeitung Entscheidend für den Erfolg jeder Bodenbearbeitung sind ausreichend trockene Bodenverhältnisse. Der Boden sollte bei der Bearbeitung eher „brechen" als „geschnitten" werden. Auch eine flache, unterschneidende Bodenbearbeitung kann bei zu feuchten Bedingungen zu einer Schmiersohle auf Bearbeitungstiefe führen; besonders bei schweren, tonigen Böden mit hohem Feinbodenanteil. So verschmieren dann z. B. die Gänsefußschare bzw. Fräsmesser den Bodenhorizont und erschweren das Wachstum der Folgekultur. Erhöht ist die Gefahr einer Sohlenbildung, wenn der Boden in einem nicht garen Zustand bearbeitet wurde. Ein garer Boden ist in der Lage, den Schmierflächenanteil bei einer etwas zu feuchten Bearbeitung durch die hohe biologische Aktivität im Boden schneller wieder aufzulösen und zu verbauen.

Sodenbildung bei einem zu groben und schnellen ersten Arbeitsgang im Kleegras Mehrjährige Gräser bilden vor allem bei einem mehrjährigen Wuchs extrem dichte und große Wurzelsoden im Boden. Wird ein solcher Bestand im ersten Arbeitsgang mit einem rotierenden Gerät zu schnell befahren oder laufen die Messer zu langsam, werden diese Soden großschollig aus dem Boden gerissen. Das gleiche kann bei einer ersten Bearbeitung mit sehr breiten Gänsefußscharen passieren. Die so freigelegten Soden sind dann in der Folge kaum noch zu zerkleinern und erschweren die darauf folgende Saat oder Pflanzung erheblich. In letzterem Fall bei der Bearbeitung mit Gänsefußscharen ist es daher entscheidend, bei Pflanzenbeständen, die zu einer starken Sodenbildung neigen, mit den schon erwähnten Geräten vorzuarbeiten. Dies reißt die Soden vor dem ersten Unterschnitt in kleinere Stücke. Bei rotierenden Werkzeugen, die gleichzeitig unterschneiden und zerkleinern, muss im ersten Arbeitsgang ausreichend langsam und mit hoher Drehzahl gefahren werden, um eine möglichst starke Zerkleinerung zu erreichen.

Sehr viel und sehr strohige organische Rückstände Ist man mit extrem großen Mengen organischem Material konfrontiert, die zudem noch ein hohes C/N-Verhältnis aufweisen, kann trotz einer starken Zerkleinerung eine flache Einarbeitung schwierig sein. Ein dadurch nicht mehr sicherer Unterschnitt, eine mögliche N-Sperre, ausgereifte Kulturen im Bestand und ein ggf. enges Zeitfenster für die Rotte bis zur nächsten Aussaat können Gründe sein, das organische Material vor der Bearbeitung zu entfernen.

Kleegrasumbruch im Frühjahr Ein Umbruch von mehrjährigem Kleegras ist aus verschiedenen Gründen sinnvoll. Einer der wichtigsten ist die Vermeidung von Stickstoff-Auswaschungen über den Winter bei einem Herbstumbruch. Eine Frühjahrskultur kann dann den ersten Nährstoffschub aufnehmen, die später frei werdenden Nährstoffe werden dann von einer überwinternden Herbstkultur verarbeitet. Ein schälender, flacher Umbruch ist durchaus möglich, vor allem aber in Regionen, in denen sicher mit ausgeprägten Trockenphasen im Frühjahr gerechnet werden kann. In schwierigeren Lagen kann die Bearbeitung bereits im Winter im letzten Frost erfolgen.

Exkurs: Technikanforderungen an garekonservierende Bodenbearbeitung

Die ideale Technikkombination (Front- und Heckanbau) sollte mit möglichst wenig Überfahrten die folgenden Arbeitsziele erreichen:

- zerkleinert Bewuchs, Erntereste oder Stoppel aus der Vorkultur
- zieht sicher auch in relativ trockenen Boden ein
- ist in der Tiefe extrem präzise einstellbar
- unterschneidet/schält den Boden ganzflächig
- schneidet unerwünschte Pflanzen sicher ab, schüttelt die Erde von deren Wurzeln und legt sie oberflächlich zum Vertrocknen ab
- legt Saatgut präzise auf dem wasserführenden Bearbeitungshorizont ab und kann zusätzlich Feinsämereien flach ausstreuen bzw. einmischen
- ebnet den Boden bei Unregelmäßigkeiten (z. B. Fahrspuren) ganzflächig ein
- stützt sich nicht auf Nachläufern ab und sorgt nicht für flächige Rückverfestigung
- ist möglichst leicht und wendig

Beispielkombinationen, die viele dieser Ziele erreichen, wären ein Frontmulcher mit einer Fräse bzw. einem Geohobel mit ausgesatteltem Saattank im Heck und einer Sävorrichtung, die das Saatgut präzise auf dem wasserführenden Horizont ablegt, oder eine Sechwalze in der Front mit einem Gänsefußschargrubber mit ausgesatteltem Saattank im Heck.

Zusammenfassung

- Nur wenn die Bodengare auf Krumentiefe ideal ist, kann die Intensität der Bodenbearbeitung reduziert werden. Um dies zu betonen, sprechen wir von „garekonservierender Bodenbearbeitung“.
- Ob die Voraussetzungen für eine reduzierte Bodenbearbeitung gegeben sind, wird über eine Bonitur des entsprechenden Schlages herausgefunden.
- Der flache Unterschnitt ist das Herzstück der Minimalbodenbearbeitung. Je nach Ergebnis der Bonitur wird ausschließlich mit flachem Unterschnitt gearbeitet oder ein lockernder bzw. einmischender Arbeitsgang vor- oder zwischengeschaltet.
- Garekonservierende Bodenbearbeitung stellt spezielle Ansprüche an Saat- und Pflanztechnik sowie an die Kulturführung, so z. B. an die Düngung und Unkrautregulierung.

11 Kleegras-Management

Bevor es darum gehen soll, wie Kleegras-Aufwuchs als Mulchmaterial genutzt wird, sollen einige Worte zum Management dieses Fruchtfolge-Gliedes gesagt werden. Wenn in den Abschnitten zuvor und nachfolgend von „Kleegras“ die Rede ist, dann ist damit eine Mischung aus mehrjährigen Kleearten inkl. Luzerne und mehrjährigen Grasarten gemeint, die über einen längeren Zeitpunkt beerntet werden (1–4 Jahre mehrmals). Da Kleegras oft die Grundlage für die darauf folgenden Jahre Marktfruchtanbau ist, sollte der Bestand möglichst optimal geführt werden und eine möglichst gute Bodengare hinterlassen. Um dies zu erreichen, sollen im Folgenden einige Optimierungsmöglichkeiten beschrieben werden.

Vielfalt im Kleegras

Oft werden Kleegras-Mischungen mit nur 2–3 Komponenten angeboten. Für eine optimale Garebildung sollte man jedoch eine höhere Vielfalt anstreben. Es kann lohnend sein, sich eine sehr vielfältige Mischung mit jeweils zehn oder mehr Klee- und Gräserarten zu besorgen und diese auf einer für die Bodenverhältnisse repräsentativen Testfläche auszusäen. In den darauf folgenden Monaten kann man dann beobachten, welche Klee- und Gräserarten sich durchsetzen und daraus schließen, welche Arten sich am besten für die Standortverhältnisse eignen. Hierauf basierend und mithilfe der Beratung der Saatguthersteller lässt sich dann eine betriebseigene Kleegras-Mischung zusammenstellen.

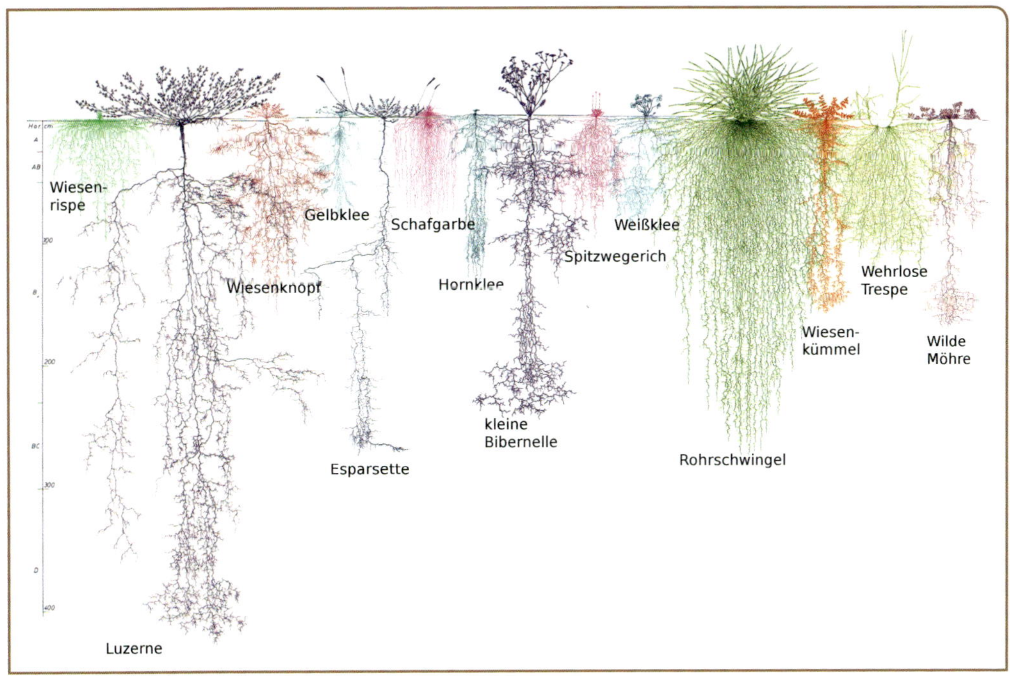

Abb. 11.1 Ausgewählte Komponenten in einem Kleegras mit ihren Wurzelbildern. Eine hohe Pflanzen- und damit Wurzelvielfalt ist für die optimale Gare- und Biomassebildung im Kleegras absolut unerlässlich.

Abb. 11.2 Herbstansaat von Kleegras gemeinsam mit einer Deckfrucht bestehend aus Wick-Roggen. Frühjahrssaat von Kleegras ist ebenfalls mit Getreide-Leguminosen-Gemengen als Deckfrucht möglich.

Grundsätzlich sollte diese Mischung sowohl tief- als auch flachwurzelnde Arten und solche mit Pfahl- und Feinwurzeln kombinieren. So sind z. B. Rotklee, Luzerne, Steinklee und Esparsette bekannt für ihre Pfahlwurzeln und Weißklee am ehesten ein Feinwurzelbildner unter den Kleearten. Gräser bringen zum überwiegenden Teil Feinwurzeln in die Mischung. Bekannt für sein tief wurzelndes Wurzelwerk im Vergleich zu anderen Gräsern ist beispielsweise der Rohrschwingel.

Kleegras als Deckfrucht oder Untersaat

Ein Problem für schlechte Bodengare im Kleegras ist eine suboptimale Etablierung. Wird vor der Aussaat des Kleegrases der Boden bearbeitet und erfolgt dann eine Blanksaat von reinem Kleegras, können die sich in der Jugendphase nur sehr langsam entwickelnden Klee- und Gräserpflanzen die gelockerte Krume nur sehr langsam stabilisieren und verbauen. Hier kann es schnell zu innerer Erosion und Dichtlagerung kommen, für deren Beseitigung die Pflanzen dann eine längere Zeit brauchen. Hinzu kommt, dass bei einer Blanksaat der erste Schnitt ein Schröpfschnitt ist. Nach der Aussaat laufen vor allem Unkräuter auf, die bei diesem Schnitt abgeschlegelt werden. Erst danach wächst dann das Kleegras relativ sauber auf.

Aus diesen beiden Gründen sollte das Kleegras immer als **Untersaat** bzw. mit einer Zwischenfrucht als **Deckfrucht** etabliert werden. Dies erfolgt beim Ziel der Biomassenutzung am besten mit einem **Getreide-Leguminosen-Gemenge**. So kann z. B. im Herbst das Kleegras zusammen mit Wick-Roggen und im Frühjahr z. B. mit einem Hafer-Wicken-Erbsen-Gemenge zum gleichen Zeitpunkt ausgesät werden. Beide Komponenten werden in voller Saatstärke gesät. Somit findet keine Verunkrautung statt, und der erste Schnitt ist kein geschlegelter Schröpfschnitt, sondern ein aus Getreide und Leguminosen bestehender Biomassebestand, dessen Aufwuchs produktiv genutzt werden kann.

Jenseits dessen kann das Kleegras natürlich auch klassisch als Untersaat unter einer Hauptfrucht/Marktfrucht etabliert werden (siehe Kapitel 15, Abschnitt Untersaaten, S. 201).

Schwefeldüngung

Alle Leguminosen, aber speziell auch mehrjährige Kleearten, sind für einen effektiven Stoffwechsel und eine hohe N-Fixierleistung auf ausreichend verfügbaren Schwefel im Boden angewiesen. Deshalb sollte vor allem vor der Etablierung des Kleegrases geprüft werden, ob noch ausreichend mobilisierbare Schwefelvorräte im Boden vorhanden sind. Ansonsten sollte Schwefel aufgedüngt werden.

Unterkrumenlockerung

Um die tiefreichende Wurzelleistung des Kleegrases voll zur Entfaltung zu bringen, sollte man bei trockenen Bodenverhältnissen eine Unterkrumenlockerung vornehmen. Dies empfiehlt sich vor allem nach entsprechendem Vorfinden von Dichtlagerungen in der Unterkrume (siehe Kapitel 9).

Stickstoffmanagement

Für eine optimierte N-Fixierleistung beim Kleegras sollte die Düngung des Bestandes möglichst stickstoffarm gestaltet werden. Güllen und andere Düngemittel mit hohem und verfügbarem Stickstoffanteil sollten nicht aufs Kleegras gefahren werden. Stattdessen eignen sich kohlenstoffreiche Düngemittel wie N-arme Grüngutkomposte oder Miste aufs Kleegras. Diese nutzen bei ihrem Ab- und Einbau unter Umständen noch verfügbaren Stickstoff und regen die Leguminosen in der Kleegrasmischung zu einer erhöhten N-Fixierung an.

Überfahrten zur Ernte

Ein weiterer Grund, warum die Bodengare unter Kleegras oft nicht optimal ist, sind die zahlreichen Überfahrten, die zur Ernte des Aufwuchses getätigt werden müssen. Für die häufigen Schnitte im Jahr werden die Flächen mehrmals mit ggf. relativ schwerem Gerät (volle Ladewägen, Häcksler etc.) befahren. Wird nicht mit GPS-Unterstützung auf festen Fahrspuren gefahren, kann es vorkommen, dass in z. B. zwei Jahren Kleegrasanbau ein Großteil der entsprechenden Fläche mindestens einmal, wenn nicht mehrfach durch die Erntetechnik überfahren wurde.

Umso wichtiger ist es, dass die Ernte des Aufwuchses nur zu trockenen Bedingungen stattfindet. Außerdem sollten, wenn möglich, über GPS-Lenksysteme die gleichen Fahrspuren über die Dauer der Bewirtschaftung eingehalten werden.

Einschlitzen von Zwischenfrüchten

Um die Wurzelvielfalt im Boden weiter zu erhöhen, kann man z. B. mit Direktsaattechnik eine Zwischenfruchtmischung in ein bereits etabliertes Kleegras schlitzen. Neben der Verbesserung der Bodenstruktur durch diese Maßnahme kann auch die geerntete Biomasse diversifiziert und die Aufwuchsmenge einmalig erhöht werden. Allerdings gerät die eingeschlitzte Zwischenfrucht mit dem bereits etablierten Kleegras in Konkurrenz. Dadurch sind nicht annähernd die Zwischenfruchtbestände zu erwarten, die sich in Blanksaat entwickeln würden. Entsprechend sollten sich die Saatgutkosten im Rahmen halten bzw. mit dem Nutzen ins Verhältnis gesetzt werden.

Zusammenfassung

- Eine hohe Vielfalt an Klee-, Gras- und Kräuterarten spielt für die Optimierung der Bodenstruktur und der Erträge im Kleegras eine entscheidende Rolle. Auch das Einschlitzen von Zwischenfrüchten erhöht die Diversität.
- Um eine Verunkrautung zu vermeiden und Biomasse-Erträge zu optimieren, sollte Kleegras möglichst nie als Blanksaat, sondern immer als Untersaat oder mit Deckfrucht etabliert werden.
- Um Schadverdichtungen zu vermeiden, sollten Überfahrten reduziert und die Unterkrume erschlossen werden.
- Die Pflanzenernährung im Allgemeinen und das Stickstoff- und Schwefelmanagement im Besonderen entscheiden ebenfalls über die Produktivität und Bodenstruktur im Kleegras.

12 Transfer-Mulch

Einführung

Unter Transfer-Mulch wird ein Verfahren begriffen, bei dem ein Mulchmaterial von einer sogenannten Geberfläche geerntet und als Mulchmaterial auf einer sogenannten Nehmerfläche oberflächlich ausgebracht wird und dort als Mulchschicht verbleibt. Das Verfahren findet sowohl im Acker- als auch im Gemüsebau seine Anwendung, wenn auch in verschiedenen Formen. Als Mulchmaterial wird vor allem Grünland-, Kleegras- oder Zwischenfrucht-Aufwuchs verwendet, der entweder als frisches Material oder siliert ausgebracht wird.

Bei der reinen Transfer-Mulchvariante wird die zu mulchende Fläche betriebsüblich bearbeitet und gedüngt und das Mulchmaterial vor oder nach der Saat/Pflanzung ausgebracht. Eine Ausnahme, bei der keine Bodenbearbeitung stattfindet, sind die kombinierten Mulchsysteme (siehe Kapitel 14).

Transfer-Mulchsysteme können mit einer dicken oder dünnen Mulchschicht angewendet werden.

Dünne versus dicke Mulchschicht

Eine **dünne Mulchschicht** von 2–3 cm findet vor allem im **Ackerbau und Feldgemüsebau** Anwendung. Das Material wird zumeist nach der Saat/Pflanzung ausgebracht. Ziel hierbei ist eine Kopfdüngung, Erosionsschutz und eine teilweise Unkrautunterdrückung. Die oben beschriebenen Mulcheffekte kommen hier nur sehr begrenzt zum Tragen.

Eine **dicke Mulchschicht** von 7–10 cm wird vor allem im gesamten **Gemüsebau und bei hochpreisigen Hackfrüchten**, wie z. B. Kartoffeln, im Ackerbau eingesetzt. Ziel ist hier, dass die Mulchschicht den Boden die gesamte Vegetationsperiode hinweg bedeckt und damit auch Unkräuter über den gesamten Zeitraum hinweg unterdrückt und keine weitere Unkrautregulierung mehr notwendig ist. Die positiven Mulcheffekte sind in diesem System sehr stark und leisten einen großen Beitrag zur Steigerung der Bodenfruchtbarkeit.

Abb. 12.1 Optimal gestreute dünne Mulchschicht (2–3 cm) zur temporären Unkrautunterdrückung. Unkrautregulierung v. a. im Gemüsebau im späteren Verlauf nötig und möglich.

Abb. 12.2 Dünne Mulchschicht, die in einen ackerbaulichen Maisbestand gestreut wurde. Auch diese dünne Auflage kann das Unkrautaufkommen in den ersten drei Wochen nach der Ausbringung um mindestens die Hälfte reduzieren. Dadurch kann optimalerweise ein Arbeitsgang in der Unkrautregulierung gespart werden.

Abb. 12.3 Optimal dicke Mulchschicht (7–10 cm) zur ganzjährigen Unkrautunterdrückung.

Alternative Kleegrasnutzung als Basis

Das Mulchmaterial der Wahl ist Kleegrasaufwuchs. Denn wenn sich die Forschung zu Humusaufbau in einem einig ist, dann darin, dass die Humusgehalte mit zunehmendem mehrjährigen Feldfutterbau ansteigen. Das heißt je mehr mehrjähriges Kleegras anteilig in der Fruchtfolge, das im eigenen Betrieb verwertet wird, desto höher das Humusniveau. Dies liegt zum einen an der Biomasse insgesamt, die durch die hohen Aufwuchsmengen, aber auch die unterirdische Wurzelleistung zustande kommen. Zum anderen aber auch an der hohen **N-Fixierleistung**, denn Stickstoff ist für einen effizienten Humusaufbau oft der limitierende Faktor.

Jenseits dessen ist Kleegras aus weiteren Gründen entscheidend für einen effizienten Anbau. Durch die mehrfache Schnittnutzung haben die mehrjährigen Anbauphasen eine unkrautreduzierende Wirkung, die über die ganze Fruchtfolge hinweg spürbar bleibt. Außerdem ist Kleegras für eine gute Bodenstruktur unverzichtbar. **Tiefwurzler** wie Rotklee und Luzerne sorgen für Grobporen bis in tiefe Bodenschichten, mehrjährige Gräser sorgen für eine optimale Aggregierung und Wasserbeständigkeit der Krümel.

Dies alles resultiert oft in einem höheren Ertragsniveau auf Betrieben mit einem hohen Anteil an mehrjährigem Feldfutter in der Fruchtfolge. Dies macht die Anbausysteme profitabel, obwohl sie relativ lange „Anbaupausen" aufweisen, in denen keine vermarktbare Frucht angebaut wird.

Um all diese Vorteile zu realisieren, ist allerdings eine Schnittnutzung der Kleegrasflächen wichtig. Das heißt der Aufwuchs muss geschnitten und abgefahren werden. Wird der Aufwuchs lediglich geschlegelt und zum Verrotten auf der Fläche belassen, vermindert sich die bodenaufbauende Wirkung des Kleegrases merklich. Für die Schnittnutzung ist Transfer-Mulch eine attraktive Variante.

Das Transfer-Mulchverfahren bietet eine alternative Nutzungsstrategie für Grünland und Kleegras in vieharmen oder viehlosen Betrieben. Die Nutzung des Aufwuchses ist vor allem bei Kleegras immer von Vorteil im Vergleich zu einem Abschlegeln des Materials an Ort und Stelle, der oft üblichen Strategie in viehlosen Betrieben.

Wird der Aufwuchs an Ort und Stelle abgeschlegelt, führt dies zu verschiedenen Nachteilen:

- Den Leguminosen wird ihr aus der Luft fixierter Stickstoff über die eigene verrottende Biomasse wieder zugeführt. Dies führt zu einer verminderten Fixierleistung aus der Luft und einem Konkurrenzvorteil für die Gräser in der Mischung. Die Leguminosen werden verdrängt, der Gräseranteil steigt: Das Kleegras „vergrast" mit der Folge einer noch geringeren Stickstofffixierleistung.

- Ein Kleegras mit „Schlegelnutzung“ fixiert ca. 150–200 kg N/Jahr/ha

Wird das Material nicht über das Schlegeln auf der Fläche belassen, sondern genutzt, also z. B. als Mulchmaterial transferiert, führt dies zu verschiedenen Vorteilen:

- Erhöhter Gesamtertrag durch ein besseres Aufwachsen des Bestandes nach dem Schnitt.
- Die Gräser nehmen allen restlichen, überschüssigen Stickstoff auf, und die Leguminosen werden angeregt, immer weiter Stickstoff aus der Luft zu fixieren. Der Leguminosenanteil bleibt konstant.
- Ein Kleegras mit „Schnittnutzung“ fixiert die doppelte Menge Stickstoff also ca. 300–400 kg N/Jahr/ha.
- Hinzu kommen Wurzelrückstände und Exsudate im Boden, die nochmal rund 100 kg N/Jahr/ha ausmachen können.

Gehen wir also z. B. von einem 2-jährigen Kleegras in einer 7-jährigen Fruchtfolge aus, dann werden im Schnitt in einem Fruchtfolge-Zyklus 600–1000 kg N allein durch das Kleegras fixiert. Eine Menge, die sowohl zur direkten Pflanzenernährung als auch zum Humusaufbau einen beträchtlichen Beitrag leisten kann. Berücksichtigt man weiterhin, dass der ertragsbegrenzende Faktor im Ökolandbau oft die Stickstoffmengen sind, dann kann ein optimiertes N-Management im Kleegras durch optimale Schnittnutzung einen entscheidenden Baustein in der Ertragsoptimierung darstellen. Die Nutzung als Transfer-Mulch kann hier einen entscheidenden Beitrag leisten.

Der Effekt von Transfer-Mulchsystemen ist stärker, je humusärmer und sandiger die genutzten Böden sind. Hier kommen die Effekte durch Nährstoffnachlieferung und Verdunstungsschutz besser zu tragen als auf sehr humusreichen sowie schluff- bzw. tonreichen Böden, die ein deutlich höheres Wasserspeicherungs- und Nährstoffnachlieferungsvermögen haben.

Exkurs: Andere viehlose Nutzungsstrategien für Kleegras

Biogas

Kleegras kann als Substrat in Biogas-Anlagen verwendet werden. Durch die hohen Protein-Gehalte (v. a. des Klees) ist eine alleinige Nutzung zwar möglich, aber oft schwierig. Häufig wird Kleegras daher mit Substrat anderer Herkunft gemischt.

Vorteile:

- Humusreproduktion kann durch Biogasnutzung gewährleistet werden. Nur kurzkettige Kohlenstoffverbindungen werden zu Gas umgewandelt und verbrannt.
- Bis zur Ausbringung ein sehr verlustarmes und nährstoffeffizientes Verfahren.

Nachteile:

- Hoher Investitionsbedarf.
- Reine Kleegras-Führung der Biogasanlage schwierig.
- Der feste Gärrest kann nicht als Mulchmaterial verwendet werden.
- Gefahr der Ausgasung bei Ausbringung des flüssigen Gärrests/der Gülle.

Kombinationsmöglichkeit mit Transfer-Mulch: Schnell verfügbarer Stickstoff aus flüssigem Gärrest kann gut als zusätzlicher Dünger in gemulchten Kulturen eingesetzt werden.

Pelletierung

Für die Trocknung und Pelletierung zu Düngemitteln verwendet man selten Kleegras-Mischungen. Genutzt wird stattdessen der Aufwuchs von reinen Rotklee-, Weißklee- und Luzernebestände. Man mäht sehr häufig (4- bis 7-mal im Jahr), um ein enges C/N-Verhältnis von höchstens 10 zu erreichen und eine gute Nährstoffverfügbarkeit bei den Pellets zu gewährleisten.

Exkurs: Andere viehlose Nutzungsstrategien für Kleegras (*Fortsetzung*)

- Die Düngewirkung der Pellets ist mit Handelsdünger vergleichbar.
- Die Trocknung ist bisher sehr aufwendig und die Pellets sind relativ teuer.

Kombinationsmöglichkeit mit Transfer-Mulch: Schnell verfügbarer Stickstoff aus den Düngepellets ist ein guter zusätzlicher Unterfuß- und Startdünger in gemulchten Kulturen.

Kompostierung
Ähnlich wie die Biogas-Verwendung ist die Kompostierung von Kleegras sehr anspruchsvoll. Durch das für die Kompostierung oft zu enge C/N-Verhältnis muss das Kleegras gut mit verschiedenen weiteren Komponenten zusammen kompostiert werden. Eine gute Kompostierung bedeutet (z. B. durch häufiges Umsetzen) sehr viel Arbeit und ist für viele Betriebe nur sehr schwierig in den Betriebsablauf zu integrieren.

Einarbeitung
Der Transfer und die Einarbeitung des Kleegras-Aufwuchses auf einer anderen Fläche hat den Vorteil, dass eine nachträgliche Pflanzung und Saat oft einfacher umgesetzt werden kann als bei einer Mulchschicht. Es kann allerdings zu **Keimhemmungen** durch die Einarbeitung kommen, die bei einer oberflächlichen Einbringung nicht auftritt. Die gasförmigen Verluste zu reduzieren oder eine höhere Nährstoffverfügbarkeit zu erreichen, ist durch eine Einarbeitung nur begrenzt möglich. Bei einem zu hohen C/N-Verhältnis schlägt bei der Einarbeitung die Immobilisierung von Stickstoff deutlich stärker durch als bei einer oberflächlichen Ablage als Mulch. Um eine schnelle Verfügbarkeit durch Einarbeitung zu gewährleisten, sollte das C/N-Verhältnis des Materials bei maximal 15, besser bei 10 liegen (wie bei Handelsdüngern). Bei der Einarbeitung von Silage zeigten sich bis zu 2 Wochen nach der Ausbringung wachstumshemmende bzw. toxische Effekte auf Jungpflanzen im Gemüsebau. Außerdem kann die Einarbeitung großer Mengen eine technische Herausforderung für die Bodenbearbeitung darstellen.

Vergleich Kompostierung vs. Einarbeitung
Wenn man die Varianten „Einarbeitung“ und „Kompostierung“ miteinander vergleicht, wirkt die Einarbeitung oft vorteilhafter auf die Erträge. Dies ist vermutlich auf die Nährstoff- und Substanzverluste bei der Kompostierung zurückzuführen. Beobachtungen legen nahe, dass mit Systemen, welche Kleegras-Schnitt direkt nutzen (wie z. B. in Transfer-Mulchsystemen), vor allem bei langfristiger und kontinuierlicher Umsetzung sehr hohe Ertragspotenziale erreichbar sind.

Transfer-Mulchmaterial – Quellen und Herkunft

Eigen oder extern?

Die erste Frage, die sich stellt, ist, ob das Mulchmaterial auf dem eigenen Betrieb erzeugt werden soll oder extern eingekauft wird.

Aus Perspektive der Nachhaltigkeit ist eine betriebseigene Erzeugung anzustreben. Oft sind Kleegras-, Grünland-, Zwischenfrucht- oder Futterbau-Flächen ohnehin in der Fruchtfolge vorhanden, eine Mulchnutzung bietet sich an und optimiert sogar, wie oben beschrieben, das Nährstoffmanagement des Betriebes.

Wird Mulchmaterial von einem externen Betrieb zugekauft (z. B. in der Form von Silage), dann sollte die Qualität des Materials sichergestellt werden. Das Material sollte unkrautfrei sein und das vom Betrieb gewünschte C/N-Verhältnis haben. Langfristige und vertrauensvolle Absprachen mit Partnerbetrieben sind hier sinnvoll. So können Schnittzeitpunkt, Mengen, Qualitätsansprüche und der Preis bereits im Vorhinein abgesprochen werden, damit der einkaufende Betrieb sicher weiß, dass ihm ausreichend und qualitativ hochwertiges Material zur Verfügung steht.

Hierfür sind genaue Absprachen mit dem Herkunftsbetrieb über den Erntezeitpunkt des Mulchmaterials (z. B. Silage) nötig. Gegebenenfalls lässt man sich von diesem speziell im Auftrag Siloballen einer bestimmten Qualität pressen oder beauftragt einen Betrieb im Lohn, die eigenen Kleegras/Grünlandflächen zum richtigen Zeitpunkt zu silieren. Es lohnt sich hierfür, dann etwas mehr Geld auszugeben. Eine vorherige Untersuchung der Mulchmaterialien zur N-Düngungskalkulation hat sich bewährt und ist zu empfehlen. Eine Düngewirkung des Mulches konnte in der Praxis an verschiedenen Übergangsstellen von mit/ohne Mulch gezeigt werden. Auch bei Mulchmaterialien, bei denen aufgrund des C/N-Verhältnisses eigentlich kein Effekt zu erwarten gewesen wäre.

Bei der Ernte muss unbedingt gewährleistet werden, dass das Mulchmaterial frei von Unkrautsamen ist, weshalb die unten genannten Erntetermine einzuhalten sind. Ein zu später Erntetermin kann dazu führen, dass Pflanzen bereits ausgesamt haben und diese Samen zusammen mit dem Mulchmaterial auf die Anbaufläche verbracht werden.

Kleegras

Kleegras eignet sich sehr gut als Mulchmaterial. Es wird innerhalb der Fruchtfolge angebaut und nach 1–4 Jahren umgebrochen und während dieser Zeit mehrmals pro Jahr (1- bis 4-mal) als Mulchmaterial geschnitten und geerntet. Mit Kleegras ist hier selbstverständlich auch Luzernegras gemeint, eine Variante des Kleegrases.

Düngewirkung des Mulchmaterials Kleegras hat höhere N-Gehalte und zu vergleichbaren Vegetationszeitpunkten ein geringeres C/N-Verhältnis als reines Grünland oder Zwischenfrüchte; dies verbessert die Düngewirkung des Materials.

N-Fixierleistung Bei einem ausreichenden Klee- bzw. Luzerne-Anteil hat Kleegras insgesamt die höchste N-Fixierleistung, verglichen mit anderen Beständen zur Mulchgewinnung wie Grünland und Zwischenfrüchte.

Trockenmassebildung Kleegras bildet unter nährstoffarmen Bedingungen bzw. auch ohne zusätzliche Düngung die meiste Trockenmasse.

Bodenstruktur Mehrjährige Gräser sind nicht nur für die gute Garebildung und N-Fixierung im Kleegras entscheidend (siehe Kapitel 11), sondern verbessern auch die Mulchstruktur. Dennoch ist die Bodenstruktur unter Kleegras oft nicht optimal. Eine Lockerung im Bestand (siehe Kapitel 9) kann hier zu einer besseren Durchwurzelung, Krümelung und Erschließung des Bodens führen.

Management-Ansprüche Kleegras hat relativ geringe Management-Ansprüche. Es muss lediglich einmal gesät werden. Danach wird es je nach Region mehrmals geschnitten. Ein 2- bis 3-jähriger Anbau reduziert die Management-Ansprüche (wie Bodenbearbeitung, Aussaat etc.) im Vergleich zu einem 1-jährigen Anbau.

Witterungsabhängigkeit Grundsätzlich hat Kleegras nach der Etablierung ein tiefes und intensives Wurzelwerk, welches auch Wasser in tiefen Bodenschichten nutzen kann. Allerdings haben vor allem mehrjährige Gräser einen grundsätzlich hohen Wasserbedarf. Ihre Trockenmasse-Erträge hängen maßgeblich von den Niederschlägen ab. Es ist deshalb entscheidend, in Kleegras-Mischungen tiefwurzelnde Arten zu nutzen – insbesondere tiefwurzelnde Futterleguminosen wie Luzerne. Diese bilden durch ihre tiefen Pfahlwurzeln auch dann noch Biomasse, wenn ausgewiesene Trockenheitsperioden auftreten. Die Mischung sollte auf das jeweilige Klima angepasst sein.

Einarbeitung Grundsätzlich ist die Einarbeitung von Klee- bzw. Luzernegras durchaus auch garekonservierend machbar. Im Vergleich zu den Stoppeln einer geernteten Zwischenfrucht ist das Einarbeiten und Abtöten von mehrjährigen Klee- und vor allem Grasarten allerdings deutlich schwieriger und bedarf besonders gründlichem Arbeiten.

Spezielle Aspekte

Aussaat mit Deckfrucht Kleegras sollte immer mit einer Biomasse-Zwischenfrucht als Deckfrucht ausgesät werden. Blanksaaten neigen durch die langsame Jugendentwicklung des Kleegrases dazu, sehr stark zu verunkrauten; sie machen den ersten Schnitt dadurch zu einem Schröpfschnitt, der nicht produktiv genutzt werden kann. Wird das Kleegras als Untersaat unter einer Deckfrucht wie Wick-Roggen oder einem Hafer-Leguminosen-Gemenge etabliert, steht statt dem Unkraut eine Biomasse-Zwischenfrucht an Ort und Stelle, die als Mulchmaterial genutzt werden kann.

Reine Klee-/Luzernebestände Reine Kleebestände können unter Berücksichtigung der oben genannten Nachteile ebenfalls genutzt werden, erzielen die beste Düngewirkung und die höchste N-Fixierleistung, neigen aber auch am ehesten zu Fäulnis in der Mulchschicht.

Flugeigenschaften bei Ausbringung Mulchmaterial aus reinen Kleebeständen oder solchen mit hohem Kleeanteil fliegen bei der Ausbringung besser als Material von Mischungen mit hohem Gräseranteil bzw. reines Gras.

Zwischenfrüchte

Grundsätzlich kann man auch Zwischenfrucht-Aufwuchs als Mulchmaterial verwenden. Hier bieten sich vor allem Getreide-Leguminosen-Mischungen an, die für die Biogas-Produktion entwickelt und für die maximale Trockenmassebildung optimiert wurden. Diese sind oft als sogenannte GPS-Mischungen (GPS = Ganzpflanzensilage) im Handel. Der Anbau erfolgt je nach Fruchtfolge überjährig als Winterzwischenfrucht (z. B. Aussaat Oktober – Ernte im Mai) oder als Sommerzwischenfrucht (z. B. Aussaat ab April bis Mitte August – Ernte im Juni bis September oder Oktober). Bei enger Staffelung können Winterzwischenfrucht und Sommerzwischenfrucht (Oktober – Oktober) kombiniert werden.

Düngewirkung des Mulchmaterials Ist ein wesentlicher Getreideanteil in den Mischungen vorhanden, sind die C/N-Verhältnisse des Materials oft relativ hoch und eine Düngewirkung entsprechend gering bis gar nicht vorhanden, wenn es als Transfer-Mulchmaterial ausgebracht wird.

N-Fixierleistung Die N-Fixierung pro Jahr durch intensive Nutzung dieser Mischungen liegt meistens unter der Fixierleistung eines Kleegrases, da der Leguminosen-Anteil relativ gering ist.

Trockenmassebildung Werden die Zwischenfrüchte zusätzlich auf hohem Niveau gedüngt, können sie z. B. bei der Abfolge von einer überwinternden Mischung (Wick-Roggen) mit darauf folgender Sommerung (Hafer-Leguminosen-Gemengen) in einem Jahr (Oktober – Oktober) höhere TM-Erträge pro Jahr realisieren als Kleegras.

Bodenstruktur Oft findet sich unter diversen Zwischenfrüchten eine bessere Bodenstruktur als unter Kleegras oder Grünland. Der Grund hierfür ist noch nicht ausreichend geklärt, da auch die Wurzelleistung des Kleegrases grundsätzlich sehr gut ist.

Management-Ansprüche Damit Zwischenfrüchte optimale Trockenmasse-Erträge erbringen, muss der Boden vorbereitet, präzise ausgesät und oft ausreichend gedüngt werden. Diese Schritte müssen vor jeder Aussaat einer Mischung erfolgen. Daher sind Zwischenfrüchte zur Mulchgewinnung oft zeitintensiver und anspruchsvoller im Management.

Witterungsabhängigkeit Der Erfolg von Zwischenfrüchten ist abhängig von ausreichender Feuchtigkeit zur Saat. Auch im Wachstum können Zwischenfrüchte nicht auf ein vorhandenes tiefes Wurzelwerk zurückgreifen, wie z. B. ein Kleegras im zweiten Jahr.

Einarbeitung Dadurch dass der oberirdische Aufwuchs abgefahren wird, können nach einem flachen Schlegeln der Stoppel die Stoppelreste relativ leicht umgebrochen und eingearbeitet werden.

Spezielle Aspekte

Nutzung für kombinierte Mulchsysteme
Arbeitswirtschaftlich ist es oft sinnvoller, das Material an Ort und Stelle z. B. abzuschlegeln, um es dort direkt als Mulchmaterial zu verwenden (siehe Kapitel 14).

Gefahr der Verunkrautung Während in einem Kleegras durch den mehrfachen Schnitt Unkräuter kaum zum Aussamen kommen können, besteht in einer Zwischenfrucht durch die relativ lange Standzeit bis zum ersten Schnitt die Gefahr, dass Unkräuter ausreifen. Grundsätzlich haben Zwischenfrüchte durch die vorgeschaltete Bodenbearbeitung und das Brechen der Keimruhe ein deutlich höheres Risiko, zu verunkrauten.

Unkrautunterdrückung durch späten Schnitt Da die Zwischenfrüchte relativ spät geerntet, also für die Mulchnutzung geschnitten werden, können Unkräuter mit ihnen aufwachsen. Optimalerweise zur Biomasseernte und vor der Samenreife der Unkräuter werden diese dann mit abgeschnitten und abgetötet. Viele Unkräuter, wie z. B. Distelarten, mögen einen späten Schnitt in der Blüte nicht und können hierdurch gut reguliert werden.

Höherer Bedarf an externen Stickstoffdüngern Um hohe Mengen an Trockenmasse zu bilden, brauchen Zwischenfrüchte durch ihre geringere N-Fixierleistung größere Mengen an externem Stickstoff. Während Kleegras hohe TM-Erträge auch ohne zusätzliche N-Düngung erzielt, müssen Zwischenfrüchte mit einer nicht unwesentlichen Menge N aus externen Quellen (z. B. organischem Handelsdünger) gedüngt werden, um höhere oder ähnliche TM-Erträge zu erreichen.

Grünland

Als Grünland ist hier vor allem Dauergrünland gemeint, welches außerhalb der acker- bzw. gemüsebaulichen Fruchtfolge separat bewirtschaftet wird. Vielfältiges Grünland hat oft eine gute Mulchstruktur, da es eine diverse Artenzusammensetzung hat (verschiedene Gräserarten, Kräuter etc.). Es wird analog zum Kleegras mehrmals im Jahr geschnitten und der Aufwuchs als Mulchmaterial direkt genutzt oder konserviert.

Düngewirkung des Mulchmaterials Bei gleichem Schnittzeitpunkt hat Grünlandschnitt geringere N-Gehalte und ein höheres C/N-Verhältnis als Kleegras. Je nach Schnittzeitpunkt kann es ein geringes C/N-Verhältnis aufweisen als Mulchmaterial aus Zwischenfrüchten.

N-Fixierleistung Keine bzw. kaum vorhanden, da der Leguminosen-Anteil sehr gering ist.

Trockenmassebildung Da kein oder nur ein geringer Leguminosen-Anteil im Grünland vorhanden ist, sind die Trockenmasse-Erträge gegenüber Kleegras und Zwischenfrüchten nur bei einem ausreichenden Düngeniveau, entsprechend leistungsfähigen Gräserarten und ausreichend Wasser konkurrenzfähig.

Bodenstruktur Noch stärker als bei Kleegras ist bei Dauergrünland eine Lockerung zur Verbesserung der Bodenstruktur unerlässlich.

Management-Ansprüche Da Dauergrünland grundsätzlich vorhanden ist und keiner Bearbeitung bzw. Aussaat bedarf, sind die Management-Ansprüche relativ gering. Es muss lediglich geschnitten und die übliche Grünlandpflege betrieben werden.

Witterungsabhängigkeit Aufgrund der oft gräserbetonten Zusammensetzung ist Grünland trotz vorhandenem Wurzelwerk bezüglich der Biomassebildung oft maßgeblich von den Niederschlägen abhängig.

Spezielle Aspekte

Diverse Blühzeitpunkte – Unkraut im Mulchmaterial Die im Grünland z.T. vorhandene Pflanzenvielfalt führt zu sehr unterschiedlichen Blühzeitpunkten. Dadurch sind zum optimalen Erntezeitpunkt der Biomasse bereits frühzeitig Samen verschiedener Pflanzen im Bestand ausgereift und können als Unkräuter auf die Nehmerfläche gelangen (z. B. Löwenzahn als Frühblüher). Eine Silierung ist deshalb bei Biomasse vom Grünland am ehesten sinnvoll, weil sie die Keimfähigkeit von Unkrautsamen herabsetzen kann.

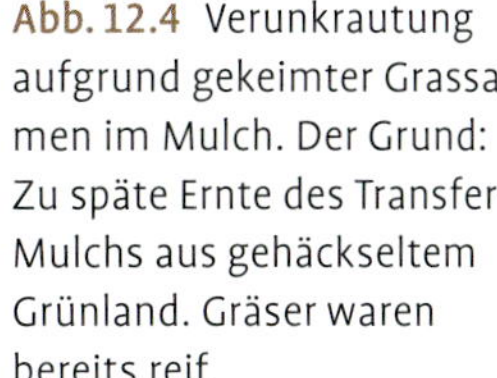

Abb. 12.4 Verunkrautung aufgrund gekeimter Grassamen im Mulch. Der Grund: Zu späte Ernte des Transfer-Mulchs aus gehäckseltem Grünland. Gräser waren bereits reif.

Rückführung der abgefahrenen Nährstoffe
Anders als bei Kleegras und Zwischenfrüchten, die in der Fruchtfolge mit rotieren, liegt (Dauer-)Grünland oft außerhalb der Fruchtfolge und profitiert daher nicht zu einem späteren Zeitpunkt von den im Mulchmaterial ausgebrachten Nährstoffen. Vielmehr findet eine permanente Abfuhr von organischem Material und daher auch von Nährstoffen statt. Diese Abfuhren müssen durch eine gezielte Düngung des Grünlandes ausgeglichen werden.

Aspekte aller Mulchmaterialien

Für alle Mulchmaterialien gilt: Je früher der Schnittzeitpunkt, desto geringer das C/N-Verhältnis und desto besser die Düngewirkung des Mulchmaterials.

Schnittzeitpunkt für dicke Mulchschichten
Soll eine dicke Mulchschicht von ca. 7–10 cm ausgebracht werden, darf das Material nicht zu früh geschnitten werden, da es sonst aufgrund von einem zu geringen C/N-Verhältnis in einer dicken Mulchschicht zu faulen beginnt. Ein sehr später Schnittzeitpunkt hingegen maximiert zwar die Trockenmasse-Erträge (vor allem bei Zwischenfrüchten zur Mulchnutzung), führt aber zu einer sehr geringen Nährstoffwirkung und der Gefahr, dass Unkräuter aussamen und im Mulchmaterial auf Nehmerflächen ausgebracht werden. Deshalb liegt der Schnittzeitpunkt hier oft kurz vor der Blüte.

Schnittzeitpunkt für dünne Mulchschichten
Werden nur dünne Mulchschichten ausgebracht, wird zusätzlich zu Bodenbedeckung auch die Düngewirkung oft ein Grund für die Umsetzung des Verfahrens sein. Daher kann man in diesen Systemen eher mit einem früheren Schnittzeitpunkt und dadurch bedingt einem engeren C/N-Verhältnis des Mulchmaterials arbeiten als im Gemüsebau mit dicken Mulchauflagen.

Pflege von Geberflächen

Entscheidend ist, ob die Geberflächen in die pflanzenbauliche Fruchtfolge eingebaut sind (wie bei Kleegras und Zwischenfrüchten allermeistens der Fall) oder ob sie wie Grünland außerhalb der Fruchtfolge stehen. In die Fruchtfolge integrierte Flächen sollten keine Probleme mit der Abfuhr der Nährstoffe bekommen, da sie ja in späteren Jahren von einer Ausbringung von Transfer-Mulch profitieren. Hingegen muss man die Nährstoffabfuhren im Mulchmaterial bei Flächen außerhalb der Fruchtfolge ausgleichen.

Werden also bestimmte Flächen kontinuierlich als „Geberflächen“ genutzt und sind sie nie in der Fruchtfolge auch „Nehmerflächen“, dann müssen die Nährstoffabfuhren im Aufwuchs genau dokumentiert werden und Verluste an P, K und weiteren Nährstoffen über Wirtschaftsdünger (Komposte) oder zugelassene mineralische Dünger ausgeglichen werden, damit hier keine Wachstumsdepressionen auftreten.

Transfer-Mulchmaterial – Beschaffung und Ernte

Technische Umsetzung

Wird das Material im eigenen Betrieb erzeugt, stellt sich die Frage der **Mulchernte**. Für die Mulchwerbung steht grundsätzlich die ganze Palette futterbaulicher Erntetechnik zur Verfügung. Das Mulchmaterial muss grundsätzlich geschnitten, zerkleinert und ggf. konserviert, also siliert werden.

In Kleinbetrieben kommen oft alte Feldhäcksler zum Einsatz, die den Bestand aus dem Stand häckseln und direkt in einen Miststreuer blasen. Nachteilig sind hier die oft sehr geringen Arbeitsbreiten der Häcksler, die zu einer extrem geringen Flächenleistung führen. Dieses Verfahren kommt also vor allem in kleineren Betrieben zum Einsatz, die die Mulchernte selbst übernehmen wollen.

Mittlere Betriebe nutzen oft Schwad-Mäher mit größerer Arbeitsbreite und nehmen das Schwad entweder:

a) mit Ladewagen mit einer Kurzschnittvorrichtung auf,
b) mit einem Schwadhäcksler auf und häckseln das Material auf einen Kompoststreuer,
c) mit einer Ballenpresse auf und pressen das Material direkt zu Silageballen.

Diese Verfahren sind betriebsintern meist nur umsetzbar, wenn ohnehin Futterbau betrieben wird und die Technik vorhanden ist.

Großbetriebe nutzen große selbstfahrende Feldhäcksler, die das Material auf einen Kompoststreuer blasen – dies zumeist auch von einem Lohnunternehmer.

Für eine Silierung wird mit dem losen Material entweder ein Fahrsilo angelegt oder das Material in Silageballen konserviert.

Für die allermeisten spezialisieren Gemüsebau-Betriebe ohne Futterbau wird aufgrund der Arbeitsbelastung und Arbeitsspitzen im Mai eine Mulchernte durch den eigenen Betrieb nicht leistbar sein. Ihnen bieten sich in den meisten Fällen arbeits- und betriebswirtschaftlich am sinnvollsten zwei Optionen:

- Die Beauftragung eines Dienstleisters, der die Aufwüchse von den eigenen Flächen zu Silageballen verarbeitet und auf dem Betrieb ablegt. Diese können dann nach

Abb. 12.5 Perfekte Mulchstruktur von gehäckseltem Kleegras/Grünland.

Abb. 12.6 Zu fein gehäckselter Mulch. Schlechte Mulchstruktur für dicke Mulchschichten (7–10 cm). Bei dünnen Mulchschichten (2–3 cm) in Ordnung.

Bedarf geöffnet und mit betriebseigenen Mitteln ausgestreut werden.
- Die Beauftragung eines Dienstleisters, der den ersten Aufwuchs frisch schneidet und direkt auf den Flächen ausstreut.

Häcksellänge

Dicke Mulchschicht Bei einer dicken Mulchschicht von 7–10 cm sollte die Länge des zu mulchenden Materials ebenfalls ca. 7–10 cm betragen und damit für eine luftige und trotzdem dichte Mulchstruktur sorgen. Ist das Material deutlich kürzer, besteht die Gefahr der Fäulnis in der Mulchdecke. Ist das Material zu lang, ist die Ausbringung mit entsprechender Streutechnik ggf. schwierig.

Dünne Mulchschicht Bei dünnen Mulchschichten kann und sollte in manchen Fällen das Material feiner gehäckselt werden. Bei einer Ausbringung in einer Dicke von 2–3 cm ist Fäulnis unwahrscheinlich. Die im Ackerbau oft verwendeten Kompoststreuer mit hoher Arbeitsbreite benötigen sogar eine recht geringe Häcksellänge, damit die Streuwerke zuverlässig funktionieren.

Timing Ernte – versus Ausbringungszeitpunkt

Im Ackerbau sind die Mulchausbringungszeitpunkte relativ flexibel. Der 1. Schnitt im Mai kann je nach Wachstumsstadien in Sommerungen wie auch Winterungen gefahren werden. Der 3. Schnitt in Herbstkulturen (z. B. Raps oder frühes Wintergetreide). Den 2. Schnitt kann man ggf. zur Stoppelbearbeitung einarbeiten.

Wenn von einer Hauptpflanzzeit im Erwerbsgemüsebau von Anfang April bis Ende Mai ausgegangen wird, fällt lediglich der 1. Schnitt vom Kleegras oder Grünland in diesen Zeitraum und kann daher direkt als frischer Mulch verwendet werden. Der 2. Schnitt (z. B. im Juli) und der 3. Schnitt (z. B. im September) liegen außerhalb dieses Bedarfszeitraums.

Abb. 12.7 Ernte von Transfer-Mulch mit Anhänge-Häcksler und Miststreuer.

Abb. 12.8 Ernte von Transfer-Mulch durch Mahd mit Mähwerk und Aufnahme mit Kurzschnitt-Ladewagen.

Abb. 12.9 Ernte von Transfer-Mulch im großflächigen Maßstab mit Aufnahme des gemähten Ernteguts mit selbstfahrendem Häcksler auf einen Kompoststreuer. Ausbringung nachfolgend mit dem Kompoststreuer.

Silierung

Um die Biomasse aus den nicht nutzbaren Schnitten zu konservieren, bietet sich eine Silierung des Materials an. So kann man es überjährig lagern und dann im darauf folgenden Frühjahr als Mulchmaterial verwenden. Die Silierung hilft also z. B. im Gemüsebau dabei, den relativen Mulchmangel im Frühjahr auszugleichen, indem sie den Mulchüberschuss im Sommer und Herbst für das nächste Jahr haltbar macht und konserviert.

Ein Vorteil an siliertem Material ist, dass es sich dabei um eine zeitlich flexible Mulchquelle handelt. Des Weiteren wird die Keimfähigkeit von etwaigen Unkrautsamen im Mulchmaterial durch die milchsauere Fermentation stark herabgesetzt.

Transfer-Mulch – Ausbringung

Technische Umsetzung

Wie oben schon beschrieben, bringt man das Mulchmaterial entweder in einer Dicke von 2–3 cm oder 7–10 cm aus. Die dünne Mulchschicht entspricht ca. 25–30 t Frischmasse/ha. Eine dicke Mulchschicht umfasst ca. 75–90 t Frischmasse/ha oder 12–18 t Trockenmasse pro ha. Die benötigte Biomasse-Auflage zur sicheren Unkrautunterdrückung bei einer dicken Mulchauflage hängt von der Genauigkeit der Ausbringung ab. Gelingt es, das Material sehr gleichmäßig abzulegen, reichen 12 t Trockenmasse pro ha. Erfolgt die Ausbringung sehr ungenau, müssen bis zu 18 t Trockenmasse pro ha verwendet werden. Das Flächenverhältnis bei den oben genannten Mengen ist standortspezifisch und hängt stark vom Klima und hier vor allem den Niederschlagsmengen ab. Sie sind oft der begrenzende Faktor für die Biomasseproduktion allgemein und für Erträge bei Grünland und Kleegras im Speziellen. Durchschnittlich kann man aber davon ausgehen, dass ein Schnitt ca. 20–30 t Frischmasse/ha liefert und daher für eine dünne Mulchschicht ausreicht und die Jahresproduktion eines Kleegrases dann eben bei 60–90 t Frischmasse/ha liegt. Sie reicht damit für eine dicke Mulchschicht aus. Das Flächen-

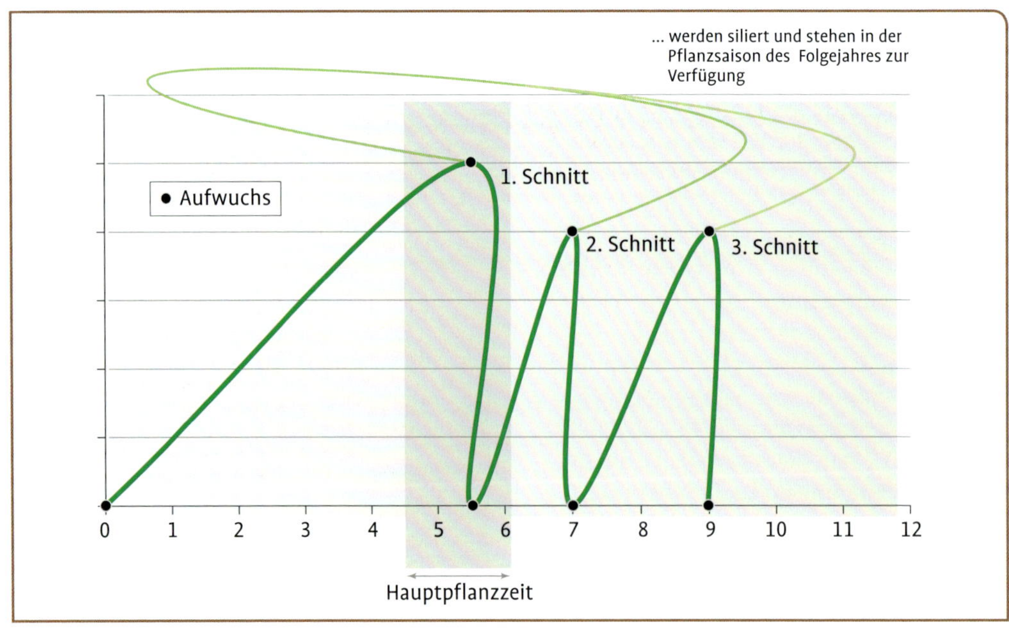

Abb. 12.10 Verhältnis von Kleegras- und Grünlandaufwuchs zur Hauptpflanzzeit im Gemüsebau und die sich daraus ergebende Wichtigkeit der Konservierung von Biomasse mittels Silierung.

verhältnis bei einer dicken Mulchschicht liegt also, je nach Standort, bei ca. 3:1.

Wichtig ist bei der Ausbringung vor allem ein gleichmäßiges Streubild durch entsprechende Häcksel- und Streutechnik. Anders als bei der Mulchernte ist eine betriebseigene Ausbringung des Mulchmaterials schon eher sinnvoll. Durch satzweisen Anbau und verschiedene Pflanztermine ist die Koordination mit externen Dienstleistern hier deutlich schwieriger.

Eine betriebseigene Ausbringung findet entweder mit Miststreuern, Ladewagen oder Kompoststreuern statt.

Miststreuer und Ladewagen finden eher im Gemüsebau Verwendung: **Miststreuer** mit liegenden Walzen streuen im Gemüsebau eine Beetbreite recht regelmäßig ab. Miststreuer mit stehenden Walzen können bis zu drei Beete (Mitte, links, rechts) abstreuen. Die Praxis zeigt jedoch, dass hier eine unregelmäßige Verteilung nicht selten ist (Mitte viel, links und rechts wenig Mulchmaterial), weshalb nachträglich montierte Abweisbleche, die die Streubreite auf ein Beet begrenzen, sinnvoll sein können.

Bei **Ladewagen** erfolgt die Ausbringung über Dosierwalzen. In ihrer Version ab Werk streuen diese aber recht unregelmäßig, weshalb Praxisbetriebe die Dosierwalzen oft modifizieren oder komplett selbst entwickelte Streuwerke an Ladewagen verwenden. Eine weitere Option ist eine Ausbringung per Ladewagen mit handelsüblichen Dosierwalzen und die Wiederaufnahme von überschüssigem Material durch den Einsatz der Pick-up-Vorrichtung; hierdurch wird der Mulch quasi „glattgezogen".

Die Ausbringung des Mulchmaterials mit **Kompoststreuern** in wachsende Bestände im Ackerbau und/oder vor der Pflanzung im großflächigen Feldgemüsebau muss mit höherer Flächenleistung erfolgen. Hier kommen daher eher arbeitswirtschaftlich günstige Kompoststreuer mit hoher Streubreite zum Einsatz und die Arbeiten werden oft vom Lohnunternehmer erledigt.

Für die Geräte sollte man Fahrgassen anlegen oder mit Ertragsverlusten auf den überfahrenen Flächenanteilen rechnen. Die Spuren der Miststreuer und Ladewagen sollte man im Ackerbau deshalb durch eine möglichst große Arbeitsbreite möglichst gering halten und bereits bei der Saat der Hauptkultur berücksichtigen. Im Gemüsebau sollte die Spurbreite auf die Beete angepasst sein, und die Geräte sollten eine entsprechende Pflegebereifung haben.

Im Ackerbau, aber auch grundsätzlich ist es betriebswirtschaftlich günstig, wenn die Geber- und Nehmerflächen aufgrund der großen Mengen, die transportiert werden müssen, räumlich möglichst nah beieinander liegen.

Grundsätzlich gilt: Je kleebetonter die Bestände sind, desto besser und weiter fliegt das Mulchmaterial bei der Ausbringung. So

Abb. 12.11 Ausbringung von Transfer-Mulch mit Futtermischwagen in zwei Arbeitsgängen links und rechts der Kultur.

Abb. 12.12 Ausbringung von Transfer-Mulch mit Miststreuer (stehende Walzen) mit Streubeschränkung auf ein Beet im Gemüsebau.

Abb. 12.13 Ausbringung von Transfer-Mulch mit Ladewagen und nachgerüstetem Streuwerk.

Abb. 12.14 Ausbringung von Transfer-Mulch mit Kompoststreuer im Ackerbau (hier Wintergetreide).

Abb. 12.15 Ungleichmäßig ausgebrachter Transfer-Mulch mit suboptimalen Dosierwalzen am Ladewagen wird mit dem Pick-up des Ladewagens „glatt gezogen". Das heißt, überschüssiges Mulchmaterial wird wieder aufgenommen und die Mulchdicke flächig ausgeglichen.

lassen sich reiner Rotklee und reine Luzerne am weitesten streuen, während reine Gras-Biomasse schlechtere Flugeigenschaften hat.

Will man das Material möglichst breitflächig ausbringen, sollte es außerdem nicht angewelkt, sondern direkt nach dem Häckseln ausgestreut werden. Der höhere Wassergehalt macht die Biomasse schwerer, wodurch sie weiter gestreut werden kann. Erfolgt eine Ausbringung nur auf Beetbreite, ist es stattdessen vorteilhaft, das Material anwelken zu lassen, um nicht große Mengen Wasser in der Biomasse auf dem Streuer transportieren zu müssen.

Exkurs: Herausforderungen bei der Ausbringung von Transfer-Mulch

Synergieeffekte: Feste Fahrspuren/Controlled Traffic und Ausbringung Transfer-Mulch

Die Ausbringung von Transfer-Mulch erfolgt oft mit schwerem Gerät, was ggf. Verdichtungen verursachen kann. Daher sollte die Ausbringung möglichst immer auf denselben Spuren erfolgen. Hierfür kann ein satellitengestütztes Lenksystem hilfreich sein. Um die überfahrene Fläche möglichst gering zu halten, sollten des Weiteren möglichst große Arbeitsbreiten und große Abstände zwischen den Fahrspuren angestrebt werden. Während dies im Ackerbau relativ unproblematisch zu realisieren ist, kann auch im Gemüsebau die Beetbreite und der Abstand zwischen den Fahrgassen maximiert werden. Über Achsverlängerungen lässt sich so z. B. eine 1,80er-Fahrspur erreichen.

Synergieeffekte: Garekonservierende Bodenbearbeitung und Ausbringung Transfer-Mulch

Eine zentrale Herausforderung in Transfer-Mulchsystemen ist die Spurführung. Wird der Boden tief bearbeitet, besteht die Gefahr, dass die schweren Ausbringungsgeräte selbst bei unbearbeiteten Fahrspuren in den bearbeiteten Bereich „abrutschen“. Eine Bergung der Technik durch zusätzliche Schlepper führt dann häufig zu massiven Strukturschäden. Durch eine flache, garekonservierende Bearbeitung von nur 2–5 cm kann dieser Effekt stark vermindert werden. Jenseits dessen gilt es, mit Unterstützungstechnik (wie hydraulische Unterlenker) die Geräte präzise auf den Fahrspuren zu führen.

Ausbringung von Silage

Während die Mulchausbringung von frisch geschnittenem Mulchmaterial direkt erfolgt, findet die Ausbringung von Silage zeitversetzt statt. Hierfür muss das gepresste Material aus dem Fahrsilo oder den Silageballen zuerst gelockert werden. Dies erfolgt mit Ballenauflösern, Frontlader oder anderem geeigneten Gerät. Dieses lose und aufgelockerte Silagematerial wird dann auf die entsprechenden Streuer geladen und ausgebracht.

Bei Silageballen ist auch eine direkte Ausbringung durch verschiedene Ballenauflöser möglich.

Die Auflösung des kompakten Silagematerials dient zum einen einer gleichmäßigen Ausbringung durch die Ausbringungsgeräte. Zudem versetzt dies die Silage mit möglichst viel Sauerstoff, damit die Fermentationsbiologie (die nur unter Sauerstoffabschluss überleben kann) möglichst schnell abstirbt.

Eine Herausforderung bei der Verwendung von siliertem Mulchmaterial sind nämlich womöglich ätzende und daher vielleicht auch saure Ausgasungen. Es wird also dazu geraten, bei dicken Silage-Mulchschichten eine Wartezeit von zwei Wochen zwischen Ausbringung von siliertem Mulchmaterial und Pflanzung einzuhalten. Ganzflächige Bewässerung bzw. Niederschläge können

Abb. 12.16 Ausgasungsschäden nach Pflanzung direkt nach dem Ausbringen von siliertem Mulch. Ähnliche Schädigungen können bei der Verwendung von nicht-siliertem Mulchmaterial in Kombination mit einem Verfrühungsvlies bei zu hohen Lufttemperaturen auftreten.

diesen Zeitraum verkürzen. Als Faustregel gilt: Riecht das silierte Material nicht mehr säuerlich, sondern neutral, ist eine Pflanzung möglich.

Ein Risiko bei der Verwendung von siliertem Material ist die zu frühe Abdeckung des Bodens im Frühjahr, die die Bodenerwärmung vermindern kann. Diese geringere Erwärmung kann sich in einem verzögerten bzw. insgesamt verminderten Pflanzenwachstum niederschlagen.

Bei der Ausbringung von dünnen Mulchschichten aus siliertem Material muss mit diesen Problemen nicht gerechnet werden.

Düngewirkung von Transfer-Mulch

Mulchmaterialien sind hoch wirksame Mehrnährstoffdünger. So können 75 t Kleegras-Frischmasse (eine übliche Ausbringungsmenge pro ha im Erwerbsgemüsebau) beispielsweise rund 350 kg Stickstoff, 120 kg Phosphor und 450 kg Kalium enthalten sowie zahlreiche weitere Makro- und Mikronährstoffe. Achtung: Siliertes Material kann unter Umständen die doppelte Trockenmasse aufweisen. Dies schlägt sich dann auch in den Nährstofffrachten nieder, die z. T. dann deutlich höher seien können.

Abb. 12.17 Die Nährstoffwirkung von Transfer-Mulch ist in vielen On-Farm-Beobachtungen offensichtlich. Hier links im Bild eine ungedüngte Nullvariante, rechts im Bild Lauch mit Mulchabdeckung aus Kleegras- und Grünlandschnitt.

Tab. 12.1 Nährstoffgehalte verschiedener Mulchmaterialien (exemplarisch).

	notwendige/ mögliche FM	TM	C/N	Nährstoffe in FM N	P_2O_5	K_2O
	t/ha	%		kg/ha	kg/ha	kg/ha
Feldgras	75	20	20	285	120	488
Klee	80	18	13	440	112	480
Kleegras 30:70	75	20	15	323	105	465
Grünroggen GPS	50	30	38	235	115	245

FM = Frischmasse; TM = Trockenmasse
Die **notwendige/mögliche FM in t/ha** gibt diejenige Mulchmenge an, welche eine ganzjährige Unkrautunterdrückung durch das jeweilige Mulchmaterial gewährleisten kann (ca. 15 t TM/ha). Sie entspricht also einer „dicken" Mulchauflage.

Betriebswirtschaftliche Aspekte

Bei diesen Nährstoffwerten in Transfer-Mulch ist der Kilogramm-Preis pro kg Stickstoff im Vergleich zu Handelsdüngern im ökologischen Landbau relativ gering. Im Schnitt der Materialien kann mit 2 €/kg N bei eigener Ernte und Aufbereitung der Mulchmaterialien gerechnet werden. Bei einem Zukauf von Silage oder frischem Mulchmaterial liegt man im Schnitt bei 4 €/kg N. Beides sind Preise, die konkurrenzfähig sind.

Nährstoffverfügbarkeit

Damit diese Nährstoffe verfügbar sind, ist eine feuchte Grenzschicht zwischen Mulch und Bodenoberfläche wichtig. Nur so kann die Bodenbiologie den Mulch angreifen. Dies sollte man regelmäßig überprüfen. Ist der Boden unter dem Mulch trocken, die Bodenfeuchte in tieferen Schichten aber noch hoch, kann es dennoch durchaus sinnvoll sein, die gemulchten Flächen zu bewässern – allein schon, um eine weitere Nährstofffreisetzung sicherzustellen. Muss man zwischen Tröpfchen- oder flächiger Bewässerung entscheiden, so bietet sich für Transfer-Mulch aus diesen Gründen eher eine flächige Bewässerung an.

Entscheidend für die Düngewirkung des Mulches ist das C/N-Verhältnis des organischen Materials. Für die N-Freisetzung aus eingemischtem organischem Material gelten die folgenden ungefähren Faustzahlen:

C/N > 25	=	keine Mineralisation
C/N 20–25	=	10 % des Gesamtstickstoffs werden frei
C/N 15–20	=	20 % des Gesamtstickstoffs werden frei
C/N < 15	=	45 % des Gesamtstickstoffs werden frei

Vergleicht man diese Werte mit Handelsdüngern, so wird klar, dass es unwahrscheinlich ist, mit organischen Mulchabdeckungen den gleichen N-Düngeeffekt zu erzielen wie mit Handelsdüngern. Übliche Handelsdünger haben ein C/N-Verhältnis von 10 oder noch enger und damit eine deutlich höhere Nährstoffverfügbarkeit. Grundsätzlich wäre es möglich, Kleegras in einem sehr frühen Stadium zu schneiden, um ein ähnlich geringes C/N-Verhältnis zu erreichen. Nur ist dann eine Mulchabdeckung durch die geringen Erntemengen nicht mehr realisierbar und die Gefahr der Fäulnis wäre zu hoch.

Praktikerberichte legen zwar nahe, dass aus dem Mulchmaterial bei oben genannten C/N-Verhältnissen mehr Nährstoffe frei werden. Gesichert ist dies aber nicht.

Aufgrund fehlender Daten für oberflächlich abgelegtes organisches Material kann die Freisetzung aus Mulchmaterialien also nur geschätzt werden. Es ist davon auszugehen, dass durch die fehlende Einarbeitung insgesamt deutlich weniger Nährstoffe und diese auch in einer verminderten Geschwindigkeit frei werden. Während bei Handelsdüngern die mineralisierten N-Mengen nur in den ersten Wochen frei werden, kann bei Mulch hingegen von einer gleichmäßigeren Abgabe über einen längeren Zeitraum ausgegangen werden. Außerdem werden Niederschläge zu einer verstärkten Mineralisation und Verfügbarkeit führen, da hier Nährstoffe aus den oberen Mulchschichten ausgewaschen werden und die Wurzeln im feuchten Mulch einen größeren Bereich der Mulchschicht durchwurzeln konnen.

Zusammenfassend heißt das: Aus dem Mulch kommen „in geringerer Geschwindigkeit weniger Nährstoffe über einen längeren Zeitraum mit Mineralisations-Peaks bei Niederschlägen".

Um eine Annäherung an die N-Freisetzung aus Mulch zu erhalten, sollte also konservativ gerechnet werden; insbesondere zu Beginn der Nutzung von Transfer-Mulchsystemen, in denen nicht mit einer Nährstoff-Nachlieferung aus dem eingearbeiteten Mulch der Vorjahre gerechnet werden kann.

Ein Ansatz wäre es, als Grund-Mineralisierung von 50 % der N-Mineralisation auszugehen, die bei einer Einarbeitung zu erwarten wären. Diese Menge wird dann auch nicht kurzfristig, sondern über die gesamte Vegetationsperiode von zehn Monaten frei.

Für eine genaue N-Kalkulation braucht man also folgende Daten:

- Kulturdauer und gewünschter Ertrag (enthalten in Kalkulationstabelle von Dr. Hermann Laber)
- Parameter des Mulchmaterials zur Berechnung der Grund-Mineralisierung aus dem Mulchmaterial (ausgebrachte Menge, C/N-Verhältnis, N-Gehalt im Material). Hierfür sollten die betriebstypischen Mulchmaterialien regelmäßig im Labor untersucht und analysiert werden. Günstig ist hier z. B. eine Futtermittelanalyse.
- N_{Min}-Werte vor Pflanzung (eigene Beprobung mit Messgerät oder Einschicken in ein Labor)
- Art und ausgebrachte Gesamt-N-Menge des zusätzlich verwendeten Düngemittels (z. T. enthalten in Kalkulationstabelle von Dr. Hermann Laber)

Sind diese Daten vorhanden, könnte sich daraus das folgende Rechenbeispiel ergeben:

Kalkulation: N-Kalkulation bei Transfer-Mulch

Das verwendete Mulchmaterial ist Kleegrasschnitt. Eine Untersuchung des Materials ergab einen N-Gehalt in der Trockenmasse von 3,6 %. Ausgebracht wird eine dicke Mulchschicht von 7–10 cm also 75 t FM pro ha. Der Trockensubstanzgehalt des Materials beträgt 14 %. Insgesamt wird daher eine Trockenmasse von 10,5 t ausgebracht. Die Gesamt-N-Menge beträgt also 378 kg N/ha. Das C/N-Verhältnis des Materials beträgt 12. Daher kann von einer 45 %igen Verfügbarkeit ausgegangen werden, also 170 kg N/ha. Durch fehlende Einarbeitung reduziert sich diese Freisetzung auf die Hälfte, also auf 85 kg N/ha. Auf 10 Monate Vegetationsperiode bezogen kann also von einer Freisetzung von 8,5 kg N/ha, optimistisch gerundet 10 kg N/ha pro Monat ausgegangen werden.

Auf dem Schlag gab es zuvor keine Zwischenfrucht oder Gründüngung.

Wird nun Blumenkohl in der Kalenderwoche 20 (Mitte Mai) gepflanzt, der in 12 Wochen einen N-Bedarf von ca. 250 kg/ha hat so kann folgende Kalkulation aufgestellt werden:

N_{Min} bei Pflanzung (gemessen):	35 kg N/ha
Nachlieferung aus Boden (12 Wochen):	85 kg N/ha
Nachlieferung aus Mulch (3 Monate à 10 kg)	30 kg N/ha
Zwischensumme	150 kg N/ha
Handelsdünger (200 kg N/ha bei 50 % Verfügbarkeit	100 kg N/ha
Summe	**250 kg N/ha**

Trotz der Mulchschicht, die in diesem Fall nur einen geringen Teil der Pflanzenernährung sicherstellen kann, muss mit 200 kg Rein-N/ha Handelsdünger zur Pflanzung aufgedüngt werden.

Anders sieht es bei einer lange stehenden Kultur aus, wie z. B. Rosenkohl. Auch hier ist ein N-Bedarf von ca. 250 kg N/ha anzunehmen. Die Pflanzung erfolgt ebenfalls in Kalenderwoche 20 (Mitte Mai). Als „Kulturende“ wird das Vegetationsende Mitte Dezember angesetzt:

N_{Min} bei Pflanzung (gemessen):	35 kg N/ha
Nachlieferung aus Boden (24 Wochen bis Ende Oktober):	140 kg N/ha
Nachlieferung aus Mulch (7 Monate à 10 kg)	70 kg N/ha
Zwischensumme	245 kg N/ha
Kopfdüngung 20 kg N/ha bei 50 % Verfügbarkeit	10 kg N/ha
Summe	**255 kg N/ha**

In diesem Beispiel liefert die Mulchschicht einen Großteil der zusätzlich notwendigen N-Menge nach. Gerechnet wurde dieses Beispiel mit den Daten und Formeln aus der Kalkulationstabelle „N-Kalkulation Praxis“ von Dr. Hermann Laber vom Sächsischen Landesamt für Umwelt, Landwirtschaft und Geologie.

Bitte beachten: Bei diesen Zahlen handelt es sich um Schätzungen, die auf Praxisbeobachtungen basieren. Eine wissenschaftliche Bestätigung dieser N-Flüsse steht noch aus.

Tab. 12.2 N-Mineralisierung aus verschiedenen Mulchmaterialien in Abhängigkeit vom C/N-Verhältnis und Gesamt-N-Gehalt (exemplarisch).

	N-Berechnungen							
	FM	TM	TM	C/N	N	N	anrechenbares N	N netto
	t/ha	%	t/ha		% in TM	kg/ha	%	kg/ha
Grünlandschnitt	75	20	15	23	1,90 %	285	10 %	29
Kleegras 30:70	75	14	10,5	12	3,60 %	378	45 %	170
Kleegrassilage	75	28	21	17,2	2,50 %	525	20 %	105
Getreide Leguminosen 40:60	45	30	13,5	30	1,50 %	203	0 %	0

FM = Frischmasse; TM = Trockenmasse

Das Beispiel zeigt eindrücklich, wie Transfer-Mulch selbst bei geringem C/N-Verhältnis für Kulturen mit einem hohen N-Bedarf, der in kurzer Zeit benötigt wird, nur einen kleinen Beitrag zur Pflanzenernährung leisten kann und wie wichtig daher die Kulturauswahl ist. Dies heißt, dass vor allem in den ersten Jahren der Mulchanwendung für stark zehrende Kulturen eine zusätzliche Düngung oft nötig ist, um die fehlende Mineralisation aus dem Mulch auszugleichen. Lang stehende Kulturen hingegen profitieren ungleich stärker von der langsamen und gleichmäßigen Nahrstofffreisetzung der Mulchschicht. Beides wird auch durch Beobachtungen aus der Praxis belegt.

Besonders notwendig ist also eine Zusatzdüngung bei Kulturen, die in einem kurzen Zeitraum große Mengen an Nährstoffen brauchen. So z. B. bei Brokkoli, Blumenkohl, Romanesco, Kohlrabi etc. Für länger stehende Kulturen, wie z. B. Lauch, Rosen- oder Kopfkohl sowie Gewächshauskulturen, passt die Mineralisationskurve des Mulches hingegen ideal. Diese Kulturen können von der langsameren Mineralisation aus dem Mulch profitieren. Eine Zusatzdüngung ist hier seltener und in geringerer Höhe notwendig.

So konnten bei folgenden Kulturen mit ausschließlicher Düngung aus Kleegras ähnliche Erträge wie bei einer Düngung mit Handelsdüngern erzielt werden: Raps, Knollensellerie, Körnermais, Kopfkohl, Kartoffeln, Porree, Tomaten – allesamt Kulturen mit einer langen Wachstumsperiode.

Die N-Kalkulation ist absolut notwendig, um die benötigte Zusatzdüngung zu berechnen. Dennoch bleibt sie selbstverständlich nur eine grobe Annäherung. Nicht mit einbezogen werden in der oben beschriebenen Kalkulationsmethode:

- Geringere Nachlieferung aus dem Boden durch eine Isolation des Bodens bei sehr früher Ausbringung von Mulchmaterial z. B. Anfang April.
- Geringere Freisetzung aus der Mulchschicht bei nicht vorhandener Bewässerung und Trockenheit.
- Geringere Nachlieferung aus dem Boden bei ausbleibender Bodenbearbeitung (siehe Kapitel 14).
- Erhöhte Nachlieferung aus dem Boden aufgrund von höheren Humusgehalten bzw. wegen den Nachwirkungen von Transfer-Mulch aus den Vorjahren.
- Verlängerte Nachlieferung aus dem Boden auch über Ende Oktober hinaus durch wärmere Winter, in denen Wachstum und Umsetzung weiter stattfindet.

All das bedeutet, dass je nachdem welche Düngewirkung man erzielen möchte, ein Mulchmaterial mit entsprechendem C/N-

Verhältnis gewählt werden muss. Dies ist bereits bei der Mulchbeschaffung oder Mulchernte zu berücksichtigen. Kauft man Material, sollte das C/N-Verhältnis vorher bestimmt worden sein. Wird das Material selbst geerntet oder lässt man ernten, so ist der Zeitpunkt des Schnitts so abzupassen, dass das gewünschte C/N-Verhältnis im Material erzielt wird.

Grundsätzlich gilt des Weiteren, dass leichte Böden mit geringer Nährstoffversorgung schneller und zuverlässiger einen Düngeeffekt durch Mulch zeigen als schwere, gut versorgte Böden.

Die Düngewirkung von Transfer-Mulch im Ausbringungsjahr hat allerdings auch eine Grenze nach oben. Schließlich gilt nicht die Regel: Je mehr Mulchmaterial ausgebracht wird und je dicker die Mulchschicht, desto höher die Düngewirkung. Schließlich findet der Abbau des Mulches nur in der Grenzschicht zwischen Mulchmaterial und Boden statt. Diese Kontaktfläche ist begrenzt, weshalb auch die Mineralisierung aus dem Material begrenzt ist. Selbst bei einem sehr geringen C/N-Verhältnis wäre diese „Verdauungsleistung" des Bodens begrenzt. Wo diese Grenze liegt, wie viel Stickstoff also maximal in einem Ausbringungsjahr frei gesetzt werden kann und ob die „Verdauungsleistung" von den Humusgehalten und der bodenbiologischen Aktivität abhängig ist, ist nicht abschließend geklärt. Als Faustzahl kann aber zugrunde gelegt werden, dass die maximale Freisetzung aus Mulch im Ausbringungsjahr irgendwo zwischen 100 und 150 kg N/ha liegen wird. Sollten N-Kalkulationen also diese Werte übersteigen, sollte darüber nachgedacht werden, die zu erwartende Mineralisation bei diesen Werten zu deckeln und entsprechend zuzudüngen.

Humusaufbau und langfristige Nährstofffreisetzung

Nach der N-Kalkulation oben bleibt die Frage, was mit der übrigen Stickstoff-Menge geschieht, die nicht im Ausbringungsjahr frei wird. Die Antwort ist, dass der restliche Stickstoff-Anteil aus dem Mulchmaterial der Humusreproduktion dient und ggf. in den Folgejahren pflanzenverfügbar wird. Dies führt dazu, dass langfristige Düngewirkungen und ein Humusaufbau in der Praxis beständig beobachtet werden konnten.

So konnte auf einem Praxisbetrieb der Humusgehalt auf einem Schlag durch 3-jährige Mulchanwendung um 0,5 % erhöht werden. Dies ist auch rechnerisch durchaus realistisch. Für einen Humusaufbau von 1 % werden ca. 26 t Kohlenstoff und 2,6 t Stickstoff benötigt. Durch die 3-malige Anwendung einer 7–10 cm Mulchschicht werden ca. 1–1,5 t Stickstoff und je nach C/N-Verhältnis 12–26 t Kohlenstoff ausgebracht. Ist die Humusbilanz ansonsten ausgeglichen, sind die stofflichen Überschüsse für einen solchen Humusaufbau also durchaus gegeben (Abb. 12.19).

Das Gleiche gilt für eine bessere Pflanzenernährung, die auf Flächen, die vor 2–3 Jahren mit Mulch abgedeckt wurden, optisch erkennbar und ertraglich messbar ist. Dies hat eine bessere Nährstoffverfügbarkeit und die Mineralisation aus der Bodensubstanz bzw. dem Restmulch als Ursache. Wird über mehrere Jahre mit Transfer-Mulch gearbeitet, steigen entweder die Humuswerte und/oder das verbleibende organische Material wird in den Folgejahren abgebaut; dies führt zu einem höheren Nährstoffniveau und einer besseren Versorgung der Pflanzen. Dies kann es ermöglichen, die zusätzlichen Düngergaben zu reduzieren.

Die Frage ist, wie diese langfristige Freisetzung von Nährstoffen mit in die Düngekalkulation mit einbezogen werden kann. Auch hierfür gibt es einen Vorschlag (s. Kasten auf S. 111).

Dieses Kalkulationsbeispiel zeigt, wie in einer 4-jährigen Bewirtschaftung mit

Kalkulation: Langfristige Nährstofffreisetzung von Transfer-Mulch

Nehmen wir das Beispiel aus der N-Kalkulation von S. 108, so wurden im Jahr der Ausbringung maximal 100 kg N der insgesamt ausgebrachten 378 kg N frei gesetzt. Gehen wir davon aus, dass weitere 30 % gasförmig verloren gehen, in den Humus eingebaut oder ausgewaschen werden, sind dies nochmal 113 kg N. Bleiben also 165 kg N/ha. Gehen wir davon aus, dass diese zu jeweils der Hälfte in den zwei Folgejahren zur Verfügung stehen, dann stehen im 1. und 2. Folgejahr jeweils zusätzliche 82 kg N/ha zur Verfügung, also weitere rund 8 kg pro Monat bei einer 10-monatigen Vegetationsperiode. Die Nachlieferungen können sich natürlich addieren, wenn mehrere Jahre hintereinander Mulch ausgebracht wird: Gehen wir davon aus, das, das o. g. Material 3 Jahre hintereinander auf der gleichen Fläche als Mulchmaterial zum Einsatz kommt, dann verhält es sich mit der Nachlieferung aus dem Mulch der Vorjahre wie folgt:

1. Jahr mit Ausbringung:	10 kg N/Monat (gerundet, siehe oben)
2. Jahr mit Ausbringung:	18 kg N/Monat (10 kg Mineralisierung aus Mulch plus 8 kg Nachlieferung aus Vorjahr)
3. Jahr mit Ausbringung:	26 kg N/Monat (10 kg Mineralisierung aus Mulch plus 16 kg Nachlieferung aus 2 Vorjahren)
4. Jahr ohne Ausbringung:	16 kg N/Monat (keine Mineralisierung aus Mulch plus 16 kg Nachlieferung aus 2 Vorjahren)

Bitte beachten: Bei diesen Zahlen handelt es sich um Schätzungen, die auf Praxisbeobachtungen basieren. Eine wissenschaftliche Bestätigung dieser N-Flüsse steht noch aus.

Transfer-Mulchanwendung in 3 Jahren die N-Freisetzung aus Mulch im 4. Jahr, in dem gar kein Mulch ausgebracht wird, höher ist als im ersten Jahr, in dem Mulch ausgebracht wurde. Dies ergibt sich aus der trägen, nachträglichen Mineralisation des Transfer-Mulchs und zeigt, wie wichtig eine langfristige Perspektive bei der Verwendung von Transfer-Mulch ist. Durch eine langfristige Freisetzung von Nährstoffen entsteht eine höhere Mineralisierungsrate, ein höheres „Nährstoff-Gundrauschen" im Boden. Dies führt dazu, dass ggf. der Handelsdüngereinsatz schrittweise reduziert werden kann.

Abb. 12.18 Der höhere Getreidebestand auf der linken Seite wächst auf einer Fläche, auf der vor 2–3 Jahren das letzte Mal Transfer-Mulch ausgebracht wurde. Auf der rechten Seite keine Mulchanwendung. Die deutlichen Wachstums- und Ertragsunterschiede sind auf die langfristige Nährstofffreisetzung aus dem Mulchmaterial zurückzuführen.

Ort		
Kultur		
Feld / Probennummer / Unsere Referenznummer		
Lab No.		
Totale Kationen Austauschkapazität (M.E.)	6,57	
Gewünschtes Ca : Mg Prozent	84 : 16	
pH der Bodenprobe	6,1	
Humusgehalt, Prozent	2,8	

BASENSÄTTIGUNG; PROZENT		
Calcium (60 bis 70%) } 80%	60,01	
Magnesium (10 bis 20%)	11,29	
Kalium (2 bis 5%)	8,51	
Natrium (.5 bis 3%)	1,46	
Andere Basen (Variable)	5,23	
Austauschbares Wasserstoff (10 bis 15%)	13,50	EMPFEHLUNG

				Amendment	kg/ha
ANIONEN	Stickstoff kg/ha	ENR Wert	85		
	SCHWEFEL - S p.p.m.	Gefunden	4		
	PHOSPHOR	Gewünschter Wert	...		
		Olsen Wert			
	as (P2O5)	Gefunden	508		
	kg/ha	Mangel/Überfluss	...		
KATIONEN	CALCIUM kg/ha	Gewünschter Wert	...		
		Gefunden	1768		
		Mangel/Überfluss	...		
	MAGNESIUM kg/ha	Gewünschter Wert	...		
		Gefunden	200		
		Mangel/Überfluss	...		
	Kali kg/ha	Gewünschter Wert	...		
		Gefunden	489		
		Mangel/Überfluss	...		
	Natrium kg/ha	Gewünschter Wert	...		
		Gefunden	49		
		Mangel/Überfluss	...		
SPURENNÄH	Bor	p.p.m.	0,45		
	Eisen	p.p.m.	849		
	Mangan	p.p.m.	342		
	Kupfer	p.p.m.	2,70		
	Zink	p.p.m.	17,20		

Abb. 12.19 Zwei Bodenanalysen von demselben Schlag; einmal ohne intensive Transfer-Mulchnutzung (S. 112), einmal mit (S. 113). Humussteigerung von 0,5 %. Um 0,5 % Humus aufzubauen, braucht es 1300 überschüssige kg N/ha und 13 000 überschüssige kg C/ha. In drei Jahren Transfer-Mulchanwendung werden je nach N-Gehalt des Mulchmaterials 900–1500 kg N/ha (300–500 kg N/ha und Jahr) ausgebracht. Soll das C/N-Verhältnis des Mulchmaterials mindestens bei 10:1 liegen, so steht mindestens die 10-fache Menge an Kohlenstoff zur Verfügung. Rein stofflich ist diese Humussteigerung daher naheliegend.
Durch diesen Humusaufbau sind auch weitere Befunde

Mögliche Nährstoffverluste

Untersuchungen haben ergeben, dass ca. 17–39 % des im Mulchmaterial enthaltenen Stickstoffs gasförmig verloren gehen. Grundsätzlich kann man von einer positiven Wechselwirkung zwischen Düngewirkung und Ausgasungen ausgehen. Je geringer das C/N-Verhältnis, desto höher die Nährstoffverfügbarkeit, desto höher aber auch die Gefahr der gasförmigen Verluste in Form von z. B. Lachgas oder Ammoniak. Eine dickere Mulchauflage läuft eher Gefahr, diese Ausgasungen zu produzieren als eine dünne. Silage scheint geringere Nährstoffausgasungen aufzuweisen als frischer Kleegrasschnitt. Es liegt nahe, dass in einem Worst-Case-Szenario die gasförmigen Verluste von einem Kleegras, das vor Ort geschlegelt wird, auf die gemulchte Nehmerfläche transferiert werden.

Dieses Problem relativiert sich allerdings, wenn man mit einbezieht, dass andere Nutzungsstrategien von Kleegras ebenfalls mit zum Teil massiven Ausgasungsproblemen zu kämpfen haben. Bei einer Verfütterung gibt erklärbar die sich in dieser Bodenanalyse zeigen. Bei allen wesentlichen Nährstoffen wie Schwefel, Phosphor, Calzium, Magnesium, Kali sowie einigen Mikronährstoffen und Spurenelementen zeigen sich nach der Mulchanwendung erhöhte Werte (siehe jeweils die Spalte „Gefunden“). Dies ist nachvollziehbar da sowohl das Mulchmaterial als auch der daraus entstehende Nährhumus ein potenter Mehrnährstoff-Lieferant ist. Eine aus der Mulchanwendung hervor gehende Humussteigerung führt also nicht nur so einer höheren N-Freisetzung sondern einer insgesamt verbesserten Nährstoff-Verfügbarkeit.

Ort				
Kultur				
Feld / Probennummer / Unsere Referenznummer				
Lab No.				
Totale Kationen Austauschkapazität (M.E.)		9,99		
Gewünschtes Ca : Mg Prozent		68 : 12		
pH der Bodenprobe		6,2		
Humusgehalt, Prozent		3,3		
BASENSÄTTIGUNG; PROZENT				
Calcium (60 bis 70%) } 80%		62,46		
Magnesium (10 bis 20%) } 80%		11,68		
Kalium (2 bis 5%)		7,44		
Natrium (.5 bis 3%)		1,20		
Andere Basen (Variable)		5,22		
Austauschbares Wasserstoff (10 bis 15%)		12,00	**EMPFEHLUNG**	
			Amendment	kg/ha
ANIONEN: Stickstoff kg/ha	ENR Wert	93		
SCHWEFEL - S p.p.m.	Gefunden	6		
PHOSPHOR as (P2O5) kg/ha	Gewünschter Wert	...		
	Olsen Wert			
	Gefunden	591		
	Mangel/Überfluss	...		
KATIONEN: CALCIUM kg/ha	Gewünschter Wert	...		
	Gefunden	2798		
	Mangel/Überfluss	...		
MAGNESIUM kg/ha	Gewünschter Wert	...		
	Gefunden	314		
	Mangel/Überfluss	...		
Kali kg/ha	Gewünschter Wert	...		
	Gefunden	650		
	Mangel/Überfluss	...		
Natrium kg/ha	Gewünschter Wert	...		
	Gefunden	62		
	Mangel/Überfluss	...		
SPURENNÄH: Bor	p.p.m.	0,63		
Eisen	p.p.m.	808		
Mangan	p.p.m.	257		
Kupfer	p.p.m.	3,10		
Zink	p.p.m.	20,40		

es sowohl im Stall als auch bei der Mistaufbereitung und der Gülleausbringung große gasförmige Verluste. Letzteres ist auch bei der Nutzung zur Biogas-Bereitung der Fall.

Nimmt man die Vorteile einer Mulchanwendung zusammen, scheint das Risiko von gasförmigen Verlusten vertretbar und es kann insgesamt davon ausgegangen werden, dass im Vergleich zu anderen Nutzungen gleiche oder geringere Verlust auftreten.

Als Strategie zur Vermeidung dieser Verluste und um Nährstoffe besser verfügbar zu machen, wird oft über die Einarbeitung des Materials nachgedacht. Dies ist der Fall, obwohl es deutliche Hinweise darauf gibt, dass Ausgasungen auch durch eine Einarbeitung nur geringfügig reduziert werden können und auch die Nährstoffverfügbarkeit durch eine Einarbeitung nicht signifikant steigt. Weitere Risiken der Einarbeitung wurden bereits zu Beginn dieses Kapitels erläutert.

Das Risiko von Auswaschungsverlusten ist bei frischem, organischem Material geringer als bei Handelsdünger. Dies hängt

Exkurs: Die Rolle von emissionsmindernden Maßnahmen

Um Ausgasungen aus ausgebrachten, vor allem dicken, Mulchschichten zu reduzieren, können experimentell verschiedene Hilfsstoffe und Methoden erprobt werden.

So können Hilfsstoffe, die überschüssige Nährstoffe potenziell aufnehmen können (wie z. B. Biokohle, Gesteinsmehl oder andere hochporöse und saugfähige Materialien), zusammen mit der Transfer-Mulchschicht ausgebracht werden. Entweder werden sie bei der Beladung des jeweiligen Streuers mit in den Transfer-Mulch eingemischt, oder es folgt eine zweite Überfahrt mit einem leichteren Düngerstreuer, der die Materialien oberflächlich auf der Mulchschicht ausbringt, sie damit nach oben „versiegelt". Dies bietet sich vor allem dann an, wenn diese Stoffe ohnehin im Betrieb „gedüngt" werden; denn dann kann man den Ausbringungszeitpunkt einfach auf den der Mulchausbringung legen.

Ebenfalls auf kleinen Flächen denkbar ist die Abdeckung der Mulchschichten, v. a. Silage, mit einem Kulturschutzvlies vor der Saat/Pflanzung, um gasförmige Emissionen zu reduzieren. Dies bietet sich vor allem dann an, wenn die Silage-Mulchschicht beregnet wird, um die Wartezeit zu verkürzen und sie möglichst schnell pflanzfähig zu machen. Da bei einer Beregnung des frisch ausgebrachten Silage-Mulchs mit Emissionen zu rechnen ist, kann das Vlies diese ggf. zurückhalten und sie werden dann mit dem Bewässerungswasser in den Boden gespült und dort eingebaut bzw. aufgenommen.

wiederum mit der Nährstoffverfügbarkeit, also dem C/N-Verhältnis zusammen, welches grundsätzlich höher ist. Die oberflächliche Ausbringung bedeutet außerdem, dass ausgewaschene Nährstoffe zunächst durch die intensiv durchwurzelten ersten Zentimeter des Bodens fließen müssen, wo sie sehr wahrscheinlich aufgenommen werden. Außerdem scheinen die Pflanzen Feinwurzeln in der Mulchschicht zu bilden, sodass jede Freisetzung direkt bei den Kulturen landet.

Dennoch ist es wichtig, nach der Anwendung von Mulch mit einem relativ geringen C/N-Verhältnis nach der Einarbeitung der Ernte- und Mulchreste eine Folgekultur anzubauen, die etwaige N- und andere Nährstoffreste noch im Herbst vor dem Ende der Vegetationsperiode aufnimmt.

Saat/Pflanzung in Transfer-Mulch

Grundsätzlich stehen zwei Möglichkeiten zur Verfügung, um Kulturpflanzen in Transfer-Mulch zu etablieren. Entweder wird im Erwerbsgemüsebau zuerst eine dicke Mulchschicht ausgebracht und dann pflanzt man durch diese hindurch die Jungpflanzen. Oder aber die Jungpflanzen werden erst gepflanzt und dann nachträglich Transfer-Mulch in den bestehenden Kulturbestand ausgebracht. Bei einer dünnen Mulchschicht, wie sie im Ackerbau und Feldgemüsebau zu Anwendung kommt, wird erst betriebsüblich gesät bzw. gepflanzt und die geringen Mengen an Mulchmaterial dann nachträglich in den Bestand gestreut.

Erwerbsgemüsebau mit dicker Mulchschicht – erst streuen, dann pflanzen

Wird zuerst eine dicke Mulchschicht ausgestreut (7–10 cm), so ist eine mechanisierte Pflanzung nur mit Spezialtechnik möglich. Umgebaute Pflanzmaschinen mit Scheibensech beispielsweise reichen nicht aus, um diese Mulchschicht aufzutrennen. Das feine, dicht lagernde Mulchmaterial muss aktiv mit

Exkurs: Pflanzung mit Handtechnik

Für Kleinstbetriebe und Versuchsanlagen bietet sich ggf. auch eine Pflanzung per Hand an. Hierbei gibt es verschiedene Optionen:

Erst streuen, dann pflanzen

- Reine Handpflanzung: Hierbei wird das Mulchmaterial händisch zur Seite geschoben, die Pflanze gepflanzt und das Material wieder an die Pflanze zurück geräumt.
- Forstpflanzgeräte (z. B. Pottiputki): Pflanzrohre aus dem Forst kann man gut für eine Handpflanzung zu zweit verwenden. Eine Person tritt die Spitze des Pflanzrohrs durch die Mulchschicht in den Boden. Die zweite Person wirft eine Jungpflanze in das Pflanzrohr. Danach wird das Pflanzrohr am unteren Ende per Tritt geöffnet und die Pflanze wird im Boden abgelegt. Das Andrücken erfolgt mit den Füßen.
- Freischneider/Motorsense: Ein Freischneider mit einem sogenannten Dickichtmesser kann vertikal aufgestellt einen sicheren Schnitt durch die Mulchschicht vornehmen. Danach wird durch diesen Schlitz entweder händisch gepflanzt oder mit einer Pflanzmaschine möglichst exakt im Schlitz gearbeitet.

Erst pflanzen, dann streuen

- Ein rein händisches Ablegen des Mulchmaterials um die Pflanzen mit Schubkarre und Heugabeln bietet sich eigentlich fast nur im Gewächshaus an und ist sehr arbeitsaufwendig.
- Mit halben Rohren und Dachrinnen können bereits gepflanzte Jungpflanzen reihenweise geschützt werden. Der Schutz wird nach dem Ausstreuen entfernt und das Mulchmaterial muss wieder an die Pflanzen geräumt werden.
- Mit Jätefliegern können verschüttete Pflanzen halbwegs arbeitseffektiv wieder frei gelegt werden.
- Mit Ladevorrichtungen am Schlepper (Front- und Heck-) kann das Mulchmaterial mitgeführt und über den Beeten von Hand zwischen den Kulturen verteilt werden.

einem rotierenden Messer aufgetrennt werden. Eine entsprechende Technik (z. B. die MulchTec-Pflanzmaschine) trennt die Mulchschicht mit einem Schneidwerk auf. Darauf folgt dann die Pflanzschar der Pflanzmaschine. Die Pflanzen werden durch die Mulchschicht in den Boden gesetzt und mit der nachlaufenden Andruckrolle wird die Pflanze in den Boden gedrückt und die Mulchdecke um die Pflanze herum wieder geschlossen. Zusätzlich kann mit einem aufgesattelten Düngerstreuer ein Band Düngemittel in der Pflanzreihe unter den Jungpflanzen abgelegt werden: ein sogenannter Unterfußdünger.

Exkurs: Innovative Technikentwicklung für Transfer-Mulch

Auf dem Gebiet der Pflanzung bzw. Saat in Direktmulch ist noch viel Forschung notwendig. Bedarf gäbe es z. B. an einem **händisch schiebbaren Mulchreihenschneider** für mittelgroße Betriebe. Des Weiteren gibt es Technikansätze, die versuchen, mit einem sehr feinen **Hochdruck-Wasserstrahl** eine schneidende Wirkung in Transfer-Mulch zu erzielen.

Abb. 12.20 Pflanzung in Transfer-Mulch. Die Pflanze wird in den Boden gesetzt. Der Mulch „fließt" zurück an die Jungpflanze. Kein Boden nach der Pflanzung sichtbar.

Abb. 12.21 Optimales Pflanzergebnis mit der MulchTec-Pflanzmaschine.

Abb. 12.22 Arbeitsprinzip der MulchTec-Pflanzmaschine.

Erwerbsgemüsebau mit dicker Mulchschicht – erst pflanzen, dann streuen

Technisch deutlich einfacher scheint durch die Notwendigkeit der oben beschriebenen Spezialpflanztechnik daher die Variante, erst die Jungpflanzen zu setzen und dann in einem zweiten Schritt das Mulchmaterial als dicke Mulchschicht in den stehenden Bestand zu streuen.

Schwierig wird dies allerdings, wenn in dieser Variante ebenfalls eine dicke Mulchschicht von 7–10 cm Auflagedicke das Ziel ist. Hierbei würden die Jungpflanzen verschüttet. Wird dieses Verfahren dennoch gewählt, muss nach dem Streuvorgang ein Gerät folgen, welches die Pflanzen wieder freilegt und das Mulchmaterial abschüttelt, welches sie bedeckt.

Alternativ kann mit einem **Reihenschutz** gearbeitet werden, also mit einer Vorrichtung, die beim Streuvorgang die Pflanzenreihen schützt und diese somit nicht verschüttet werden. Hierbei entsteht aber das gegenteilige Problem: Mulch liegt nun zwar zwischen den Reihen, aber nicht zwischen den Pflanzen in der Reihe. Das heißt ein zweiter Arbeitsgang muss das Mulchmaterial wieder in die Reihe befördern. Hierfür waren beispielsweise Fingerradhacken bereits erfolgreich im Einsatz.

Abb. 12.23 Steckzwiebeln in Transfer-Mulch. Besonderheit: Steckzwiebeln wurden erst gesteckt und dann mit dicker Mulchschicht abgedeckt. Keine Unkrautregulierung.

Exkurs: Mulchpflanzung von Kartoffeln und anderen Kulturen mit Austrieb aus Speicherorganen (Wurzelstock, Knolle, Zwiebel etc.)

Am arbeitswirtschaftlich einfachsten lässt sich Transfer-Mulch bei Kulturen anwenden, die aus einem Speicherorgan, also einem Wurzelstock, einer Knolle, einer Zwiebel oder ähnlichem austreiben und dadurch viel Triebkraft haben. Hierzu zählen Kulturen wie Kartoffeln, mehrjährige Kräuter mit Wurzelstock, Steckzwiebeln, gesteckter Knoblauch, Meerrettich, Spargel, Rhabarber, Topinambur usw.
Diese Kulturen sind entweder schon etabliert oder werden betriebsüblich gepflanzt bzw. gelegt. Dann wird die gesamte Anbaufläche mit einer dicken Mulchschicht (7–10 cm) abgedeckt. Da die Pflanzen aus ihrem Speicherorgan austreiben, haben sie viel Triebkraft und stoßen ohne Probleme nach einiger Zeit auch durch diese dicke Mulchdecke. Ist der Schlag frei von Wurzelunkräutern, ist der nächste Schritt die Ernte. Eine Unkrautregulierung ist nicht mehr nötig.
Da es sich bei den erwähnten Kulturen um zum einen besonders pflegeintensive Kulturen handelt (Zwiebeln, Knoblauch), in denen die Unkrautregulierung eine Herausforderung ist, und zum anderen um betriebswirtschaftlich sehr profitable Kulturen (Kartoffeln, Kräuter, Spargel), drängt sich dieses arbeitsextensive Anbauverfahren umso mehr auf.

Ebenfalls zum Einsatz bei Kulturen mit großem Reihenabstand (1-reihige Pflanzung, z. B. Zucchini, Kürbis, Rosenkohl etc.) kann ein **Futtermischwagen** mit seitlichem Auswurf kommen. Dieser wirft das Mulchmaterial seitlich in zwei Überfahrten neben den Pflanzreihen ab.

Am einfachsten ist die nachträgliche Ausbringung einer dicken Mulchschicht ohne die Notwendigkeit von Spezialtechnik beim Anbau von Kulturen, die aus ihrem Speicherorgan austreiben, wie z. B. Kartoffeln.

Acker- und Feldgemüsebau – dünne Mulchschicht – erst pflanzen, dann streuen

Ist das Ziel bei der nachträglichen Ausbringung lediglich eine dünne Mulchschicht (2–3 cm), wie im Acker- oder Feldgemüsebau, umgeht man die oben genannten Schwierigkeiten. Die Saat bzw. Pflanzung erfolgt hier konsequent vor der Mulchausbringung. Die Saat bzw. Pflanzung erfolgt betriebsüblich und wie schon oben beschrieben, kann man während dieses Arbeitsgangs bereits darauf achten, hier schon Fahrgassen für die darauf folgenden Kompoststreuer anzulegen. In diesem Verfahren werden die Pflanzen kaum verschüttet und müssen nicht freigelegt werden. Die Kulturen werden nur ganz leicht vom Mulchmaterial bedeckt, sie entwachsen dieser Bedeckung aber ohne Verzögerung im Wachstum und befreien sich dadurch von etwaigem Mulchmaterial. Eine ganzflächige Ausbringung ist daher kein Problem. Allerdings wird durch die geringe Mulchmenge auch keine Unkrautunterdrückung über die ganze Vegetationsperiode erreicht.

Die Ausbringung einer solch dünnen Mulchschicht im stehenden Kulturbestand dient vor allem als Kopfdüngung. Oft wird in der Praxis deutlich feiner gehäckseltes Material ausgebracht als in Systemen mit dicker Mulchschicht, um eine schnelle Mineralisation und einen schnellen Abbau zu erreichen.

Abb. 12.24 Folgen der Ausbringung einer dünnen Mulchschicht nach der Pflanzung. Die Pflanzen werden nicht verschüttet; das Mulchmaterial behindert die Pflanze nicht.

Kulturauswahl

Ackerbau Im Ackerbau bietet sich die Mulchausbringung einer dünnen Mulchschicht als Kopfdüngung, zum Erosionsschutz und zur Unkrautunterdrückung vor allem in nährstoffliebenden Kulturen an, wie z. B. Raps, Wintergetreide, Mais und andere stark zehrende Hackfrüchte wie Kartoffeln und Ölkürbis. Auch alle Feldgemüsekulturen nehmen eine Transfer-Mulchschicht dankend an. Bei überwinternden Kulturen kommt bei einer Ausbringung im Herbst zusätzlich positiv zum Tragen, dass der Boden über den Winter stärker bedeckt ist. Eine dicke Mulchschicht bietet sich nur bei Kartoffeln an.

Für die Ausbringungszeitpunkte im Ackerbau gibt es folgende Möglichkeiten:

- Im Herbst in Winterungen (z. B. Winterraps, Wintergetreide) einige Wochen nach der Aussaat
- Im Frühjahr in Winterungen vor dem Schossen
- In Sommerungen vor dem Schossen

Legt man diese Zeitpunkte zugrunde, so könnte eine exemplarische Nutzung von drei Schnitten Kleegras wie folgt aussehen: Der 1. Schnitt im Mai wird als dünne Mulchschicht und Kopfdüngung in den Mais gestreut. Der 2. Schnitt wird im Juli auf die Getreidestoppel zur Strohrotte gefahren/gestreut. Der 3. Schnitt im September wird in den Raps oder ein dann schon etabliertes Wintergetreide gestreut.

Wird das Material siliert, ist man mit den Streuzeitpunkten deutlich flexibler. Allerdings rentiert sich eine aufwendige Silierung betriebswirtschaftlich im Ackerbau deutlich weniger als im Gemüsebau mit seinen relativ hohen Deckungsbeiträgen.

Des Weiteren kann man eine Ausbringung auf die C-reichen Stoppeln zur Strohrotte oder in nichtlegume Zwischenfrüchte mit einem hohen Nährstoffbedarf in Erwägung ziehen.

Exkurs: Mehrfachnutzung von Transfer-Mulchschichten

Der Aufwand für die Etablierung einer dicken Mulchschicht von 7–10 cm ist insgesamt relativ hoch. Betriebswirtschaftlich entstehen durch Mulchsysteme nicht selten Mehrkosten. Um den größten betriebswirtschaftlichen Nutzen aus dem System zu ziehen, bietet es sich an, gemulchte Beete nicht nur mit einer Kultur zu belegen, sondern möglichst eine Zwei- oder sogar Dreifachnutzung der Beete anzustreben.

Dies bedeutet, dass nach dem Räumen einer Kultur von z. B. Blumenkohl im Juni noch ein weiterer Satz Kohlrabi als Zweitnutzung sowie als dritte Nutzung ein Satz Herbstsalat nacheinander im gleichen Beet gepflanzt und geerntet werden. Räumt man eine Kultur, werden die Erntereste und ggf. durch die Mulchschicht gestoßene Unkräuter flach abgeschlegelt und mit der oben beschriebenen Spezialtechnik der nächste Satz in das Beet gepflanzt – ganz ohne Bodenbearbeitung. Wenn unbedingt nötig, kann vor der Pflanzung noch etwas mehr Mulch ausgestreut werden.

Werden gemüsebaulich Satzkulturen mit kurzer Kulturdauer in einer Mulchschicht angebaut (wie z. B. Salat, Kohlrabi, Fenchel etc.), so kommt es häufig vor, dass die Mulchschicht zum Ende der Kulturdauer kaum abgebaut wurde und die Flächen insgesamt extrem unkrautfrei sind. Ist in einer solchen Situation auch die Bodenstruktur in Ordnung, können ein oder mehrere kurz Sätze in der gleichen Mulchschicht angebaut werden. Hierfür werden die Erntereste flach eingeschlegelt und in die unberührte Mulchschicht direkt der nächste Satz gepflanzt. In diesem Verfahren können mehrere Sätze an Gemüse in derselben Mulchdecke ohne Unkrautregulierung und Bodenbearbeitung angebaut werden.

Gemüsebau Grundsätzlich funktioniert das System Transfer-Mulch mit dicker Mulchschicht bei allen gemüsebaulichen Pflanzkulturen. Ist die Menge an Mulchmaterial allerdings begrenzt, muss ggf. entschieden werden, in welchen Kulturen das System umgesetzt wird und in welchen nicht. Grundsätzlich gilt, dass eine Kultur sich umso mehr eignet, je länger ihre Standzeit, je höher ihr Nährstoffbedarf und je schwieriger die Unkrautregulierung ist.

Unter den größeren gemüsebaulichen Kulturen bieten sich daher vor allem an: Kartoffeln, Kohl (Kopf-, Rosen-, Grün-), Knollensellerie, Zwiebeln, Lauch, Zucchini, Kürbis und Gewächshauskulturen wie Tomaten, Paprika und Gurken.

Die Anwendung von Transfer-Mulch sollte ausgeschlossen werden, wenn **Frühzeitigkeit** das Ziel ist. Soll ein Gemüse im Frühjahr möglichst schnell vermarktbar sein, sollte der Boden nicht schon frühzeitig im April mit Mulch abgedeckt werden. Dies hemmt das Wachstum der Kulturen deutlich und ein früher Erntetermin ist nicht mehr gegeben. Hier sollte auf klassische Methoden wie schwarze Mulchfolien und Vliesabdeckung zurückgegriffen werden.

Unkrautregulierung in Transfer-Mulch

Insgesamt sind vor allem Wurzelunkräuter ein Problem auf Transfer-Mulchflächen. Wenn möglich sollten Flächen zur Umsetzung gewählt werden, die einen niedrigen Wurzelunkrautdruck aufweisen. So sind vor allem Pflanzen problematisch, die in der Lage sind, Rhizome in der Mulchschicht zu bilden. Dies ist zum Beispiel bei Acker- oder Rossminze sowie beim Sauerampfer der Fall.

Dicke Mulchschicht

Bei einer dicken Mulchschicht ist eine Unkrautregulierung eigentlich nur noch per Hand als Handjätevorgang möglich. Ein Vorteil ist, dass die Unkrautpflanzen durch die gute Bodenstruktur unter der Mulchschicht

Abb. 12.25 Ein Gemüsebestand mit kurzer Kulturdauer in Transfer-Mulch hinterlässt eine unkrautfreie und dicke Mulchschicht. Die Ernterreste werden abgeschlegelt. Ohne Bodenbearbeitung wird in die Transfer-Mulchschicht ein zweiter Satz Gemüse gepflanzt.

Abb. 12.26 Zweite Pflanzung Fenchel in bestehenden Transfer-Mulch aus Vorkultur. Die Pflanzung in dieselbe Mulchschicht lohnt vor allem bei Kulturen mit kurzer Kulturdauer.

nur sehr locker verankert sind. Sie können leicht gezogen werden, was die Arbeitsgeschwindigkeit im Gegensatz zu unbedecktem Boden erhöht. Zum Teil kann man auch die gesamte Mulchschicht leicht anheben und so die Unkräuter durch ihre Verflechtung mit dem Mulch aus dem Boden reißen.

Denkbar wäre eine mechanische Unkrautregulierung nur dann, wenn das Hackgerät ähnlich der oben beschriebenen speziellen Pflanztechnik einen Schlitz in den Mulch schneidet, in dem dann der Stiel einer Hackschar läuft, die das Unkraut unterhalb der Mulches abschneidet und so zum Absterben bringt. Davon gibt es allerdings bisher nur Prototypen.

Dünne Mulchschicht

Auch eine dünne Mulchschicht sorgt für eine deutliche Reduktion beim Auflaufen von Samenunkräutern. Eine Unkrautunterdrückung über die gesamte Vegetationsperiode wird durch eine dünne Mulchschicht allerdings nicht annähernd erreicht.

Wird die Kultur in dünner Mulchschicht im Acker- oder Feldgemüsebau sonst üblicherweise gehackt, kann man durch die oberflächliche Ausbringung ggf. ein oder zwei Hackgänge einsparen.

Ziel ist in diesem System also ggf. eine Verringerung der sonst notwendigen Hackgänge durch die Bodenbedeckung. Zudem erhofft man sich, dass das Material nach wenigen Wochen bereits so stark abgebaut ist, dass eine betriebsübliche Kulturpflege mit normalen Hacken und Striegeln, zumindest aber mit Unkrautregulierungstechnik für Mulchsaat möglich ist.

Transfer-Mulch im geschützten Anbau

Transfer-Mulch im geschützten Anbau (**Gewächshäuser, Folientunnel**) bietet sich sehr stark an. Da die Nährstoffe aus der Mulchschicht über einen langen Zeitraum hinweg freigesetzt werden, eignet sich der Mulch hervorragend, um den konstanten Nährstoffbedarf von lange stehenden Kulturen wie Tomaten, Gurken, Paprika etc. abzudecken. Die Nährstoffkalkulation für etwaige Kopf- und Nachdüngungen ist entsprechend anzupassen.

Eine Ausbringung erfolgt vor oder nach der Pflanzung oft per Hand oder mit Kleingeräten. Bei der Ausbringung von Silage ist darauf zu achten, dass die Gewächshäuser und Folientunnel stark durchlüftet sind, vor allem wenn das silierte Mulchmaterial im Nachhinein in den stehenden Beständen ausgebracht wird. Will man Pflanzenschäden durch Silage sicher vermeiden, streut man das Material erst außerhalb des geschützten Bereichs aus, lässt es dort ausgasen und fährt es erst nach der bereits erwähnten Wartezeit von zwei Wochen in das Gewächshaus. Dieser **Ausgasungsprozess** ist natürlich auch im geschützten Bereich denkbar, wenn er vor der Pflanzung durchgeführt wird.

Wichtig für eine Nährstofffreisetzung aus der Mulchschicht ist eine feuchte Grenzschicht zwischen Bodenoberfläche und Mulch. Um den Mulch feucht zu halten, muss daher breitflächig und oberflächlich bewässert werden. Eine Tröpfchenbewässerung über oder unter dem Mulch funktioniert in dieser Hinsicht nicht. Dies erfordert bei der Regulierung der Luftfeuchtigkeit im geschützten Bereich vor allem bei trocken zu führenden Kulturen wie Tomaten eine Anpassung im Management (ggf. stärkere Lüftung). Von Vorteil ist in diesem Zusammenhang, dass eine Reduktion von *Phytophthora*-Pathogenen durch Mulchanwendung regelmäßig beobachtet werden konnte.

Um eine ausreichend hohe Bodentemperatur für die oft wärmeliebenden Gewächshauskulturen zu erreichen, belassen einige Betriebe den Boden die ersten Wochen nach der Pflanzung offen. Sie decken den Boden erst ab, wenn ein dynamisches Wachstum der Kulturen erkennbar ist.

Durch die schnelleren Abbauprozesse im warmen geschützten Anbau muss eventuell je nach Kulturdauer zusätzliches Material „nachgemulcht" werden, um eine durchgängige Bodenbedeckung zu gewährleisten.

Da der Unkrautdruck im geschützten Anbau oft deutlich geringer ist als im Freiland, lässt sich die Mulchschicht auch mehrfach nutzen, indem mehrere Sätze oder Kulturen hintereinander in dieselbe Mulchschicht gepflanzt werden.

Abb. 12.27 Tomaten in Transfer-Mulch. Gewächshaus mit begrünten Wegen.

Transfer-Mulch und Kulturabdeckungen

Man sollte eine Verwendung von Verfrühungsvliesen und Mulch sowohl bei frischem als auch siliertem Material wegen des erhöhten Risikos für Pflanzenschäden vermeiden. Kulturschutznetze hingegen können bei frischem Material ohne Probleme verwendet werden, da hier Gasaustausch und Luftzirkulation gegeben sind. Um sich bei siliertem Material bezüglich der Wartezeiten abzusichern, sollte das Material zusätzlich zu der empfohlenen Dauer von 1–2 Wochen eine weitere Woche ausgasen dürfen, bevor das Netz aufgelegt wird.

Transfer-Mulch und Bewässerung

Besteht die Auswahl zwischen ganzflächiger Beregnung und gezielter Tröpfchenbewässerung, sind die jeweiligen Vor- und Nachteile beider Systeme zu beachten:

- Eine **Tröpfchenbewässerung** versorgt zwar die Kulturpflanze gezielt mit Wasser und die Unkräuter „stehen trocken", was für die Unkrautunterdrückung durchaus wünschenswert ist. Allerdings führt dies gleichzeitig dazu, dass für die Nährstofffreisetzung und die Befeuchtung der Grenzschicht zwischen Mulch und Boden ausschließlich die natürlichen Niederschläge genutzt werden können. Tröpfchenbewässerung führt also zu weniger Unkraut, aber auch zu weniger Nährstofffreisetzung.

- Anders verhält es sich bei der **flächigen Bewässerung**. Hier wird der Mulch durch die regelmäßige Beregnung konstant feucht gehalten, was zu einer zuverlässigen Nährstofffreisetzung aus dem Material führt, wobei gleichzeitig potenzielle Unkräuter ebenfalls mit Wasser und Nährstoffen versorgt werden. Eine flächige Bewässerung ermöglicht es auch, durch Beregnung die Wartezeit vor der Pflanzung in eine Silage-Mulchdecke zu verkürzen.

Exkurs: Pflug-Mulchsystem

Ein Verbund von Universität, Landtechnik und Anbauverbänden hat das sogenannte Pflug-Mulchsystem entwickelt. Die Maschinenkombination in diesem Verfahren besteht aus einem leistungsstarken Schlegler mit seitlichem Auswurf in der Front des Schleppers und einem Pflug im Heck. In einem Arbeitsgang wird eine stehende Zwischenfrucht oder ein aufgewachsenes Kleegras gehäckselt und gepflügt. Das Häckselgut wird auf den angrenzenden, bereits gepflügten Acker auf der Arbeitsbreite exakt verteilt. Danach erfolgt dann eine Saatbettbereitung auf der gepflügten und mit dünnem Mulch bedeckten Fläche und entweder kombiniert oder in einem separaten Arbeitsgang die Aussaat. Ziel des Verfahrens ist es, die Vorteile des Pflugs mit denen der Mulchsaat zu verbinden, also trotz des Pfluges große Mengen an organischem Material an der Bodenoberfläche zu belassen, nicht zu vergraben und damit die erosionsmindernden Vorteile einer Mulchsaat zu erhalten.
Diesen Ansatz sollte man aus verschiedenen Gründen weiter verfolgen:

- Im Gegensatz zu Cut&Carry-Verfahren erfolgt die Bodenbearbeitung und Mulchausbringung in einem Arbeitsgang. Dies erspart Transportwege beim Ausbringen des Mulchmaterials und verhindert bei der Ausbringung das Befahren der Flächen mit schweren Geräten, wie z. B. Kompoststreuern.
- Statt einem Pflug können auch andere Geräte, die für eine garekonservierende Bearbeitung geeignet sind (siehe Kapitel 10), im Heckanbau genutzt werden. Die Maschinenkombination ist also nicht zwingend auf den Pflug angewiesen.
- Den Mulcher kann man bei einem Überkopf-Auswurf über den Traktor z. B. auf einen Kompoststreuer auch zur betriebseigenen Ernte von Kleegras für das übliche Cut&Carry-Verfahren nutzen.

Nachteilig am System könnte sein:

- Die Saat; da diese durch das an der Bodenoberfläche abgelegte bzw. bei Bodenbearbeitung flach eingemischte organische Material erfolgen muss. Hier ist im Vergleich eine nachträgliche Ausbringung wie im Cut&Carry-Verfahren vorteilhafter.
- Des Weiteren kann das übliche Cut&Carry-Verfahren leicht im Lohn beauftragt werden, während das hier beschriebene Verfahren die Anschaffung neuer Technik erfordert.
- Dicke Mulchschichten sind mit dem Verfahren nicht zu realisieren, da lediglich ein Flächenverhältnis von 1:1 realisiert werden kann. Außerdem kann nur ein Aufwuchs in diesem Verfahren genutzt werden. Weitere Schnitte z. B. von Kleegras müssten im klassischen Cut&Carry-Verfahren erfolgen.

Anwendungsbeispiele für Transfer-Mulch

Kartoffeln in Transfer-Mulch

Der Anbau von Kartoffeln in Transfer-Mulch ist relativ weit verbreitet. Er kann mit Direktpflanzungsverfahren kombiniert werden. In der reinen Transfer-Mulchvariante werden die Kartoffeln betriebsüblich gelegt. Einzig zu beachten ist ggf. die Anlage von Fahrgassen während der Pflanzung, also dem bewussten Auslassen bestimmter Dammreihen, um die Durchfahrt des Kompoststreuers zur Mulchaufbringung zu gewährleisten.

Nach dem Legen erfolgt die betriebsübliche Unkrautregulierung vor dem Durchstoßen der Kartoffeln (z. B. 1- bis 2-mal hacken bzw. striegeln und häufeln).

Kurz bevor die Kartoffeln die Erdoberfläche durchstoßen, wird dann die Mulchschicht von 7–10 cm ausgebracht. Der Ausbringungszeitpunkt vor dem Durchstoßen ist absolut kritisch, da die Kartoffeln bei einer zu späten Ausbringung einen Schock erleiden und nur sehr langsam weiterwachsen. Erfolgt die Ausbringung hingegen zum richtigen Zeitpunkt, wachsen sie mit voller Kraft weiter und brauchen nicht lange, um die Mulchschicht zu durchstoßen.

Abb. 12.29 Ausbringung von Transfer-Mulch in einen Kartoffel-Bestand.

Nach diesem Arbeitsgang ist keine Unkrautregulierung (außer per Hand) möglich, aber im Idealfall auch nicht nötig.

Die Ernte gestaltet sich trotz ggf. vorhandener Mulchreste zumeist auch maschinell als unproblematisch. Die Mulchreste fallen durch das Sieb des Roders, und das Erntegut ist sauber.

Abb. 12.28 Verschiedenes Mulchmaterial auf zuvor bearbeiteten Beeten ausgebracht (Kleegras-, Grünland-, Zwischenfrucht-Schnitt sowie -Silage), daher die unterschiedliche Färbung.

Abb. 12.30 Optimaler Bestand. Hier im Bild v. a. Kopfkohl.

Beispiele für Bestände in Transfer-Mulch im Ackerbau

Abb. 12.31 Großflächig ausgebrachtes Mulchmaterial im Kartoffel-Bestand.

Abb. 12.32 Kartoffeln in Transfer-Mulch ohne Unkrautregulierung.

Abb. 12.33 Körner- bzw. Silomais mit dünner Transfer-Mulchschicht.

Abb. 12.34 Getreide mit dünner Transfer-Mulchschicht.

Beispiele für Bestände in Transfer-Mulch im Gemüsebau

Abb. 12.35 Lauch in Transfer-Mulch.

Abb. 12.36 Kürbis und Zuckermais in Transfer-Mulch.

Abb. 12.37 Kopfsalate in Transfer-Mulch.

Abb. 12.38 Sellerie in Transfer-Mulch.

Exkurs: Gemüsebauliche Feinsämereien in Mulchsystemen

Der Anbau von Feinsämereien wie Möhren, Pastinaken, Rote Beete, Spinat etc. ist sehr schwer in Mulchsystemen umzusetzen. Dennoch sollen einige Perspektiven beschrieben werden.

Transfer-Mulch/kombinierte Mulchsysteme Transfer-Mulch und Feinsämereien sind eine schwierige Kombination. Durch die dicke Mulchauflage ist es sehr schwer, ein streifenförmiges, feines Saatbett für Feinsämereien freizulegen bzw. herzustellen. Hinzu kommt, dass der z. B. durch den Mulchreihenschneider in den Mulch geschnittene Streifen bzw. Schlitz für das Auflaufen von Feinsämereien nicht ausreichend Platz bietet. Gröbere Sämereien wie Buschbohnen oder Erbsen könnten hier eher gelingen, da sie eine stärkere Triebkraft aufweisen. Denkbar wäre höchstens die Freilegung eines 3–5 cm breiten Streifens mit einem abgewandelten Mulchreihenschneider und direkt dahinter folgender Sämaschine. Als Schwierigkeit hinzu kommt allerdings, dass Feinsämereien wie Wurzelgemüse keinen hohen Stickstoffbedarf haben und daher nicht mit einem Transfer-Mulchmaterial mit engem, sondern eher mit breitem C/N-Verhältnis abgedeckt werden sollten. Die Umsetzung in kombinierten Mulchsystemen würde vor ähnlichen Herausforderungen stehen.

Direktsaat/kombinierter Mulch In Direktsaatverfahren, die Zwischenfrucht und Hauptkultur kombinieren, haben Systeme mit einer geringen Mulchauflage aus der Zwischenfrucht gewisse Erfolge erzielt (siehe Kapitel 13). So konnte man in einem abgefrorenen Daikon-Rettich-Bestand, der kaum Biomasse an der Bodenoberfläche hinterließ (siehe unten) und dennoch Unkraut eine Zeit lang unterdrückte, erfolgreich Spinat, Möhren und andere Feinsämereien etablieren. Nach der Saat muss die Unkrautregulierung dann mechanisch/thermisch erfolgen.

Kompostmulch Ein älteres Verfahren, in den 1990er-Jahren in Holland entwickelt, nutzte unkrautsamenfreien und nichtkeimhemmenden Kompost, um vor oder nach der Aussaat von Feinsämereien eine 1–3 cm dicke Mulchschicht auszubringen. Die Feinsämereien wurden dann entweder knapp unter den Kompost gesät oder trieben durch die ausgebrachte dünne Mulchschicht hindurch. Der Kompost unterdrückte ähnlich der abgefrorenen Zwischenfrucht im obigen Verfahren Unkräuter für ein paar Wochen. Danach muss das Unkraut dann ebenfalls mechanisch/thermisch reguliert werden.

Zusammenfassung

- Im Transfer-Mulchverfahren wird der Boden mit einer unterschiedlich dicken Mulchschicht aus abgeschlegeltem Kleegras-, Zwischenfrucht oder Grünlandaufwuchs abgedeckt.
- Dünne Mulchschichten kommen eher im Ackerbau, dicke Mulchschichten eher im Gemüsebau zum Einsatz. Welches Verfahren gewählt wird, bestimmen die technischen Möglichkeiten und pflanzenbaulichen Ziele des Betriebes.
- Die Herkunft, Beschaffenheit und Ernte sowie Lagerung und Ausbringung des Transfer-Mulchmaterials sollten betriebsspezifisch durchdacht und geplant werden.
- Transfer-Mulch kann einen Beitrag zum Humusaufbau leisten. Die Düngewirkung des Materials sollte über Analysen des Mulchmaterials abgeschätzt und der Rest-Düngebedarf für die Hauptkultur kalkuliert werden.
- Für die Aussaat bzw. Pflanzung in Transfer-Mulch ist besonders bei dicken Mulchschichten mit Pflanzung nach Ausbringung Spezialtechnik notwendig. Durch eine dünne Mulchschicht und eine Ausbringung nach Aussaat bzw. Pflanzung reduzieren sich die technischen Anforderungen.
- Die Kulturführung, so z. B. die Unkrautregulierung, die Bewässerung und die Kulturabdeckung, verändert sich im Transfer-Mulch und sollte gut durchdacht werden.

13 Ökologische Direktsaat und Direktpflanzung – In-situ-Mulch

Einführung und grundsätzliche Prinzipien

Unter **Direktsaat/Direktpflanzung** versteht man ein Anbauverfahren, bei dem ohne Bodenbearbeitung eine Folgekultur etabliert wird. Die Direktsaat/Direktpflanzung hat vor allem in Nord- und Südamerika starke Verbreitung gefunden. Dort wird sie mittlerweile mithilfe von massivem Herbizideinsatz und gentechnisch veränderten Pflanzen (Herbizidresistenz) auf der Mehrzahl der pflanzenbaulich genutzten Flächen umgesetzt. Selten wird hier mit Begrünungen gearbeitet. Oft erfolgt eine Direktsaat/Direktpflanzung in die Stoppel und das Stroh der vorherigen Druschfrucht.

Die Direktsaat/Direktpflanzung ist im ökologischen Pflanzenbau hingegen kaum bis gar nicht verbreitet. Sie ist ein sehr neues und sehr anspruchsvolles Anbausystem, welches großes Potenzial für den Bodenaufbau birgt.

Grundsätzlich sieht die Anbausequenz in einem ökologischen Direktsaatsystem wie folgt aus: Nach der Ernte der Vorfrucht folgt eine präzise Bodenbearbeitung (siehe Kapitel 10). In der Folge wird eine diverse **Zwischenfrucht** gesät. Diese ist auf die Bedürfnisse der folgenden Hauptkultur abgestimmt. Ziel der Zwischenfrucht ist es, in kurzer Zeit möglichst viel Biomasse zu bilden. Die Zwischenfrucht friert dann entweder vor der Saat der Hauptkultur ab oder wird vor der Saat an Ort und Stelle mechanisch ohne Bodenbearbeitung abgetötet. Das mechanische Abtöten, z. B. mit einer speziellen Walze, kann frühestens zur Vollblüte der Zwischenfrucht erfolgreich erfolgen. Durch die dann entstandene Mulchschicht pflanzt oder sät man die **Folgekultur** ohne Bodenbearbeitung „direkt". Die Mulchdecke aus der abgestorbenen Zwischenfrucht sollte dann so lange das Unkraut unterdrücken, bis die Hauptkultur selbst konkurrenzstark genug ist, um Unkräu-

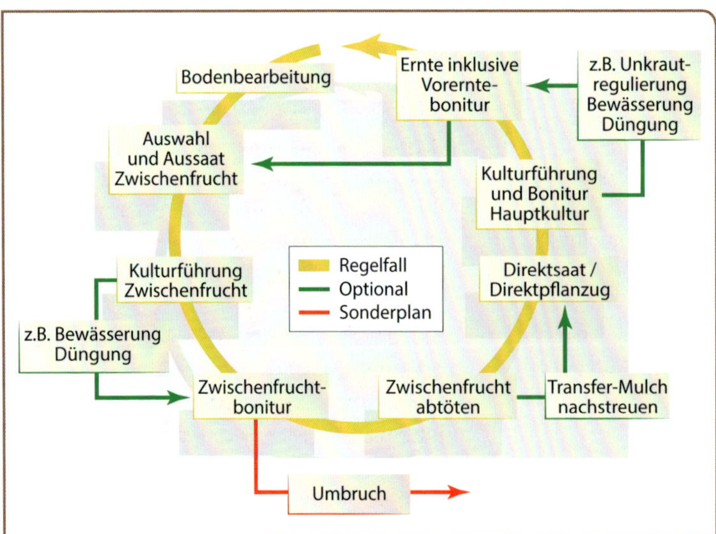

Abb. 13.1 Zyklus ökologische Direktsaat und Direktpflanzung.

ter zu unterdrücken. Je nach Zusammensetzung der Mulchschicht kann diese während des Abbaus auch Nährstoffe freisetzen, von der die Hauptkultur dann profitiert. Ist die Mulchschicht dicht genug, folgt dann als nächster Schritt optimalerweise die Ernte der Hauptkultur (Abb. 13.1).

Voraussetzungen für einen Erfolg in der Direktsaat/Direktpflanzung sind zusammengefasst eine perfekte Zwischenfrucht, die eine perfekte Bodengare aufweist, unkrautfrei ist und eine ausreichend große Menge Biomasse gebildet hat und dann zum richtigen Zeitpunkt komplett zum Absterben gebracht wird.

Wie eine solche Direktsaat-Anbaufrequenz im ökologischen Pflanzenbau erfolgreich gestaltet werden kann, darum soll es in diesem Kapitel gehen.

Anhand der wichtigsten Ratschläge ausgewiesener Direktsaat-Experten (z. B. Jeff Moyer, Rodale Institute, Prof. Ulrich Köpke, Universität Bonn, u. a.) lassen sich die entscheidendsten Handlungsempfehlungen wie folgt zusammenfassen:

- Auf kleinen Teilflächen beginnen, um das Risiko zu minimeren.
- Zwischenfrüchte in ihrer Zusammensetzung auf die geplanten Nachfrüchte abstimmen.
- Zwischenfrüchte optimal, zeitig und hauptfruchtartig bestellen.
- Ausreichende Bildung von Biomasse durch die Zwischenfrucht.
- Zuverlässige Sä- und Pflanztechnik für den Einsatz in dicken Mulchschichten.
- Flächen mit geringem, besser keinem Wurzelunkrautdruck auswählen.
- Im Voraus planen. Direktsaat/Direktpflanzung beginnt gedanklich schon vor der Aussaat der Zwischenfrucht.
- Auf dem neuesten Stand des Wissens sein und kreativ weiterforschen. Ökologische Direktsaat/Direktpflanzung befindet sich weiterhin in Entwicklung.
- Einen perfekt garen Boden ohne Schadverdichtungen zum Zeitpunkt der Direktsaat.
- Zeitfenster offen lassen und nutzen, um schlechte Zwischenfrüchte einzuarbeiten.

Flächen müssen mit Blick auf diese Voraussetzungen ehrlich analysiert werden. Direktsaat/Direktpflanzung ist ein Verfahren, das Fehler nicht leicht verzeiht. Wer die Situation nicht ehrlich und intensiv analysiert und eine Direktsaat im Ökolandbau erzwingt, muss mit einem Komplettausfall der Hauptkultur rechnen oder aber mindestens mit einem extrem hohen Arbeitsaufwand bei etwaigen „Rettungsaktionen". Auch der Bodenfruchtbarkeit ist in diesen Fällen nicht gedient.

Exkurs: Low- und High-Residue Systems

In Nordamerika unterscheidet man zwischen Direktsaatsystemen mit dicker (high-residue systems) oder dünner Mulchauflage (low-residue systems) durch Zwischenfrucht-Biomasse zum Saat- bzw. Pflanzzeitpunkt der Hauptkultur.
Beispielhaft für ein High-residue-System ist die Direktsaat von Soja in Winterroggen, für ein Low-residue-System die Direktsaat von Spinat in abgefrorenen Daikon-Rettich.

Vorteile Direktsaat und Direktpflanzung

Gelingt die Umsetzung der Direktsaat/Direktpflanzung, können durch sie verschiedene **Vorteile** realisiert werden.

- Schonung bzw. Steigerung der Bodenfruchtbarkeit durch ausbleibende intensive Bearbeitung und unnötige Überfahrten mit ggf. schwerem Gerät.
- Eine Mulchauflage zum Erosions- und Bodenschutz wird geschaffen und schützt den Boden über die gesamte Vegetationsperiode.
- Eine durchgehende Durchwurzelung des Bodens. Die Gare und Durchwurzelung der Zwischenfrucht wird direkt an die Hauptkultur übergeben.

Abb. 13.2 Erosion ohne Direktsaat…

Abb. 13.3 Der gleiche Bestand in Direktsaat.

- Zusammengenommen führen diese Vorteile zu einem höheren Potenzial von Kohlenstoffspeicherung in Ackerböden.
- Die Energie- und Arbeitseffizienz steigt in Direktsaatsystemen, da weniger Diesel und andere Energie sowie Arbeitsstunden verausgabt werden müssen. Dies reduziert auch klimaschädliche Emissionen.

Durch diese Vorteile ergibt sich eine höhere Profitabilität auch bei geringeren Erträgen. Gewisse Ertragsverluste können also durch eingesparte Kosten in Kauf genommen werden.

Voraussetzungen und Herausforderung

Optimierungsmöglichkeiten, um den hier beschriebenen Voraussetzungen und Herausforderungen gerecht zu werden, sind im Verlauf des Kapitels mit Piktogrammen markiert. Sind die Maßnahmen zur Überwindung mehrerer Herausforderungen geeignet, sind entsprechend mehrere Piktogramme angegeben.

Die Herausforderungen in der Direktsaat oder Direktpflanzung lassen sich in den folgenden Kategorien zusammenfassen. Gare, Unkrautunterdrückung, Nährstoffversorgung, Wärme und Klima, Wasserverfügbarkeit und Technik.

Gare 

Perfekte Gare – Biologische statt mechanische Bodenbearbeitung Fällt eine Bodenbearbeitung zur Etablierung der Hauptkultur weg, ist es umso entscheidender, dass die Bearbeitung zur Zwischenfrucht und ihr darauf folgendes Wachstum und ihre Wurzelleistung den Boden so gut strukturieren, als hätte eine Bodenbearbeitung zur Hauptkultur stattgefunden. Eine perfekte Gare unter der Zwischenfrucht bis auf mindestens 30 cm Krumentiefe zum Etablierungszeitpunkt der Hauptkultur ist also eine absolute Voraussetzung für jegliche Art von Direktsaat/Direktpflanzung. Dies umso mehr im ökologischen Pflanzenbau, da hier die Pflanze in besonderem Maße auf die Wasser- und Nährstoffversorgung aus dem Boden angewiesen ist.

Unkrautunterdrückung 

Unkrautunterdrückung durch Zwischenfrucht Das Kernstück der Direktsaat/Direktpflanzung ist die Zwischenfrucht. Sie muss alle Aufgaben übernehmen, die sonst eine Bodenbearbeitung erbringt. Die wichtigste ist die Unkrautregulierung bzw. -unterdrückung. Eine Unkrautregulierung durch Bodenbearbeitung kann bei einem Direktsaatsystem lediglich vor der Aussaat der Zwischenfrucht erfolgen, d. h. also durch eine intensive Bodenbearbeitung/Stoppelbearbeitung im

Gare Unkrautunterdrückung

Sommer bzw. Herbst vor der Aussaat der Zwischenfrucht. Nach der Saat folgen dann die viel wichtigeren indirekten, biologischen Mechanismen der Unkrautunterdrückung durch Zwischenfrüchte, die diese z. B. in ihrem Wachstum entfalten:

- Konkurrenz: In ihrem Wachstum tritt die Zwischenfrucht in Konkurrenz mit Unkräutern um Licht, Nährstoffe etc. Es ist daher entscheidend, dass die Zwischenfrucht ein schnelles, dynamisches und dominantes Wachstum aufweist, um alle Unkräuter zu unterdrücken.
- Allelopathie im Wachstum: Außerdem hindern manche Zwischenfrüchte durch ihre Wurzelausscheidungen Unkräuter am Wachsen.

Des Weiteren gibt es Mechanismen, die wirken nachdem die Zwischenfrüchte abgetötet wurden und eine dicke Mulchschicht auf der Bodenoberfläche bilden:

- Lichtentzug: Eine Beschattung des Bodens verhindert die Keimung von neuen Unkräutern.
- Allelopathie im Abbau: Die Abbauprodukte, die bei der Zersetzung des organischen Materials entstehen, können ebenfalls Unkräuter unterdrücken.

Die genannten Mechanismen sind umso wichtiger, da im Gegensatz zu einem konventionellen Bearbeitungssystem zwei weitere Stellen zur Unkrautregulierung in einem Bio-Direktsaatsystem wegfallen. Denn es gibt:

- keine Möglichkeit der Bodenbearbeitung oder Unkrautregulierung durch Einarbeitung der Zwischenfrucht und Bodenbearbeitung vor der Aussaat der Hauptfrucht,
- keine bzw. nur beschränkte Möglichkeiten der Unkrautregulierung im Vergleich zu einem Bestand ohne Mulchdecke.

Minimum Weed-free Period Um trotzdem unkrautfreie Hauptkulturen mit hohen Erträgen zu erzeugen, ist daher das Konzept der „Minimum Weed-free Period“ entscheidend. Die Idee hierbei ist, dass die Zwischenfrucht mit den oben beschriebenen Mechanismen das Unkraut nicht komplett bis zur Ernte unterdrücken muss, aber mindestens so lange, bis die Verunkrautung nicht mehr ertragsrelevant ist bzw. bis die Hauptkultur selbst konkurrenzstark genug ist, um Unkräuter zu unterdrücken. Insgesamt verschiebt sich also durch die Nutzung von Mulch aus abgetöteten Zwischenfrüchten das Aufkommen von Unkraut. So wird bei der Nutzung eines Zwischenfrucht-Mulches der Höhepunkt des Unkrautvorkommens später in die Vegetationsperiode verschoben. Die Mulchschicht verhindert also vor allem die Frühverunkrautung.

Notwendige Biomasse Damit diese Effekte mit ausreichender Stärke eintreten, muss eine bestimmte Menge an Biomasse bis zum Sä- bzw. Pflanzzeitpunkt gebildet worden sein. Es ist schwer, für die notwendige Biomasse eine konkrete Zahl zu nennen, da der Erfolg nicht allein hiervon abhängig ist, sondern eben auch vom Unkrautdruck auf der Fläche und der Konkurrenzkraft der Hauptkultur. Dennoch wiesen in Untersuchungen erfolgreiche Direktsaaten im Ökolandbau von ca. 6 bis über 10 t TM/ha in der Zwischenfrucht zum Zeitpunkt des Abtötens/der Saat auf. Wichtig ist an dieser Stelle zu bemerken, dass die Unkrautunterdrückung nicht proportional, sondern exponentiell mit der Biomasse steigt. Das heißt beispielsweise, dass ein Sprung von 7 auf 9 t TM Biomasse pro ha die unkrautunterdrückende Wirkung der Mulchschicht verdoppeln kann.

Die Gründe dafür, dass eine Unkrautunterdrückung nicht ausreichend ist, kann man aus den oben genannten Voraussetzungen ableiten:

- Suboptimale Zwischenfrucht: Es kann diverse Gründe geben, weshalb die Zwischenfrucht die für die Direktsaat/Direktpflanzung erforderliche Biomasse nicht erreicht.
  - Biomasseverluste durch abfrierende Zwischenfrucht. Wird eine abfrierende Zwischenfrucht genutzt, so kann bis

zum darauf folgenden Frühjahr sehr viel Biomasse verloren gehen.
  - Klimatische Grenzen. Es kann sein, dass die Wachstumszeiträume für die Zwischenfrüchte nicht ausreichen, um genug Biomasse zu bilden.
- Verunkrautete Zwischenfrucht: Steht in der Zwischenfrucht Unkraut, das nicht mit abgetötet werden kann, wird dieses einfach weiter wachsen.
- Hauptkultur zu wenig konkurrenzstark: Die Hauptkultur entwickelt sich nicht schnell und stark genug, um selbst Unkräuter zu unterdrücken.

Beispiel: Biomassepotenzial verschiedener Zwischenfrüchte im Vergleich zu Kleegras

Zottelwicke	bis 8 t TM/ha
Wintererbse	bis 6 t TM/ha
Wintergetreide	bis 10–15 t TM/ha bei hohem Nährstoffniveau
Getreide-Zottelwicke	bis 10–15 t TM/ha
Getreide-Wintererbse	bis 10–15 t TM/ha
Sommerzwischenfrucht	bis 6 t TM/ha
Sorghum	bis 10–15 t TM/ha bei hohem Nährstoffniveau
Kleegras	bis 13–15 t TM/ha/Jahr

Nährstoffversorgung

Die ausreichende Nährstoffversorgung der Hauptkultur stellt in der Direktsaat/Direktpflanzung eine große Herausforderung dar. Dies hat verschiedene Gründe:

Nährstoffaufnahme durch Zwischenfrucht Ziel der Direktsaat/Direktpflanzung im ökologischen Pflanzenbau ist möglichst viel Biomasse in der Zwischenfrucht, um eine dicke Mulchschicht vor Ort zu schaffen. Um diese Biomasse zu erzeugen, brauchen die Zwischenfrüchte Nährstoffe. Dies führt dazu, dass zum Abtötungszeitpunkt der Zwischenfrucht der Boden durch das Wachstum der Begrünung fast keine pflanzenverfügbaren Nährstoffe mehr aufweist; auf jeden Fall weniger als beispielsweise bei einer Schwarzbrache.

Weniger Mineralisierung aus dem Boden durch weniger Bearbeitung Weniger Bearbeitung bedeutet weniger Luft im Boden und dies wiederum einen geringeren Abbau des Humus. Dies ist zwar auf der einen Seite wünschenswert, führt allerdings auch zu einer geringeren Nährstoffnachlieferung durch Humusmineralisierung.

Nährstoffverluste bei Direktsaat nach abfrierenden Zwischenfrüchten Wird mit abfrierenden Zwischenfrüchten gearbeitet, um früh im nächsten Frühjahr die Hauptkultur zu etablieren, wird über den Winter Biomasse aus der abgefrorenen Zwischenfrucht abgebaut. Dies führt nicht nur zu einer dünneren Mulchschicht und schlechterer Unkrautunterdrückung, sondern auch zu weniger Nährstoffen in der Mulchschicht. Im Schnitt gehen bei abfrierenden Zwischenfrüchten rund 50 % der Biomasse und damit und auch 50 % des Stickstoffs verloren.

Bodentemperatur Durch die verminderte Bodentemperatur bei Direktsaat/Direktpflanzung muss mit einer verminderten bodenbiologischen Umsatzaktivität und geringeren N- und anderen Nährstoff-Mineralisationsraten aus der Bodensubstanz/dem Humus gerechnet werden. Als konservativ geschätzte Faustzahl kann man hier von einer um 50 % reduzierten Mineralisationsrate als in der Literatur vorgeschlagen ausgehen.

Nährstoffe werden aus der Mulchschicht nicht wieder freigegeben Um eine ausreichend gute Unkrautunterdrückung zu gewährleisten und damit die Zwischenfrucht sicher abstirbt, wird die Zwischenfrucht frühestens zur Vollblüte abgetötet. Dies führt dazu, dass das C/N-Verhältnis der Zwischenfrucht bzw. des Mulches meistens deutlich über 20 bei leguminosenreichen Beständen und weit über 30 bei getreidereichen Beständen liegt. Es resultiert eine sehr geringe Nährstoffverfügbarkeit aus dieser Biomasse.

Nährstoffversorgung

Exkurs: Wechselwirkungen Unkrautunterdrückung und Nährstoffverfügbarkeit.

Für eine gute Unkrautunterdrückung wird eine hohe Biomasse der Zwischenfrucht benötigt. Dies bedeutet zwar grundsätzlich, vor allem bei einem Leguminosen-Anteil in der Begrünung: Je höher die Biomasse, desto höher die N-Fixierleistung der Zwischenfrucht und desto höher der Gesamtstickstoffgehalt in der Mulchschicht. Dies führt aber mitnichten zu einer höheren Verfügbarkeit an Nährstoffen. Um Unkräuter sicher zu unterdrücken, die Zwischenfrucht gut abtöten zu können und damit der Mulch möglichst langsam abgebaut wird, ist ein möglichst hohes C/N-Verhältnis des organischen Materials anzustreben. Dies wiederum führt zu einer schlechten Nährstoffverfügbarkeit. Umgekehrt führt das Abtöten der Zwischenfrucht in einem jungen Stadium mit engem C/N-Verhältnis für eine gute Nährstoffverfügbarkeit zu einer unzureichenden Mulchauflage und keinem guten Abtöten der Zwischenfrucht. Insgesamt kann also gesagt werden, dass diejenigen Faktoren, welche eine gute Unkrautunterdrückung gewährleisten, tendenziell zu einer schlechten Nährstoffverfügbarkeit führen. Ziel in Bio-Direktsaat muss aber eine Optimierung beider Faktoren sein. Wie dies gelingt, wird in diesem Kapitel erklärt.
Einfach aufzulösen sind diese Widersprüche in kombinierten Mulchsystemen (siehe Kapitel 14), welche aber nur im Erwerbsgemüsebau rationell umsetzbar sind.

Wärme und Klima 

Auf der klimatischen Ebene gibt es zwei Herausforderungen für eine Direktsaat/Direktpflanzung im Ökolandbau: zum einen die Temperaturen im Jahresverlauf und zum anderen der Niederschlag bzw. die Wasserverfügbarkeit.

Wärmesumme reicht nicht aus Mit Bezug auf die Temperatur kann das Klima nicht warm genug sein bzw. die jährliche Temperatursumme nicht ausreichen, um sowohl ein ausreichendes Wachstum der Zwischenfrucht bis zur Blüte als auch die sichere Abreife der Hauptkultur zu ermöglichen. Denn der Saatzeitpunkt der Hauptkultur wird in Direktsaatsystemen maßgeblich durch den optimalen Abtötungszeitpunkt für die Zwischenfrucht bestimmt. Dies kann in kälteren Klimaten dazu führen, dass für bestimmte Hauptkulturen keine ausreichende Vegetationsperiode bzw. Wärmesumme für die Abreife gegeben ist. Dies ist vor allem bei wärmeliebenden Kulturen zu prüfen, wie z. B. bei Körnermais und Soja.

Bodentemperatur für Keimung der Hauptkultur Hauptkulturen sollten auch in Direktsaat erst dann gesät werden, wenn die optimale Bodentemperatur für deren Keimung erreicht wurde. Durch die fehlende Bodenbearbeitung sowie die Mulchdecke, die den Boden bedeckt, kann sich der Boden unter Umständen etwas später erwärmen als ohne Bedeckung. Dies kann dazu führen, dass die Kulturen ebenfalls erst etwas später etabliert werden können als in einem konventionellen Bearbeitungsverfahren. Dies kann das oben beschriebene Problem der Abreife verstärken.

Nicht genug Zeit für Wachstum von Sommerzwischenfrüchten Die Grundlage für die erfolgreiche Umsetzung von Direktsaatsystemen ist die Etablierung von Zwischenfrüchten. So sollten Sommerzwischenfrüchte nicht nach Mitte August und Winterzwischenfrüchte nicht nach Oktober gesät werden. Entsprechend muss die Fruchtfolge so angepasst werden, dass die jeweilige Vorfrucht es erlaubt, die passende Zwischenfrucht für die Nachfrucht zu etablieren.

Kein ausreichendes Abfrieren von Zwischenfrüchten in warmen Wintern Durch die immer milder werdenden Winter kann man von einem Abtöten durch Abfrieren nicht mehr sicher ausgehen. Entsprechend ist es wichtig, dass die Zwischenfrucht zu Winterbeginn ebenfalls die Wachstumsstadien erreicht hat, die ein Abtöten mit der Messerwalze ermöglichen. Dies sollte man auch bei einer

Direktsaat erst im folgenden Frühjahr bereits im Herbst nutzen, um die Zwischenfrucht vor der Winterruhe einmal zu quetschen und dadurch ihr Absterben zu beschleunigen. Ggf. kann auch ein weiterer Walzgang im Frühjahr sinnvoll sein.

Frostschäden durch Mulchauflage Spätfröste können in Direktsaatverfahren mehr Schäden anrichten, denn die mulchbedeckten Böden können im Vergleich zu offenen Böden im Frühjahr weniger Wärme aufnehmen und diese auch nicht durch nächtliche Abstrahlung wieder abgeben. Während offene Böden über Abstrahlungswärme leichte Fröste abpuffern können, ist dies bei Direktsaat/Direktpflanzung also weniger der Fall.

Die Mulchdicke und ihre Farbe können ebenfalls eine Rolle spielen. So führt bei Zwiebeln mit einem Mulch aus abgefrorener Hirse die reduzierte Wärmeabsorption über den Tag hinweg zu einer stärkeren Wirkung des Nachtfrostes, was die Vermarktbarkeit der Ware stark herabsetzt.

Wachstumsverzögerung durch kältere Bodentemperaturen Fällt eine Bodenbearbeitung weg, muss davon ausgegangen werden, dass die Böden sich vor allem im Frühjahr später erwärmen. Direktsaatsysteme führen daher oft zu Wachstumsverzögerungen vor allem in der Jugendentwicklung der Kulturen.

Sind sonst alle anderen Bedingungen erfüllt, wächst sich dieser anfängliche Wachstumsunterschied bei vielen Kulturen aus, und die Abreife und Erträge unterscheiden sich nicht. Im Gemüsebau konnten aber auch Abreifeverzögerungen von 1–2 Wochen, vor allem bei Pflanzungen im Frühjahr (kalter Boden) beobachtet werden.

Wasserverfügbarkeit 

Ausreichend Wasser Grundsätzlich führen Mulchschichten zu einem effektiven Verdunstungsschutz. Sind also zur Etablierung der Hauptkultur genügend Niederschläge für eine Keimung und die Jugendentwicklung vorhanden, sind Kulturen in Direktsaat im weiteren Jahresverlauf von der Wasserversorgung her im Vorteil. Fehlen allerdings die Niederschläge zum Aussaatzeitpunkt der Zwischenfrucht oder der Hauptkultur, kann die Wasserversorgung eine Herausforderung darstellen.

Wasser ist schließlich der begrenzende Faktor für die Biomasse- und sogar Ertragsbildung. Für die Umsetzung von Bio-Direktsaatsystemen braucht es ausreichend Niederschlag, um sowohl die Biomasse für die Zwischenfrucht als auch den Ertrag der Hauptkultur zu bilden. In Regionen mit extrem wenig Niederschlag (unter 300 mm) kann dies die Umsetzung der Systeme verunmöglichen. Ähnlich wie es sich mit den Temperatursummen verhält, verhält es sich also auch mit den Niederschlagssummen, nur ist hier besonders wichtig: Die Verteilung der Niederschläge über das Jahr hinweg ist ggf. entscheidender als die absolute Summe.

Wassermanagement bei überwinternder Zwischenfrucht Entscheidend bei der Etablierung einer Hauptkultur nach überwinternder Zwischenfrucht ist die Bodenfeuchte zum Zeitpunkt der Saat/Pflanzung. Winterzwischenfrüchte benötigen während des Wachstums im Frühjahr viel Wasser. So kann eine ausgeprägte Frühjahrstrockenheit im Monat Mai der Direktsaat von Sommerungen einen Strich durch die Rechnung machen:

Wird eine Winterzwischenfrucht angebaut und diese im Frühjahr als optimal geeignet für die Direktsaat stehen gelassen (z. B. Roggen vor Soja) und darf weiter wachsen, kann es aufgrund von fehlendem Wasser im Boden zu schwierigen Situationen kommen. Die Winterzwischenfrucht zieht ungefähr ab Mitte April deutlich mehr Wasser aus dem Boden, als sie durch Taubildung einfängt. Bis zum optimalen Abtötungszeitpunkt Anfang bis Ende Mai kann sie den Boden bei nicht ausreichendem Niederschlag bis auf tiefe Bodenschichten komplett entleeren. Folgt dann kein Niederschlag und wird die Direktsaat in einen staubtrockenen Boden unter dem Zwischenfruchtmulch vorgenommen, ist das Scheitern vorprogrammiert. So wird zum einen die Aussaat bzw. Pflanzung selbst

Wasserverfügbarkeit

zum Problem, weil die Sä- und Pflanzgeräte nur schwer in den ausgetrockneten Boden kommen. Zum anderen – und das ist das Entscheidende – keimt die Hauptkultur so lange nicht, bis der nächste Regen fällt. Dieser muss dann allerdings ausgiebig genug sein, um die Hauptkultur aus der kritischen Keimphase hinaus zu retten. Im „worst case" drohen hier Totalausfälle. Das Problem ist, dass diese Situation nie ganz auszuschließen ist. Das bedeutet aber, dass man gerade in Regionen mit ausgeprägter Frühjahrtrockenheit gut darüber nachdenken sollte, ob man eine Direktsaat oder Direktpflanzung in überwinternde Zwischenfrüchte wagt.

Direktsaaten (von z. B. Ackerbohnen) sehr früh im Jahr – im März oder April – in abgefrorene Zwischenfrüchte sowie Direktsaaten (von z. B. Wintergetreide) im Herbst laufen nicht so sehr Gefahr dieser Trockenheitsproblematik, da diese Jahreszeiten üblicherweise deutlich feuchter sind.

Anders verhält es sich bei überwinternden Zwischenfrüchten in Lagen mit ausgeprägt hohen Niederschlägen im Frühjahr bzw. im Monat Mai. Auf Standorten nämlich, auf denen durch diese starken Niederschläge die Böden im Frühjahr schwer abtrocknen, auf denen ggf. Staunässe ein Problem ist und dadurch die Befahrbarkeit der Äcker im Frühjahr schwierig ist, kann man Zwischenfrüchte und Direktsaat nutzen, um trockenere Bodenverhältnis zu schaffen.

Wassermanagement bei der Etablierung von abfrierenden bzw. Sommerzwischenfrüchten Die Etablierung einer wüchsigen und biomassestarken Zwischenfrucht ist zwischen Mitte Juli und Mitte August eine Herausforderung (z. B. Zwischenfruchtsaat nach Gerstendrusch). Dennoch muss eine Aussaat in Mitteleuropa bis spätestens 20. August erfolgt sein, um ausreichend Biomasse für eine Direktsaat zu bilden. Bei ausgewiesener Sommertrockenheit können die Bestände nicht ausreichend Biomasse bilden, um für die Direktsaat infrage zu kommen. Sie müssen dann entsprechend im Spätsommer oder Frühjahr vor der Hauptkultur umgebrochen werden.

Wassermanagement bei Direktsaat im Herbst oder Frühjahr nach Sommerzwischenfrüchten bzw. abfrierenden Zwischenfrüchten Ähnlich wie bei schwer abtrocknenden Böden im Frühjahr bei überwinternden Zwischenfrüchten, führt der Einsatz von Zwischenfrüchten, die im Sommer gesät werden (z. B. Sommerzwischenfrucht vor Winterweizen), tendenziell dazu, dass auch zu feuchte Verhältnisse im Herbst vermieden werden und durch die Wasseraufnahme der Zwischenfrucht tendenziell bessere Aussaatverhältnisse herrschen.

Eher problematisch kann wiederum eine Aussaat sehr früh im Jahr nach abfrierender Zwischenfrucht sein (z. B. Ackerbohnen nach einer abgefrorenen Hafer-Zwischenfrucht). Gegebenenfalls muss hier mit der Aussaat etwas gewartet werden, da die Böden durch die Mulchauflage länger brauchen, um nach dem Winter das erste Mal abzutrocknen. Allerdings kann die Bio-Direktsaat in sehr feuchten Jahren trotz dieser Herausforderung deutlich vorteilhaft gegenüber einer Kulturführung mit offenem Boden sein. Für den einzigen Arbeitsschritt, die Saat, braucht es nur ein kleines passendes Zeitfenster. Soll aber intensiv bearbeitet und ggf. noch mechanisch Unkraut reguliert werden, ist man deutlich häufiger auf trockene Verhältnisse angewiesen.

Insgesamt heißt dies, dass sichere Niederschläge je nach Anbausequenz im Frühjahr, Sommer und Herbst, oder aber eine Bewässerungsmöglichkeit das System gut absichern können.

Direktsaat ist insgesamt wassereffizienter Trotz all dieser Herausforderungen sollte nicht verschwiegen werden, dass der Nachteil des Wasserverbrauchs im Frühjahr die verringerte unproduktive Verdunstung durch die Mulchschicht während der restlichen Saison mehr als aufwiegt. Sieht man von dem Wasserverbrauch während des Wachstums der Zwischenfrucht ab, der bei der Etablierung der Folgebestände Probleme machen kann, so führen dicke Mulchauflagen aus Zwischenfrüchten im weiteren Verlauf der Vegetationsperiode zu höherem Wassergehalt durch reduzierte Verdunstung und eine höhere Porosität und dadurch Wasseraufnahmefähigkeit.

Bio-Direktsaatsysteme sind also insgesamt wassereffizienter als andere Systeme. Dies gilt aber nur bei der Betrachtung der gesamten Vegetationsperiode und ändert nichts daran, dass der temporäre Wassermangel in entscheidenden Momenten, wie ausgetrockneten Bodenzuständen zum Saatzeitpunkt im Mai, vorkommen kann und die Saat oder aber mindestens den Auflauf von z. B. Körnermais und Soja verunmöglicht.

Technik ⚙

Optimale Technik Ein ungleichmäßiger Auflauf der Hauptkultur bei Bio-Direktsaat ist ein häufig vorkommendes Problem. Für den Umgang mit den dicken Mulchdecken muss oft selbst vorhandene Direktsaattechnik mit zusätzlichen Gewichten, Reihenräumern und Scheibensechen ausgestattet werden, um einen sauberen Schnitt durch den Mulch zu ermöglichen. Dies ist vor allem wichtig, um kein „**Hairpinning**" zu verursachen – also die Ablage des Saatguts auf in den Saatschlitz gedrücktes Mulchmaterial, welches eine Keimung verunmöglicht. Dabei sollte darauf geachtet werden, dass nicht so viel Mulch aus der Säreihe geräumt wird, da sonst hier das Unkrautauflaufen verstärkt wird. Eine Drille mit engem Reihenabstand steht hier ggf. vor größeren Schwierigkeiten als eine Einzelkornsämaschine mit weitem Reihenabstand.

In der Praxis hat sich herausgestellt, dass je dicker die Mulchdecke ausfällt, desto geringer die Bestandesdichte der Hauptkultur ist. Die liegt vor allem an unzureichender Sä- bzw. Pflanztechnik und daraus folgend schlechter Bestandsetablierung.

Ebenso muss gegenteilig auf zu feuchten Standorten, auf denen die Zwischenfrucht das Abtrocknen der Böden erschwert, darauf geachtet werden, dass man bei der Saat keine Schmierschichten verursacht.

Fruchtfolge

Bevor auf die Umsetzung der Direktsaat im Detail eingegangen wird und die Optimierungsmöglichkeiten bei jedem Teilschritt erläutert werden, ist ein Blick auf die Optimierungsmöglichkeiten im Gesamtsystem, also auf die Fruchtfolge sinnvoll. Hier betrifft dies speziell die Gare.

Mehrjähriger Feldfutterbau als Schlüssel Kritisch muss in dieser Hinsicht die Tendenz beurteilt werden, dass in viehlosen oder vieharmen Betrieben Zwischenfrüchte häufig genutzt werden als Alternativen zum mehrjährigen Feldfutterbau. Dabei ruft gerade dieser, also der Anbau von mehrjährigen Gräsern und Leguminosen Synergieeffekte mit der Direktsaat hervor.

Bessere Bodenstruktur durch Wurzelleistung des mehrjährigen Feldfutters Da die Bodengare vor der Direktsaat absolut entscheidend ist, sollte alles dafür getan werden, den Boden in einem garen Zustand zu halten. In diesem Zusammenhang ist die Wurzelleistung des Kleegrases bisher unübertroffen. Ein hoher Anteil an Feldfutterbau führt also insgesamt zu stabileren Garezuständen in den Böden.

Höhere Nährstoffverfügbarkeit durch höhere Humusgehalte und N-Fixierung Da wir bei der Direktsaat von einer geringeren Nährstoffverfügbarkeit ausgehen müssen, ist es umso entscheidender, über die Gesamtfruchtfolge hinweg keine Möglichkeit auszulassen, um die N-Fixierleistung der Pflanzen und damit indirekt auch den Humusaufbau zu fördern. Hierfür sind mehrjährige Leguminosen-Gras-Gemenge wie das klassische Klee- oder Luzernegras entscheidend. Die Synergieeffekte fallen umso stärker aus, wenn zusätzlich noch das im Kapitel 12 erwähnte Cut&Carry-Verfahren zur Anwendung kommt. Um die Fixierleistung des Kleegrases und dessen humusaufbauende Wirkung zu optimieren, sollte eine optimale Schnittnutzung erfolgen. Die Aufwüchse, die abgefahren werden, kann man wiederum zur optimalen Versorgung und guten Unkrautun-

---

⚙ Technik

terdrückung der Direktsaatbestände nutzen. Außerdem pendeln sich mit dem Humusaufbau durch mehrjähriges Kleegras auch die Mineralisationsraten aus der Bodensubstanz auf einem höheren Niveau ein.

Auswirkungen auf die Unkrautunterdrückung 

Unkrautunterdrückung durch mehrjähriges Feldfutter Unkraut ist eine der größten Herausforderungen in der Direktsaat. Daher ist der Anbau von mehrjährigem Feldfutter eine entscheidende Maßnahme, um den allgemeinen Unkrautdruck auf allen Flächen zu reduzieren. Die intensive Schnittnutzung beim Feldfutter unterdrückt das Unkraut stark. Über den Umweg des Feldfutters sind also mehr Flächen unkrautarm zu halten und damit besser geeignet für Bio-Direktsaat.

Unkrautunterdrückung durch Fruchtfolgegrundsätze Um den Unkrautdruck auch in der Bio-Direktsaat möglichst gering zu halten, sind Fruchtfolgeregeln entscheidend, so zum Beispiel der abwechselnde Anbau von Sommerung und Winterung sowie die Nutzung von mehrjährigem Feldfutter. Der Wechsel von Winterung und Sommerung ermöglicht verschiedene Bodenbearbeitungszeitpunkte und reguliert unterschiedliche Unkrautarten.

> **Exkurs: Direktsaat im konventionellen Pflanzenbau**
>
> Während Direktsaat im ökologischen Pflanzenbau eine echte Herausforderung ist, ermöglichen konventionelle Anbausysteme eine risikoärmere Umsetzung. Die oben beschriebene Unkrautproblematik bzw. Schwierigkeiten bei der mechanischen Abtötung der Zwischenfrucht kann durch Herbizide deutlich vereinfacht werden. Ebenso verhält es sich mit der Nährstoffproblematik: Durch mineralische und damit sehr schnell verfügbare Stickstoffdünger kann man die durch viele Parameter ausgelöste geringere Nährstoffverfügbarkeit ausgleichen. Direktsaat im Ökolandbau ist also eine Königsdisziplin. Sie zu planen und durchzudenken, kann allerdings auch auf Knackpunkte im allgemeinen Pflanzenbau hinweisen und Optimierungsstrategien anstoßen, die auch in „normalen" ökologischen Anbausystemen mit Bodenbearbeitung deutlich positive Effekte zeigen.

Das System

Vorerntebonitur   

Maßnahmen der Vorerntebonitur wirken sich auf die Gare, die Unkrautunterdrückung und die Nährstoffverfügbarkeit aus. Der erste Schritt bei der Umsetzung von Bio-Direktsaat ist die Auswahl der Schläge, die sich für eine Direktsaat eignen. Dafür entscheidend ist zum einen die langjährige Beobachtung der Schläge im Allgemeinen. Im Speziellen liegt die Entscheidungsgrundlage allerdings bei der Beurteilung der Bestände der Vorkultur vor der Ernte. Bei dieser Vorerntebonitur sollten wie bei allen Bewirtschaftungsentscheidungen die üblichen Kriterien beachtet werden: Bodengare, Nährstoffverfügbarkeit (Ertrag) und Unkrautdruck.

Schlagauswahl   

Optimierungen in der Schlagauswahl wirken sich auf Gare, Unkrautunterdrückung, Nährstoffversorgung und Wasserverfügbarkeit aus. Grundsätzlich sollten für die Umsetzung von Bio-Direktsaatsystemen Schläge ausgewählt werden, die im Betriebsvergleich einen niedrigen Unkrautdruck aufweisen. Je höher der Besatz und Bodenvorrat an Samenunkräutern, desto höher muss die Biomasse der Zwischenfrucht sein, um ausreichend unterdrückend zu wirken. Vor allem ein Bodenvorrat von > 10 000 Samen/m² und ein hoher Besatz an frühkeimenden Frühjahrs- und Sommerunkräutern sind problematisch. Noch gefährlicher ist ein merkbarer Druck durch Wurzelunkräuter oder mehrjährige Unkräuter. Dieser kann auch nicht durch eine dicke Mulchdecke kompensiert werden. Eine weitgehende Freiheit von perennierenden Ungräsern und Wurzelunkräutern (Ampfer,

Exkurs: Direktsaat/Direktpflanzung in Erntereste

Direktsaat von Zwischenfrüchten in z.B. Strohrückstände
Im weiteren Verlauf dieses Kapitels wird es vor allem um die Direktsaat in für diese Zwecke zuvor etablierte Zwischenfrüchte gehen.
In Ausnahmefällen ist allerdings auch eine Direktsaat in Erntereste möglich, also z. B. das Stroh der vorherigen Hauptfrucht. Bei dem Verfahren sät man also mit oder ohne Abfuhr des Strohs der Vorfrucht möglichst direkt nach dem Drusch mit Direktsaattechnik die Zwischenfrucht in die Stoppeln. Es ist durchaus möglich, bei diesem Verfahren die gleichen Biomasseerträge bis zum Herbst zu erreichen wie bei einer vorherigen Saatbettbereitung.

Direktsaat Zwischenfrüchte Die Direktsaat einer Begrünung/Zwischenfrucht in die Stoppeln, z. B. eines Getreides, gilt insgesamt als relativ risikoarm. Da es sich hier nicht um eine Hauptkultur handelt, können hier Abstriche ggf. besser in Kauf genommen werden. Soll allerdings eine Zwischenfrucht etabliert werden, die direktsaatfähig ist, dann kann deren Bestellung in Direktsaat zu einem Risiko werden, da sich der Bestand sowohl von der Biomasse als auch von der Unkrautfreiheit nicht wie gewünscht entwickelt. Eine gute Bodenbearbeitung und optimale Aussaat führt hier oft zu dem besseren Ergebnis.

Bonitur der Hauptkultur vor bzw. nach der Ernte Hierfür muss vor der Ernte der Bestand ebenfalls wie die Zwischenfrucht auf Bodenstruktur, Biomasse und Unkrautvorkommen bonitiert werden (siehe Abschnitt Zwischenfrucht-Bonitur in diesem Kapitel, S. 150). Die Ergebnisse müssen ähnlich optimal sein wie bei der Zwischenfrucht. Bei Getreide sollten beispielsweise mindestens 4–5 Tonnen Getreidestroh vorhanden sein, um eine gute Unkrautunterdrückung zu gewährleisten. Hier gilt die eigentlich immer zutreffende Losung: Ein guter Ertrag ist die beste Vorfrucht. Denn ein ertragsstarker Bestand heißt auch: Große Mengen an Ernterückständen, eine gute Bodenstruktur und wenig Unkrautvorkommen.

Verteilung der Ernterückstände Beim Drusch bzw. bei der Ernte muss grundsätzlich für eine flächige und gleichmäßige Verteilung der Rückstände gesorgt werden (z. B. eine gute Strohverteilung). Ist beispielsweise bei der Getreideernte kein Drescher mit entsprechend gutem Mulcher vorhanden, kann ein Strohstriegel für eine gleichmäßige Verteilung sorgen oder aber man drischt den Bestand hoch und mulcht dann die langen Stoppeln separat.

Sofortige Saat nach Ernte Die Direktsaat der Folgefrucht sollte bei einer Ernte im Sommer möglichst direkt nach der Ernte erfolgen. So kann man die Restfeuchte im Boden ausnutzen und dem Ausfallgetreide keine Chance geben, sondern dieses mit durch die nachfolgende Kultur unterdrücken. Der sich dadurch ergebende frühe Sätermin wirkt sich positiv auf die Biomassebildung der Zwischenfrucht aus.
Aufgrund der trockenen Bedingungen ist die Auswahl der Zwischenfruchtmischung wichtig für den Erfolg. Unter den Leguminosen kommen z. B. Körnererbsen besser mit trockenen Bedingungen klar als die feuchteliebenden Ackerbohnen, Lupinen und Wicken.

Wegfall der Stoppelbearbeitung Da bei einer Direktsaat die Stoppelbearbeitung wegfällt, darf der Ausfall möglichst wenig in Keimstimmung gebracht werden. Deshalb wird die Zwischenfrucht ohne jegliche Bodenbewegung und Bodenbearbeitung etabliert. Der Ausfall bleibt oberflächlich liegen und wird dort entweder aufgefressen oder verfault oder aber durch die neue Kultur effektiv unterdrückt. Bei der Stoppelbearbeitung gilt: Entweder ganz oder gar nicht. Entweder wird direkt und sofort die Folgekultur als Ausfallunterdrückung in Direktsaat etabliert, wie hier beschrieben, oder es muss eine mehrstufige ordentliche Stoppelbearbeitung erfolgen, um z. B. das Ausfallgetreide zu beseitigen.

Nach Sommerung oder Winterung Eine Direktsaat von Zwischenfrüchten nach einer Sommerung kann grundsätzlich als risikoärmer betrachtet werden als nach einer Winterung. Denn werden durch die fehlende Stoppelbearbeitung nicht alle Ausfallpflanzen kontrolliert, so machen diese in der darauf folgenden Kultur

Exkurs: Direktsaat/Direktpflanzung in Erntereste (*Fortsetzung*)

keine Probleme, da der Frost im Winter etwaige überlebende Pflanzen abtötet.
Indes kann eine Direktsaat nach einer Winterung durch die fehlende Stoppelbearbeitung problematisch sein, da die überwinternden und frostharten Ausfallpflanzen (vor allem in einer darauf folgenden Winterung) zum Problem werden können, wenn vor der Folgekultur keine optimale Bodenbearbeitung mehr möglich ist.
Vorfrucht beachten Die Vorfrucht ist entscheidend für die Wahl der Zwischenfrucht. Nach einem Getreide können nichtlegume, N-bedürftige Zwischenfruchtarten, wie zum Beispiel Brassicaceen oder Getreidearten aufgrund fehlender Nährstoffe keine so guten Bestände bilden wie leguminosenbetonte Gemenge. Bei der Direktsaat nach dem Drusch von Körnerleguminosen steht aufgrund der besseren Nährstoffversorgung der Böden eine größere Auswahl an Zwischenfruchtarten zur Verfügung.
Kombinierte Mulchsysteme Um eine Direktsaat in die Erntereste der Vorfrucht abzusichern, kann man zusätzlich auf die Stoppeln eine Schicht Transfer-Mulch ausbringen und damit die Mulchschicht verstärken (siehe Kapitel 14). Die Direktsaat von Zwischenfrüchten erfolgt entweder mit Direktsämaschinen direkt nach dem Drusch oder als Schneidwerkssaat. Bei der Schneidwerkssaat wird das Saatgut über einen pneumatischen Streuer am Mähdrescher auf den Stoppeln abgelegt, während das Druschgut inklusive Stroh durch die Maschine läuft. Eine entsprechende Säschiene ist hinter dem Schneidwerk des Dreschers angebracht. Nach der Überfahrt deckt der Häcksler am Drescher das Saatgut mit Stroh ab. Der Häcksler muss daher leistungsfähig sein, um eine gleichmäßige Strohabdeckung zu erreichen. Idealerweise keimt das Saatgut mithilfe der unter dem Stroh zirkulierenden Restfeuchte auf der Bodenoberfläche. Da das Saatgut nicht präzise im Boden abgelegt wird, eignet sich die Schneidwerksaat vor allem für Zwischenfruchtarten mit geringem Keimwasserbedarf. Bei der Abfuhr des Strohs ist eine Schneidwerkssaat selbstverständlich nicht möglich, eine Etablierung mit Direktsaattechnik aber erfolgsversprechend.
Grundsätzlich sind beide Methoden für die Etablierung von Zwischenfrüchten geeignet. Vorteilhaft ist, dass durch den Wegfall der Stoppelbearbeitung entscheidende Wachstumszeit für die Zwischenfrucht gewonnen wird. Außerdem wird die Restfeuchte im Boden durch die sofortige Saat nach dem Drusch gut genutzt. Zudem wird kein Stroh in den Boden eingearbeitet, was zu einer reduzierten Nährstoffverfügbarkeit und dadurch zu einem geringen Wuchs der Zwischenfrucht führen könnte. Nachteilig an den Methoden ist, dass die ausbleibende Bodenbearbeitung eine etwaige Altverunkrautung aus der Vorfrucht nicht beseitigt. Deshalb ist es umso wichtiger, direkt gesäte Zwischenfruchtbestände besonders kritisch zu begutachten, um zu entscheiden, ob sie auch für die folgende Hauptkultur eine Direktsaat ermöglichen können (siehe Abschnitt Zwischenfrucht-Bonitur in diesem Kapitel).
Die Alternative ist die Etablierung einer Zwischenfrucht nach Ernte der Vorkultur durch einen einmaligen flachen Unterschnitt (siehe Kapitel 10).

Beispiele für einzelbetrieblich erfolgreiche Direktsaaten in Erntereste

- Wintergetreide in das Stroh von gedroschenen Sonnenblumen, Leguminosen, Senf oder Buchweizen.
- Diverse Zwischenfrüchte und überjährige Futtermischungen (z. B. Landsberger Gemenge) nach dem Getreidedrusch oder anderen Kulturen, die vor Mitte August das Feld räumen.
- Direktpflanzung von Gemüse bei einer vorherigen Transfer-Mulchanwendung: Die Mulchschicht ist nach der Ernte noch dick genug und unkrautfrei, sodass eine nächste Kultur/ein nächster Satz direkt in die Mulchschicht und Erntereste der Vorfrucht gepflanzt werden kann (siehe Kapitel 12).

Distel, Quecke) sowie ein geringer Samenunkrautdruck sind daher Erfolgsfaktoren für das System. Wird dies nicht ernst genommen, drohen hohe Ertragsverluste bis Totalausfälle.

Neben der Unkrautfreiheit sollte man durch eine Vorerntebonitur Schläge ausgewählt haben, die im Betriebsvergleich außerdem überdurchschnittliche Erträge erbringen und eine gute Bodenstruktur vorweisen, die nährstoffmäßig gut versorgt sind und keine Defizite aufweisen.

Bodenbearbeitung zur Zwischenfrucht 

Die Bearbeitung vor der Aussaat der Zwischenfrucht ist wichtig. Sie bestimmt entscheidend mit über die Fähigkeit der Zwischenfrucht, ihre unkrautunterdrückenden Eigenschaften zu entfalten. Hier sollte ein präzises Arbeiten jegliche Vorverunkrautung beseitigen und ein möglichst perfektes, optimal gekrümeltes Saatbett für die Zwischenfrucht schaffen.

Ist der Schlag mit Unkraut belastet, dann ist eine intensive Unkrautkur vorzunehmen. Dies kann unter Umständen bedeuten, über einen Zeitraum von mehreren Monaten oder über ein ganzes Jahr hinweg eine intensive Bearbeitung mit schnell wachsenden Begrünungen (z. B. Buchweizen oder Rettich) zu kombinieren, bevor dann nach Bereinigung der Fläche eine Zwischenfrucht etabliert wird, die für eine Direktsaat genutzt werden soll.

Düngung der Zwischenfrucht 

Um eine ausreichende Biomasse zu bilden, muss die Zwischenfrucht ebenfalls auf die Nährstoffverfügbarkeit zu der gegebenen Stellung in der Fruchtfolge angepasst werden. Wird beispielsweise eine nichtlegume Zwischenfrucht zu einem Zeitpunkt gesät, wo wenige Nährstoffe aus Vorfrucht und Bodenvorrat verfügbar sind, ist es möglich, vor der Saat oder in den stehenden Bestand zu düngen. Dann kann die Zwischenfrucht ausreichend Biomasse bilden. Es ist unklar, ob diese Maßnahme tatsächlich das Unkrautvorkommen in der Hauptkultur reduziert. Denn mit einer Düngung der Zwischenfrucht düngt man natürlich auch etwaige Unkräuter mit. Die Düngungsmaßnahme sollte aber schon allein deshalb geprüft werden, weil die unzureichende Biomasse einer Zwischenfrucht ein Ausschlusskriterium für die Direktsaat ist.

Ausfallbekämpfung 

Soll in einem Bio-Direktsaatsystem Winterung nach Winterung angebaut werden (z. B. Wintererbse nach Winterweizen), ist besonders darauf zu achten, entweder bei der Bodenbearbeitung vor der Saat der Zwischenfrucht oder durch eine extrem dominante Zwischenfrucht etwaiges Ausfallgetreide (in diesem Fall den Winterweizen) zu beseitigen. Wächst dieses in der Sommerzwischenfrucht mit, wird es im Herbst beim Walzen nicht abgetötet und sorgt für Verunkrautung im darauf folgenden Winterungsbestand (Weizen im Wintererbsen-Bestand).

Anbau auf erhöhten Beeten im Gemüsebau

Um die Bodenerwärmung im Frühjahr zu beschleunigen, kann im Gemüsebau die Direktpflanzung auf erhöhten Beeten erfolgen und damit die mangelnde Erwärmung und die fehlende Nährstofffreisetzung in Direktpflanzungssystemen teilweise ausgleichen. Vorteilhaft ist die dauerhafte Anlage der Beete. So sollte man mit festen Fahrspuren und ggf. durch die Unterstützung von Lenkhilfen die Beete immer an derselben Stelle halten, bearbeiten und pflegen.

Unkrautunterdrückung Nährstoffversorgung Wärme/Klima

Aussaat der Zwischenfrucht

Die Zwischenfrucht muss im System Direktsaat verschiedene Funktionen erfüllen:

- Schaffung einer dicken Mulchauflage durch ausreichend Biomasse.
- Unkraut- und ausfallunterdrückend, um einen sauberen Bestand zu bilden.
- Schaffung einer perfekten Bodengare.
- Mechanisch ohne Bodenbearbeitung abtötbar.

Bei der Aussaat ist einiges zu beachten:

- Zwischenfrüchte müssen früh genug bestellt werden.
  - Abfrierende Sommerzwischenfrüchte sollten bis Mitte August etabliert werden (getreu dem Spruch „Ein Tag Pflanzenwachstum im Juli ist wie eine Woche im August ist wie der ganze September".
  - Auch Winterzwischenfrüchte müssen zum idealen Zeitpunkt im Herbst und nicht zu spät etabliert werden. Allerdings hängt die Biomassebildung von Winterzwischenfrüchten maßgeblich von ausreichender Wachstumszeit im Frühjahr ab: 10 Tage Wachstum im Frühjahr entsprechen 50 Tagen früherer Saatzeitpunkt im Herbst.
- Je später der Saatzeitpunkt, desto höher muss die Saatstärke sein.

Zusammensetzung Zwischenfrucht

Optimierungsmöglichkeiten bestehen hier für Gare, Unkrautunterdrückung, Nährstoffversorgung, Wärmehaushalt, Wasserverfügbarkeit und Technik. Die Direktsaatsequenz beginnt mit der Auswahl der Zwischenfrucht/Zwischenfruchtmischung. Diese Entscheidung muss bereits vor der Ernte der Vorkultur getroffen werden, um rechtzeitig vor der Aussaat das nötige Saatgut zu besorgen. Will man beispielsweise eine überwinternde Zwischenfrucht im Oktober säen, muss man sich im Frühjahr über die Zusammensetzung der Zwischenfrucht Gedanken machen.

Abb. 13.4 Optimaler Auflauf einer überwinternden Zwischenfrucht im Herbst.

Die Zwischenfrüchte müssen optimal auf die Nachfrüchte abgestimmt werden. Die Eigenschaften einer Zwischenfrucht lassen sich anhand ihres Getreide- oder Leguminosenanteils charakterisieren:
Je höher der Getreideanteil oder nichtlegume Anteil einer Zwischenfrucht, ...

- desto höher das C/N-Verhältnis,
- desto langsamer zersetzt sich die Mulchauflage,
- desto weniger Nährstoffe werden aus dem Mulch frei,
- desto länger wirkt die Mulchschicht unkrautunterdrückend und
- desto mehr Nährstoffe werden für eine gute Biomassebildung benötigt.

Je höher der Leguminosenanteil einer Zwischenfrucht, ...

- desto geringer das C/N-Verhältnis,
- desto schneller zersetzt sich die Mulchauflage,
- desto mehr Nährstoffe werden aus dem Mulch frei,
- desto weniger lang wirkt die Mulchschicht unkrautunterdrückend und
- desto weniger Nährstoffe werden für eine gute Biomassebildung benötigt.

Daraus abgeleitet ergeben sich Planungsgrundsätze und Fragen für die Auswahl einer Zwischenfrucht in der Bio-Direktsaat:

Technik · Wasserverfügbarkeit

- Je länger die Kulturdauer der Hauptkultur, desto höher sollte der Getreideanteil in der Zwischenfrucht sein.
- Je kürzer die Kulturdauer der Hauptkultur, desto höher darf der Leguminosenanteil in der Zwischenfrucht sein.
- Je höher der N-Bedarf der Hauptkultur. desto höher sollte der Leguminosenanteil in der Zwischenfrucht sein.
- Kann die Zwischenfrucht mit den Restnährstoffen nach der Ernte der Vorkultur ausreichend Biomasse bilden?
- Müssen nach der Ernte der Vorkultur große Mengen an Restnährstoffen konserviert werden?
- Falls die Zwischenfrucht nicht abfriert vor dem Saattermin der Folgekultur: Wann blühen die verschiedenen Komponenten der Zwischenfrucht? Passt dies mit dem Saattermin der Hauptkultur zusammen?

	N-Bedarf	hoch	niedrig
Konkurrenzkraft	hoch	leguminosenbetont	
	niedrig	getreidebetont	extrem getreidebetont

Eine unterschiedliche Beantwortung dieser Fragen verdeutlichen zwei Beispiele:

Beispiel 1: Am Ende einer recht langen Fruchtfolge sollen Ackerbohnen in Direktsaat angebaut werden. Die relative Konkurrenzschwäche und der niedrige N-Bedarf der Ackerbohnen legt eine getreidedominante Zwischenfrucht nahe, z. B. Rauhafer, der Unkraut im Wachstum und später durch eine dicke Mulchschicht gut unterdrückt. Damit der Rauhafer vor dem Winter genug Biomasse bildet, muss er aufgrund der späten Stellung in der Fruchtfolge vor oder nach der Aussaat im Sommer mit einem Wirtschaftsdünger gedüngt werden. Saattermin der Zwischenfrucht ist spätestens Mitte August, Direktsaat der Ackerbohnen im darauf folgenden Frühjahr.

Beispiel 2: Relativ spät in der Fruchtfolge soll ein Winterweizen angebaut werden. Die Ertrags- und Qualitätsziele für diesen Weizen sind dennoch hoch. Winterweizen ist vergleichsweise konkurrenzstark und vor allem in dieser Fruchtfolgestellung sehr N-bedürftig. Die Auswahl der Zwischenfrucht fällt daher auf ein vielfältiges leguminosendominantes Gemenge, welches spätestens Mitte August gesät wird. Die Direktsaat des Winterweizens erfolgt in die Mulchschicht der Zwischenfrucht im Oktober.

Mehrjährige, ausdauernde Begrünungen sind für die Direktsaat überhaupt nicht geeignet, da sie nicht mechanisch ohne Bodenbearbeitung abzutöten sind.

Neben den oben genannten Funktionen für eine Direktsaat können noch weitere Funktionen von Zwischenfrüchten bei der Auswahl der Mischung mitbedacht werden:

Reine Getreide-Zwischenfrüchte Reine Getreidebestände sind bei ausreichendem Nährstoffangebot dominant im Wachstum und entziehen dem Boden viele Nährstoffe, die dem Unkraut nicht mehr zur Verfügung stehen. Die Mulchdecke mit hohem C/N-Verhältnis, die sie hinterlassen, wird nur langsam abgebaut und unterdrückt Unkräuter daher recht lang. Dies steht allerdings im Widerspruch zur Funktion der N-Fixierung und -Verfügbarmachung durch Zwischenfrüchte. Eine Zudüngung zur Hauptkultur bei reinen Getreide-Zwischenfrüchten ist daher oft nötig.

Reine Leguminosen-Zwischenfrüchte Auf Flächen mit sehr geringem Nährstoffgehalt können hingegen leguminosen-betonte Zwischenfrüchte im Vorteil bei der Unkrautunterdrückung sein. Sie stellen zudem mehr Nährstoffe für die Folgekultur zur Verfügung. Ihre Mulchschicht ist aber in geringerem Maße unkautunterdrückend und wird schnell abgebaut. Reine Leguminosenbestände sollten, wenn überhaupt, dort gewählt werden, wo entweder sehr konkurrenzstarke Hauptkulturen folgen oder Hacktechnik für die Unkrautregulierung im Direktsaatbestand vorhanden ist (siehe Abschnitt Unkrautbonitur und Unkrautregulierung in diesem Kapitel, S. 178).

Gemenge Aufgrund dieser widersprüchlichen Anforderungen sollte man grundsätzlich mit Zwischenfruchtmischungen bzw. Zwischenfruchtgemengen arbeiten. Die Artenzusammensetzung ist systemspezifisch zu wählen. Durch ihre Vielfalt sind Gemenge oft sicherer und konkurrenzstärker in der Unkrautunterdrückung; sie bilden im Schnitt mehr Biomasse und eine dickere Mulchschicht. Auch unter dem Gesichtspunkt der Unkrautunterdrückung ist ein Gemenge aus Arten anzustreben, das den Boden schnell bedeckt, Unkräuter schnell unterdrückt und ihnen zusätzlich durch z. B. N-Aufnahme wichtige Nährstoffe stielt und viel Biomasse bindet.

Auch wenn in den oben genannten Beispielen die Überlegungen klar auf eine Zwischenfruchtart wie Getreide oder Leguminosen hinweisen, ist es in den meisten Fällen dennoch sinnvoll, eine Beimischung eines geringen Anteils des Gegenparts im Umfang von 5–20 % in Erwägung zu ziehen. Ein geringer Anteil von Leguminosen in einer getreidedominanten Mischung führt zu einer besseren Unkrautunterdrückung in der Jugendentwicklung. Außerdem regen die Leguminosen das Wachstum der Nichtleguminosen an. Ein geringer Anteil an Getreide in einer leguminosenbetonten Mischung erhöht die Standfestigkeit der Leguminosen und führt dadurch zu einer größeren Photosynthese-Fläche des Zwischenfruchtbestandes, welches wiederum die Biomassebildung anregt. Zu beachten ist, dass je höher die N-Menge zur Saat des Gemenges, desto dominanter wird der Getreideanteil sich durchsetzen. Außerdem muss der Blühzeitpunkt des in geringer Menge beigemischten Partners vor dem Blühzeitpunkt der Hauptkomponenten liegen oder mit diesem zusammenfallen.

Abb. 13.5 Direktsaatfähiger Winterwicke-Bestand.

Abb. 13.6 Direktsaatfähiger Wintererbsen-Bestand.

Abb. 13.7 Direktsaatfähiger Mischungsbestand (Triticale, Zottelwicke, Wintererbse).

Tab. 13.1 Funktionskomponenten für Zwischenfruchtmischungen.

Trockenkeimer	Buchweizen, Alexandrinerklee, Sonnenblumen, Ramtillkraut (*Guizotia abyssinica*), Lupinen, Platterbse, Öllein, Perserklee, Sorghum
Trockentolerante	Pannonische Wicke, Platterbse, Buchweizen, Serradella, Sonnenblume, Senf, Ölrettich, Sparriger Klee
Tiefwurzler	Futterraps, Sonnenblumen, Alexandrinerklee, Lupinen, Ackerbohnen, Öllein, Esparsette, Ölrettich, Luzerne, Steinklee
Flachwurzler	Buchweizen, Wiesenschwingel, Weiß- und Gelbklee
N-Absenker (z. B. vor Leguminosen)	Sudangras (*Sorghum sudanese*), Zuckerhirse (*Sorgum saccharatum*), Wintergetreide, Sommergetreide (z. B. Rauhhafer, Schwarzhafer), Perlhirse, Kolbenhirse
Stickstofffixierer	Alle Leguminosen
Phosphoraufschluss	Phacelia (aus organischen Fraktionen), Buchweizen (aus anorganischen Fraktionen), Raps
Mykorrhizabildner	Alle Arten außer: Weiße Lupine, Kreuzblütler (Raps, Senf, Kohle, Meerrettich, Rettich, Radies, Kresse, Herbst-/Mairübchen usw., Kohlrübe/Unkräuter: Hederich, Ackerhellerkraut, Hirtentäschel, Senf, Raukenarten), Gänsefuß- und Amaranthgewächse (Zucker-/Futterrübe, Rote Beete, Spinat, Mangold/Unkräuter: Weißer Gänsefuß, Meldearten, Amarantharten), Knöterichgewächse (Buchweizen, Rhabarber/Unkräuter: Ampferarten, Knötericharten), Nelkengewächse (Unkräuter: Vogelmiere, Kornrade, Ackerspörgel).
Dominanzwuchs	Ölrettich, Buchweizen, Senf (Lichtkonkurrenz mit schneller Jugendentwicklung); Rauhafer, Welsch. Weidelgras und Sorghumhirse (Wurzelkonkurrenz). Sudangras (Verdrängung durch spätes Massewachstum)
hemmend-allelopathisch auf Getreide und Brassicaceen	Hafer, Rauhafer[1] (*Avena strigosa*)
schwarz abfrierend[2]	Sommerackerbohnen, Ramtillkraut, Sonnenblumen, Sommerkleearten, Phacelia, Öllein, Platterbse
Siliziumaufschluss[3]	Buchweizen, Phacelia, Öllein
leicht abfrierend	Sommergrob- und -feinleguminosen, einjährige Gramineen, Sommerrübsen, Sonnenblumen, Buchweizen, Öllein, Ramtillkraut, Rauhafer, Senf
mittelleicht/nicht sicher abfrierend	Phacelia, Hafer, Serradella, Ölrettich
winterhart	Wintergetreide, Wintergrob- und -feinleguminosen, mehrjährige Gramineen, Winterfutterraps, Futtermalven, Winterrübsen, Winterfutterraps
besonders garefördernd[4]	Inkarnatklee, Wicken
Langtagpflanzen[5]	Senf, Kresse, Buchweizen
Blühzeitpunkt spät	W-Triticale, W-Roggen, W-Erbse, Winterwicke (Zottelwicke), Winterwicke (Pannonische Wicke), W-Ackerbohne
Blühzeitpunkt früh	W-Gerste, Inkarnatklee, W-Raps/Rübsen, winterharte Saatwicke (z. B. Sorte Cristal)

Tab. 13.1 Funktionskomponenten für Zwischenfruchtmischungen (*Fortsetzung*).

Allelopathisch, aber wie?	Grünschnittroggen, Futterraps, Sommerrübsen, Weiße Lupinen, Einjähriges Weidelgras
Schwer walzbar (in Vollblüte) ggf. zu späterem Zeitpunkt möglich	Zottelwicke, Wintererbse
Nicht für Transfer-Mulch geeignet, da matschige Konsistenz beim Schlegeln	Grobleguminosen, Unkraut

1 Anderer Name ist Sandhafer
2 Die schwarze Farbe hemmt die Bodenerwärmung im Frühjahr weniger als bleiche Farben
3 Pflanzenverfügbares Silizium fördert die mechanische Resistenz von Pflanzenzellen und ist eine wichtige Substanz beim Auskleiden der Röhren von Würmern mit Humustapeten
4 Inkarnatklee und Wicken besitzen nach Edwin Scheller ein Aminosäuremuster im Wurzeleiweiß, welches dem des Humus sehr gleicht
5 Gehen bei Sommersaat schnell in die Blüte

Trockenheitstolerante Arten Neben den oben beschriebenen Kriterien können auf trockenen bzw. sehr nassen Standorten Zwischenfruchtarten gewählt werden, die an die jeweiligen Bedingungen angepasst sind. Vor allem Trockenkeimern und trockenheitstoleranten Arten, die sehr wassereffizient Biomasse bilden, kommt hier eine Schlüsselrolle zu.

Timing und Blühzeitpunkt der Zwischenfrucht

Hier bestehen Optimierungseinflüsse hinsichtlich Unkrautunterdrückung, Nährstoffversorgung, Wärmehaushalt, Wasserverfügbarkeit und Technik. Vor der Aussaat der Hauptkultur muss die Zwischenfrucht abgetötet werden, um die erforderliche Mulchschicht zu bilden. Dies erfolgt entweder durch Frost oder mechanisch durch Quetschen mit der Walze im Zwischenfruchtbestand zur Vollblüte.

Beim Timing ist darauf zu achten, dass der Zeitraum zwischen Abtöten der Zwischenfrucht und Etablierung der darauf folgenden Hauptkultur möglichst klein ist. Das heißt, dass z. B. keine in den Wintermonaten abfrierenden Zwischenfrüchte, für spät, erst im Mai gesäte Sommerungen genutzt werden können. Die Mulchschicht baut sich über den Winter bereits ab, und da die Vegetationsperiode im März beginnt, steht der Zeitraum bis zur Saat im Mai ohne Bodenbearbeitung für das Wachstum der Unkräuter zur Verfügung. Dadurch sind bis zur Saat der Hauptkultur kaum noch Mulch und zusätzlich gut entwickelte Unkräuter vorhanden.

Entsprechend muss der Zeitpunkt der Blüte der Zwischenfrucht mit dem Aussaatzeitpunkt abgestimmt werden. Hier einige Beispiele:

Unkrautunterdrückung  Nährstoffversorgung  Wärme/Klima  Wasserverfügbarkeit  Technik

Sätermin Hauptkultur Oktober

Aussaat Zwischenfrucht:	spätestens Mitte August
Terminierungsverfahren Zwischenfrucht:	Messerwalze
Vollblüte/erster Fruchtansatz:	–
Beispiel Zwischenfrucht:	Alle abfrierenden Zwischenfruchtarten
Saat Folgekultur:	Oktober
Kombinationsbeispiel:	Winterweizen nach Zwischenfrucht Leguminosengemenge

Sätermin Hauptkultur März–April

Aussaat Zwischenfrucht:	spätestens Mitte August
Terminierungsverfahren Zwischenfrucht:	Abfrieren
Vollblüte/erster Fruchtansatz:	–
Beispiel Zwischenfrucht:	Alle abfrierenden Zwischenfruchtarten
Saat Folgekultur:	März–April
Kombinationsbeispiel:	Ackerbohnen nach Zwischenfrucht Rauhafergemenge Gemüse nach Zwischenfrucht „Tiefenrettich“

Sätermin Hauptkultur Mitte Mai

Aussaat Zwischenfrucht:	September/früher Oktober
Terminierungsverfahren Zwischenfrucht:	Messerwalze
Vollblüte/erster Fruchtansatz:	Mitte Mai (Gunstlage Anfang Mai)
Beispiel Zwischenfrucht:	Wintergerste, winterharte Saatwicke Winterraps, Inkarnatklee, Wintererbsen
Saat Folgekultur:	Mitte Mai (Gunstlage Anfang Mai)
Kombinationsbeispiel:	Mais nach Winterzwischenfrucht Wintererbsengemenge Gemüse nach Zwischenfruchtgemenge

Sätermin Hauptkultur Ende Mai

Aussaat Zwischenfrucht:	spätestens Ende Oktober
Terminierungsverfahren Zwischenfrucht:	Messerwalze
Vollblüte/erster Fruchtansatz:	Ende Mai (Gunstlage Mitte Mai)
Beispiel Zwischenfrucht:	Winterroggen, Wintertriticale, Zottelwicke, Pannonische Wicke, Wintererbse
Saat Folgekultur:	Ende Mai (Gunstlage Mitte Mai)
Kombinationsbeispiel:	Soja nach Zwischenfrucht Winterroggen Gemüse nach Zwischenfruchtgemenge

Gestaffelte Pflanzzeitpunkte im Gemüsebau

Aussaat Zwischenfrucht:	jederzeit ab April möglich
Terminierungsverfahren Zwischenfrucht:	Messerwalze
Vollblüte/erster Fruchtansatz:	ca. 8 Wochen nach Aussaat
Beispiel Zwischenfrucht:	Alle Sommerzwischenfrüchte
Saat Folgekultur:	ab Anfang Juni bis Ende Oktober
Kombinationsbeispiel:	Gemüse im Juni nach Zwischenfrucht Leguminosengemenge

Exkurs: Unterschiede zwischen Pannonischer Wicke und Zottelwicke

Mit der Pannonischen Wicke und der Zottelwicke stehen zwei Winterwickenarten zur Auswahl. In der Biomasse ist die Zottelwicke auf den meisten Standorten klar überlegen; sie bildet massigere Bestände. Die Zottelwicke blüht allerdings später, was für die Direktsaat/Direktpflanzung ein Problem darstellen kann, da sie hierdurch schwerer mit der Quetschwalze abzutöten ist.

Ebenso fürchten sich einige Betriebe vor der Hartschaligkeit der Zottelwicke. Dies bedeutet, dass nicht alle Samen bei der Aussaat keimen und in den Folgejahren die ausgebrachte Winterwicke zu unterschiedlichen Zeitpunkten auflaufen und zum Unkraut werden kann. Diese Gefahr besteht bei der Pannonischen Wicke ebenfalls nicht.

Ob eine Mulchauflage aus einer abgestorbenen Zwischenfrucht Unkraut zuverlässig unterdrückt, ist von verschiedenen Faktoren abhängig:

- Unkrautdruck auf dem jeweiligen Schlag (Samen pro m²)
- Trockenmasse der Zwischenfrucht/ Mulchauflage (TM/ha oder Dicke in cm)
- Konkurrenzkraft der Hauptkultur (Wochen bis Reihenschluss)
- C/N-Verhältnis Mulchauflage
- Wurzelunkräuteranteil (in %)
- Niederschlagsmenge
- Bewässerung und Düngungsart

Abb. 13.9 Üppige Sommerzwischenfrucht zur Etablierung von Kulturen im Spätsommer/Herbst.

Abb. 13.8 Früh blühende Winterzwischenfruchtmischung: Gerste, Inkarnatklee, winterharte Saatwicke (z. B. Sorte Crystal).

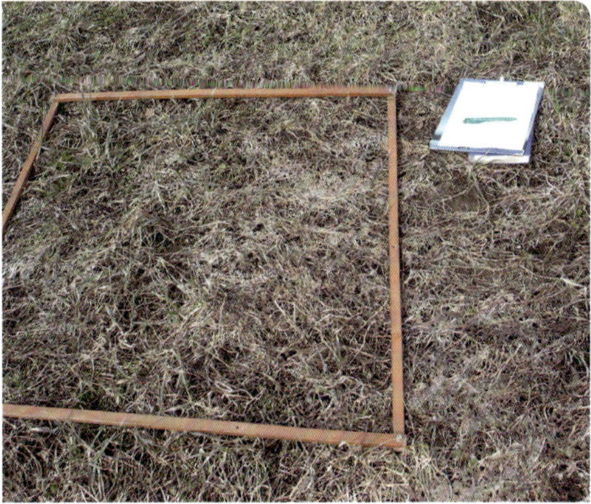

Abb. 13.10 Sauber abgefrorener Zwischenfruchtbestand (hier: Sommerwicke) für die frühe Aussaat von Sommerungen ab März/April (hier: Sommerhafer).

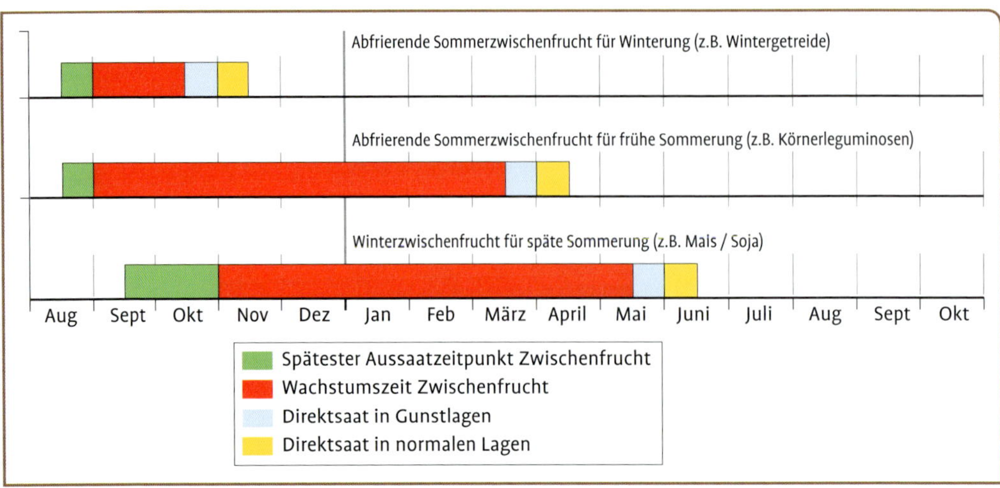

Abb. 13.11 Ackerbauliche Staffelung von verschiedenen Direktsaat-Sequenzen mit Winter- und (abfrierenden) Sommerzwischenfrüchten.

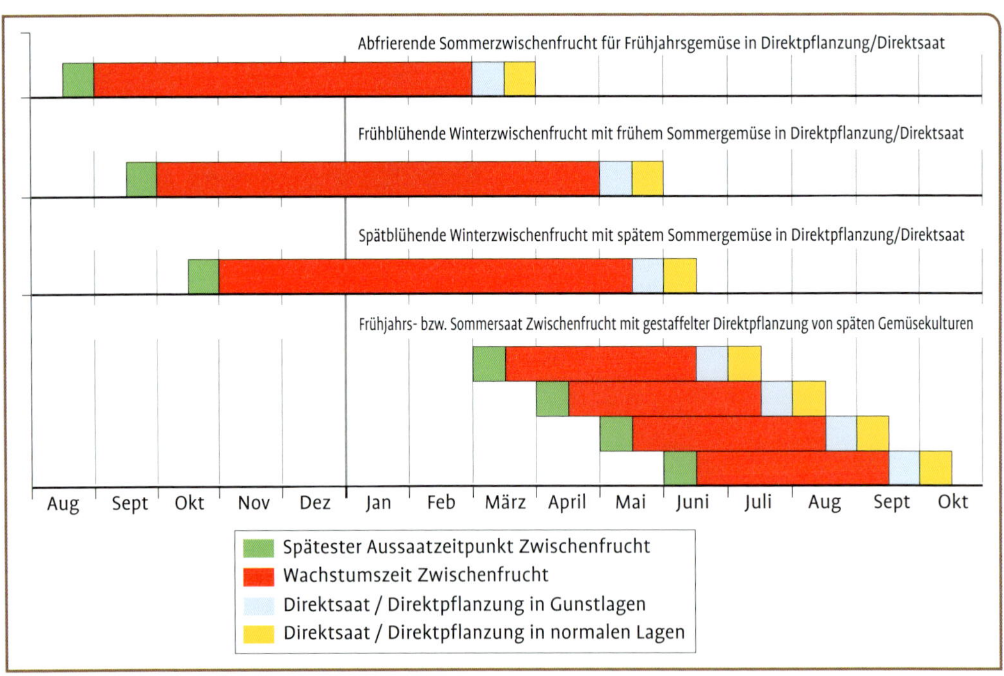

Abb. 13.12 Gemüsebauliche Staffelung von verschiedenen Direktpflanzungs-Sequenzen mit Winter- und (abfrierenden) Sommerzwischenfrüchten.

Tab. 13.2 Einfluss verschiedener Faktoren auf die Fähigkeit einer Mulchauflage zur Unkrautunterdrückung.

Faktor	**Wahrscheinlichkeit von guter Unkrautunterdrückung**			
		Niedrig	**Mittel**	**Hoch**
Mulchmenge	t/ha	<5	5–10	>10
	Bodenbedeckung in %	<75	75–95	>95
	Dicke in cm	5	5–10	>10
Mulchqualität	C/N-Verhältnis	<15	15–25	>25
Mehrjährige Unkräuter	in % an Gesamt-Unkraut	<20	2–20	<2
Minimum Weed-free Period	Dauer bis Bestandesschluss in Wochen	>6	4–6	<4
Niederschlag	in mm/Monat	10	5–10	<5
Bewässerungsart		Flächig/ Überkopf	Streifenweise	Tröpfchen

Exkurs: Diversifizierung von Zwischenfrüchten/Kleegras

Jenseits der Direktsaat sollten Zwischenfrüchte und Kleegras, wenn immer möglich, diversifiziert werden.

Überwinternde und abfrierende Zwischenfrüchte kombinieren. Ist nicht die Direktsaat das Ziel, sondern eine diverse Zwischenfrucht, dann können abfrierende Zwischenfrüchte im August gemeinsam mit überwinternden Zwischenfrüchten in Mischung gesät werden. Bis zum Herbst bzw. ersten Frost ist dann die abfrierende Sommerzwischenfrucht im Wachstum präsent; nach deren Absterben und im darauf folgenden Frühjahr nehmen dann die überwinternden Komponenten das Wachstum auf. Zusätzlich können die überwinternden Komponenten aus der abfrierenden Zwischenfrucht frei werdende Nährstoffe aufnehmen und verwerten.

Bewährt sich eine gleichzeitige Saat beider Mischungen nicht, kann auch absetzig gearbeitet werden. Dabei wird die Sommerzwischenfrucht z. B. im Herbst niedergewalzt und eine überwinternde Zwischenfrucht in Direktsaat in die entstandene Mulchschicht gesät. Dies sichert einen optimalen Aussaatzeitpunkt für die überwinternde Zwischenfrucht.

Kleegras mit Direktsaat Zwischenfrucht diversifizieren. Grundsätzlich ist es ebenfalls möglich, in ein gerade geschnittenes, stehendes Kleegras mit Direktsaat Zwischenfruchtkomponenten einzuschlitzen. Da davon auszugehen ist, dass die Zwischenfrucht sich in Konkurrenz zum bereits etablierten Kleegras befindet, kann man mit nicht annähernd so dichten Aufwüchsen wie bei einer Blanksaat rechnen, weshalb nicht zu teure Komponenten gewählt werden sollten. Trotz einer gedämpften Entwicklung kann Kleegras von der Kombination mit Zwischenfruchtkomponenten stark profitieren, was z. B. die Garebildung angeht. Wird dieser diverse Aufwuchs dann als Transfer-Mulchmaterial genutzt, kann man z. B. durch zuvor eingeschlitzte legume Komponenten das C/N-Verhältnis des Mulchmaterials nach unten und durch das Einschlitzen von nichtlegumen Komponenten nach oben korrigieren.

Sortenwahl

Unkrautunterdrückende Biomasse-Sorten 

Die Sortenwahl spielt beim Unkrautunterdrückungspotenzial einer Zwischenfrucht eine entscheidende Rolle. So sollten Sorten gewählt werden, die eine schnelle Jugendentwicklung haben, den Boden schnell bedecken und auch von der Blattstellung und Blattmasse her konkurrenzstark gegen Begleitpflanzen sind. Außerdem sollten Sorten gewählt werden, die in möglichst kurzer Zeit möglichst viel Biomasse bilden und dadurch eine möglichst starke Mulchauflage hinterlassen, die Unkräuter lange unterdrückt. Des Weiteren sollten die Sorten einen möglichst frühen Blühzeitpunkt haben.

Vor allem z. B. bei Grünschnitt-Getreidearten, die in Zwischenfrüchten Verwendung finden, macht die Sortenwahl große Unterschiede. Mit Hinblick auf diese Kriterien wurde in den letzten Jahren großer Züchtungsfortschritt erreicht. Die z. B. oft für die Biogas-Verwertung gezüchteten Sorten sind auch sehr gut für die Direktsaat geeignet. Aber nicht nur bei Getreidearten gibt es eine Auswahl. Auch bei Leguminosen gibt es durchaus eine Vielfalt in der Sortenauswahl, bei der ein genaueres Hinschauen und Auswählen lohnt.

Weitere Kriterien für die Sortenwahl bzw. Zuchtziele für zukünftige Sorten könnten, jenseits der oben erwähnten Biomasse- und Blühanforderungen sein: Geringere Lagerneigung, schneller Bestandesschluss (Blattstellung) und eine höhere allelopathische Aktivität der Zwischenfrucht gegen Unkräuter.

Schnell wachsende, früh blühende Sorten 

Diese Maßnahme optimiert den Wärmehaushalt. Ähnlich wie für eine effektive Unkrautunterdrückung ist auch für Regionen mit kürzerer Vegetationsperiode die Sortenwahl bei den Zwischenfrüchten entscheidend. Sorten mit einem möglichst frühen Blühzeitpunkt erlauben ein frühes Abtöten und eine frühe Etablierung der Hauptkultur.

Aussaatzeitpunkt

Früh genug säen 

Zwischenfrüchte sollten – um ausreichend Biomasse für die Bio-Direktsaat zu bilden – nicht zu spät gesät werden. So kann die Unkrautunterdrückung optimiert werden. Dies ist vor allem bei Sommerzwischenfrüchten entscheidend. Eine Aussaat sollte hier bis spätestens Mitte August erfolgt sein. Bei Winterzwischenfrüchten führt eine frühere Aussaat unter Umständen ebenfalls zu einer besseren Unkrautunterdrückung und Biomassebildung. Vorhandene Zeitfenster im Spätsommer bzw. frühen Herbst vor dem optimalen Aussaatzeitpunkt für Winterzwischenfrüchte sollte man zur Bodenbearbeitung und für ggf. notwendige Unkrautbekämpfung nutzen. Eine zu späte Aussaat von Winterzwischenfrüchten lässt sich durch erhöhte Saatstärken zum Teil ausgleichen. Wird eine Zwischenfrucht früh im Herbst gesät, ist der Blühzeitpunkt im darauf folgenden Frühjahr nicht früher.

Aussaatzeitpunkt verzögern 

Für ein optimales Auflaufen der Zwischenfrucht, sollte die Aussaat vor möglichst sicheren Niederschlagsereignissen stattfinden. Dies verbessert deutlich die Wasserverfügbarkeit.

Aussaatstärke 

Da Zwischenfrüchte das Unkraut optimal unterdrücken sollen, sollten die Saatstärken der Mischungen und Reinkulturen leicht erhöht werden. So lassen sich lückige Bestände vermeiden. Je später die Saat (vor allem bei Winterzwischenfrüchten), desto höher die Saatstärke. Eine Verdoppelung der Saatstärke bei Zwischenfrüchten mit geringen Saatgutkosten (z. B. Roggen) kann die Unkrautunterdrückung maßgeblich verbessern.

Unkrautunterdrückung · Wärme/Klima · Wasserverfügbarkeit

Zone-Seeding / Precision Planting

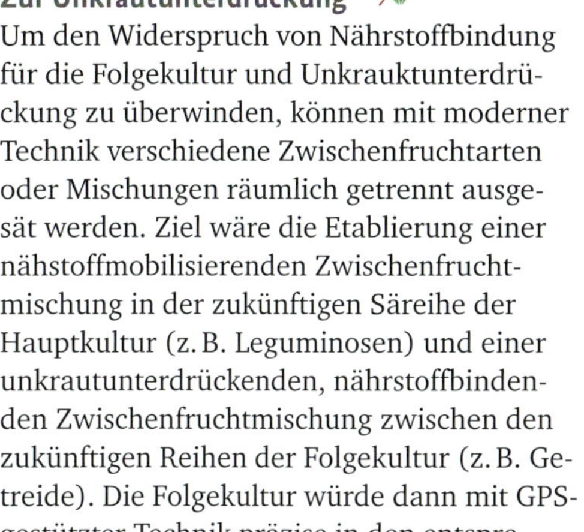

Zur Unkrautunterdrückung

Um den Widerspruch von Nährstoffbindung für die Folgekultur und Unkrauktunterdrückung zu überwinden, können mit moderner Technik verschiedene Zwischenfruchtarten oder Mischungen räumlich getrennt ausgesät werden. Ziel wäre die Etablierung einer nähstoffmobilisierenden Zwischenfruchtmischung in der zukünftigen Säreihe der Hauptkultur (z. B. Leguminosen) und einer unkrautunterdrückenden, nährstoffbindenden Zwischenfruchtmischung zwischen den zukünftigen Reihen der Folgekultur (z. B. Getreide). Die Folgekultur würde dann mit GPS-gestützter Technik präzise in den entsprechenden Reihen mit nährstoffmobilisierender Zwischenfrucht etabliert. Die Blühzeitpunkte der beiden Komponenten müssen selbstverständlich weiterhin passen.

Zur Nährstofffreisetzung

Wie oben beschrieben kann man durch eine räumliche Aufteilung der Zwischenfrucht z. B. ein Leguminosengemenge in der zukünftigen Sä- und Pflanzreihe der Hauptkultur etablieren, welches dann mehr Nährstoffe freisetzt, als wenn es flächig in einem Gemenge etabliert worden wäre.

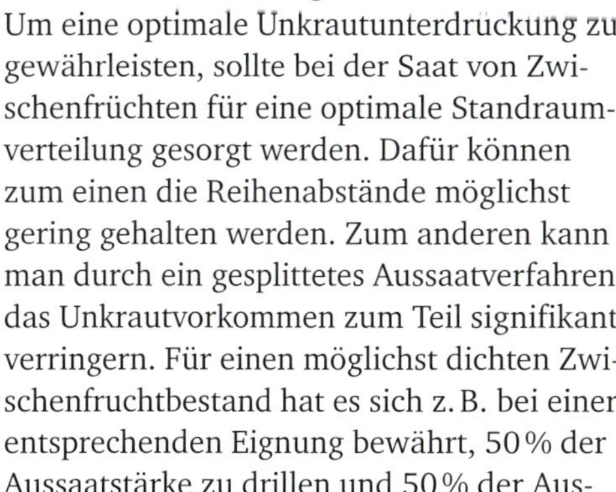

Standraumverteilung

Um eine optimale Unkrautunterdrückung zu gewährleisten, sollte bei der Saat von Zwischenfrüchten für eine optimale Standraumverteilung gesorgt werden. Dafür können zum einen die Reihenabstände möglichst gering gehalten werden. Zum anderen kann man durch ein gesplittetes Aussaatverfahren das Unkrautvorkommen zum Teil signifikant verringern. Für einen möglichst dichten Zwischenfruchtbestand hat es sich z. B. bei einer entsprechenden Eignung bewährt, 50 % der Aussaatstärke zu drillen und 50 % der Aussaatstärke oberflächlich breit zu streuen.

Abb. 13.13 In der Sä- bzw. Pflanzreihe steht eine Leguminose (in diesem Fall Inkarnatklee) oder eine Leguminosenmischung zur Nährstoffversorgung der Pflanze. Zwischen den Reihen steht eine Nichtleguminose (in diesem Fall Roggen) oder eine Nichtleguminosenmischung zur Unkrautunterdrückung.

Tiefenlockerung in Zwischenfrucht  

Eine Tiefenlockerung ist eine weitere Maßnahme zur Unkrautunterdrückung. Die Tiefenlockerung im jungen, stehenden Bestand oder kurz vor bzw. nach der Saat (siehe Kapitel 9) kann die Biomassebildung der Zwischenfrucht optimieren, weil sie den Wurzelraum besser erschließen kann.

Kulturführung der Zwischenfrucht

Bewässerung Zwischenfrucht 

Wenn die Möglichkeit besteht, lohnt es sich, gerade in Bio-Direktsaatsystemen die so elementar auf die Biomasse und Mulchdecke aus der Zwischenfrucht angewiesen sind, die Zwischenfrüchte zu beregnen. Dies fördert die Biomassebildung und sichert die Zwischenfrüchte auch in Trockenphasen ab.

Nährstoffversorgung · Gare

Exkurs: Leguminosenmüdigkeit durch hohen Leguminosenanteil im Zwischenfruchtbau?

Unter dem Begriff Leguminosenmüdigkeit werden unspezifische Wuchsdepressionen an Körner- und Futterleguminosen bezeichnet, die bis zum Totalausfall von Kulturen oder Zwischenfruchtkomponenten führen können. Die Ursachen hierfür sind vielfältig. Unter anderem werden pilzliche Schaderreger hierfür verantwortlich gemacht. Untersuchungen zeigen, dass verdächtige Erreger bei vielen Leguminosenarten ihren Wirt finden. Für einen Schaderreger sind beispielsweise die legumen Pflanzengattungen *Vicia*, *Pisum*, *Phaseolus*, *Lens*, *Lupinus* sowie *Trifolium*- und *Medicago*-Arten Wirtspflanzen. Die Fachberatung empfiehlt deshalb 5–10 Jahre Anbauabstände zwischen all diesen Familien – unabhängig davon, ob als Hauptkultur, im Gemenge oder in der Zwischenfrucht. Als einzige relativ fruchtfolgeneutral verhielten sich Sojabohnen und Weißklee. Auf der anderen Seite gibt es viele Betriebe, die fast jährlich Leguminosen in ihren Zwischenfrucht-Mischungen verwenden – und dies zum Teil über Jahrzehnte, ohne jemals Probleme mit Leguminosenmüdigkeit zu bekommen. In diesem Falle wird immer wieder diskutiert, inwieweit eine gute Bodenstruktur und eine hohe bodenbiologische Aktivität eine suppressive, also unterdrückende Wirkung auf die entsprechenden Schaderreger haben könnte. Geklärt ist diese Frage allerdings nicht.
Die Entscheidung, wie eng die Anbauabstände von Leguminosen in Hauptkultur, Gemenge und in der Zwischenfrucht gewählt werden, obliegt letztendlich dem Betriebsleiter. Ebenso wie viel suppressive Wirkung er sich aus seinem Boden erhofft. Fest steht, dass gerade Betriebe, die in ihrer Fruchtfolge oder in betriebswirtschaftlicher Hinsicht existenziell abhängig vom Anbau von z. B. Körnerleguminosen sind (z. B. Tiefkühl-Erbsen) gut daran tun, die Ratschläge der Fachberater zu befolgen – allein schon aus Gründen der Risikominimierung.

Zwischenfrucht-Bonitur   

Ist die Zwischenfrucht gewählt und zum richtigen Zeitpunkt hauptfruchtmäßig bestellt worden, folgt als nächster entscheidender Schritt in der Direktsaatsequenz die Zwischenfrucht-Bonitur.

Diese erfolgt immer kurz vor dem Zeitpunkt, zu dem die Zwischenfrucht optimalerweise eingearbeitet würde. Oft ist dies der Fall, wenn die Zwischenfrucht ungefähr kniehoch ist oder im Frühjahr, wenn die Zwischenfrucht abgefroren auf dem Acker liegt. Zu diesem Zeitpunkt werden die Schläge, die für die Direktsaat vorgesehen sind, ausführlich begangen und die folgenden Eigenschaften der Zwischenfrucht beobachtet und bewertet:

Biomasse der Zwischenfrucht

Bei konkurrenzstarken Ackerbaukulturen wie z. B. Getreide, sollten ca. 4–5 t TM/ha oder 17–20 t FM/ha oberflächliche Biomasse als Mulchschicht zum Saatzeitpunkt der Hauptkultur vorliegen. Bei konkurrenzschwächeren Kulturen, wie z. B. Mais, Gemüse, Soja etc., sollten eher 7–10 t TM/ha oder 30–45 t FM/ha oberflächliche Biomasse vorhanden sein. Ob diese Mengen erreicht werden können, muss zu einem früheren Wachstumsstadium der Zwischenfrucht beurteilt werden.
Bei abgefrorenen Zwischenfrüchten kann die dann vorhandene abgefrorene Biomasse direkt beurteilt werden. Oft verbleiben nach dem Winter eher geringe Mengen TM an der Bodenoberfläche, da schon viel organisches Material auch über die kalten Monate abgebaut wurde. Dies vor allem bei Zwischenfrüchten mit geringem Getreideanteil bzw. bei Biomasse mit geringem C/N-Verhältnis.
Bei überwinternden Zwischenfrüchten und Sommerzwischenfrüchten, die noch Wachstum vor sich haben, muss auf Grundlage des jungen Bestandes eine Vorhersage über die Zwischenfrucht-Entwicklung gemacht werden: Erreicht die Zwischenfrucht bis zur

Vollblüte, dem Zeitpunkt der Terminierung, die für die Folgekultur notwendige Biomasse? **Bonitiert man eine abfrierende Zwischenfrucht** bereits im Herbst zum Ende der Vegetationsperiode, so kann davon ausgegangen werden, dass ca. 50 % der Gesamttrockenmasse (also auch ca. 50 % des Kohlenstoffs und Stickstoffs) über den Winter verloren gehen.

Garezustand des Bodens

Direktsaattauglich Bestnote des im Betrieb verwendeten Boniturschemas. Beste für die Bodenart denkbare Bodengare. Krümel- oder Schwammgefüge. Runde Formen. Große Porenvielfalt. Hohe bodenbiologische Aktivität. Durchgehende Durchwurzelung.
Direktsaatuntauglich Plattige, eckige Strukturen. Schollen und Fragmente. Schadverdichtungen. Staunässe. Auffällige Verfärbungen. Anknickende Wurzeln. Wenige Poren.

Unkrautbesatz in der Zwischenfrucht

Direktsaattauglich Keine Wurzelunkräuter. Auch nicht in kleineren/jüngeren Entwicklungsstadien (wachsen mit der Zwischen-

Exkurs: Unkräuter für Direktsaat

Der gesamte Acker steht statt der dort gesäten Kultur voll mit Ampfer zum Ende seiner Blüte. Was tun? Einzelbetrieblich wurde in solchen Situationen mit großem Erfolg der Ampfer in diesem Vegetationsstadium ebenfalls mit einer Walze gequetscht und damit abgetötet und in Direktsaat eine konkurrenzstarke Kultur, wie z. B. der Roggen, sehr erfolgreich etabliert. Ähnliche Erfahrungen gibt es mit Gänsefuß-, Hirse-, Trespe-, Flughafer- und Fuchsschwanz-Beständen sowie bestimmten nichtperennierenden Knöterich-Arten. Sie alle scheinen zum Zeitpunkt der Endblüte mit der Messer-Quetsch-Walze abtötbar zu sein (siehe auch Abschnitt Abtöten der Zwischenfrucht in diesem Kapitel, S. 154). Werden diese Unkräuter also in einer jungen Zwischenfrucht in einem ebenfalls jungen Stadium entdeckt und ist davon auszugehen, dass sie bis zum optimalen Walzzeitpunkt der Zwischenfrucht ebenfalls in der Endblüte sind, sollten sie kein allzu großes Problem darstellen.

Abb. 13.14 Ein solcher Bestand bringt einige Wochen später und bei guter Witterung 8–10 t Trockenmasse/ha zusammen.

Abb. 13.15 Die Bodenstruktur sollte zum Zeitpunkt der Bonitur bereits optimal sein. Eine weitere Spatendiagnose kann vor der Aussaat/Pflanzung durchgeführt werden.

frucht mit!). Samenunkräuter oft etwas unproblematischer, da mit der Quetschwalze auch abtötbar.

Direktsaatuntauglich Hohes oder nestartiges Vorkommen an Wurzelunkräutern (z. B. Disteln, Ampfer, Quecke). In abfrierenden/abgefrorenen Zwischenfrüchten auch problematisch: winterannuelle Unkraut-Arten (z. B. Acker-Fuchsschwanz). Diese machen im Frühjahr/Folgejahr Probleme.

Um die Fläche und die Zwischenfrucht als direktsaattauglich einzustufen, muss das Boniturergebnis in allen Faktoren zweifelsfrei positiv ausfallen. Zusammengefasst bedeutet dies:

- ausreichende Biomasse (abgefrorene Zwischenfrucht) oder positive Biomasseprojektion auf Grundlage des jetzigen Bestandes (andere Zwischenfrüchte),
- perfekte Bodenstruktur,
- weitgehende Freiheit von perennierenden und anderen Problemunkräutern.

Schädlingsbesatz in der Zwischenfrucht

Schnecken und Mäuse sind die Schlüsselschädlinge in der ökologischen Direktsaat/Direktpflanzung. Um einen späteren Schaden an der Hauptkultur durch sie zu vermeiden, sollten sie bei der Zwischenfrucht-Bonitur mit einbezogen und bestimmt werden, ob die Schadschwelle überschritten ist. Dies ist vor allem angeraten, wenn im Betrieb ohnehin schon Probleme mit diesen beiden Schädlingen aufgetreten sind.

Mäuse Für die Überprüfung des Mäusebefalls sollten die Zwischenfruchtflächen begangen und der Befall mit den üblichen Methoden überprüft werden. So können zur Ermittlung des Feldmausbesatzes die Mäuselöcher zugetreten werden. Sind nach 24 Stunden wieder 5–8 geöffnete Löcher pro 250 m² zu finden, sollte man über eine Bekämpfung mit den zugelassenen Mitteln bzw. Fallen nachdenken. Ähnliche Methoden gibt es zur Überprüfung des Wühlmausbefalls.

Schnecken Für die Überprüfung des Schneckenbefalls sollten zu feuchten Bedingungen und über Nacht Planen bzw. Jutesäcke auf dem betreffenden Schlag ausgelegt werden. Darunter sollte Schneckenkorn appliziert werden. Die Schnecken suchen über Nacht unter der Bedeckung Schutz und am Folgetag findet man dann die toten Schnecken/Schleimspuren unter der Abdeckung. Zwar gibt es keine allgemeine Schadschwelle, aber finden sich einzelne Schnecken unter mehreren Probestellen, sollte zugelassenes Schneckenkorn auf der Fläche präventiv zum Einsatz kommen.

Des Weiteren gibt es sowohl für Schnecken als auch für Mäuse regionale Monitoring-Programme. Diese sollten nach Möglichkeit ebenfalls genutzt werden.

Entscheidungsmöglichkeiten

Entscheidungsmöglichkeiten nach Bonitur der Zwischenfrucht:

- Direktsaat nicht möglich
  → Zwischenfrucht wird geschlegelt und eingearbeitet.
- Direktsaat optimal möglich
  → Zwischenfrucht darf weiter wachsen.
- Direktsaat nur mit Nachbesserungen möglich
  → Kombiniertes Mulchverfahren wird vorbereitet (siehe Kapitel 14).

Direktsaat nicht möglich Sind diese Voraussetzungen nicht erfüllt und ist die Direktsaat also nicht möglich, muss die Zwischenfrucht betriebsüblich ggf. zerkleinert und dann eingearbeitet werden. Um hierfür ein Zeitfenster zu ermöglichen, wird die Bonitur entsprechend frühzeitig vorgenommen. Wichtig ist an dieser Stelle zu betonen, dass die Einarbeitung der Zwischenfrucht keineswegs automatisch das Ende von bodenaufbauenden Maßnahmen bedeuten muss, da es ja durchaus im Rahmen der Bodenbearbeitung Möglichkeiten gibt wie auch die Option, nach der Einarbeitung z. B. mit Transfer-Mulch weiter zu arbeiten.

Direktsaat nur mit Nachbesserungen möglich (Gemüsebau) Weist die Zwischenfrucht zu wenig Biomasse auf oder ist der Unkrautbesatz zu hoch, besteht im Gemüsebau die Möglichkeit, die Zwischenfrucht abzuschlegeln und zusätzlichen Transfer-Mulch auf der dünnen Mulchmatte auszubringen. Dieser liefert dann die ausreichende Biomasse und erstickt das Unkraut. Dieses „kombinierte Mulchsystem" wird weiter unten ausführlich beschrieben (S. 161 und 193).

Direktsaat optimal möglich Sind die oben genannten Kriterien hingegen erfüllt, wird die Zwischenfrucht nicht eingearbeitet, sondern stehen gelassen und ihrer Entwicklung überlassen, bis sie das Stadium der Vollblüte erreicht. Als nächster Schritt im Direktsaatzyklus folgt dann das Abtöten der Zwischenfrucht.

Wurde die junge Zwischenfrucht falsch beurteilt und fallen die Mängel in der Zwischenfrucht erst kurz vor der geplanten Saat/Pflanzung beim Begutachten der weit entwickelten Zwischenfrucht auf, bestehen folgende Möglichkeiten:

- Reine Leguminosen-Zwischenfrucht → schlegeln und einarbeiten trotz hoher Biomasse (relativ geringes C/N-Verhältnis erzeugt bei Einarbeitung keine N-Sperre).
- Bestand mit wesentlichem Getreideanteil/Getreidezwischenfrucht
  → a) Biomasse abfahren, bearbeiten
  → b) stehen lassen und dreschen (siehe Exkurs Abfahren oder Drusch der Zwischenfrucht als Notfalllösung). Eine Einarbeitung ist hier nicht möglich, da das hohe C/N-Verhältnis der Zwischenfrucht jeglichen Stickstoff festlegen würde.
- Direktsaat dennoch umsetzen
  → Auf Unkrautregulierung im Bestand ohne weiteren Einzug vorbereiten.

Exkurs: Abfahren oder Drusch der Zwischenfrucht als Notfalllösung

Abfahren

Was tun, wenn die Zwischenfrucht als direktsaat- bzw. direktpflanzungsfähig eingeschätzt wurde, aber man zu einem späteren Entwicklungsstadium, z. B. erst in der Vollblüte, realisiert, dass die Biomasse nicht reicht, doch ein massiver Unkrautdruck erkennbar ist oder die Bodenstruktur zu wünschen übrig lässt?

Eine Einarbeitung ist dann in den meisten Fällen keine Option. Zum einen weil das Zeitfenster bis zur geplanten Saat der Folgekultur für einen ausreichenden Abbau der eingearbeiteten Biomasse ggf. nicht ausreicht. Zum anderen weil das Material zu diesem Zeitpunkt, vor allem bei einem recht hohen nichtlegumen Anteil, ein sehr hohes C/N-Verhältnis aufweist. Dies kann zusätzlich dazu führen, dass nach der Einarbeitung Stickstoff im Abbauprozess festgelegt wird und der nachfolgenden Kultur nicht mehr zur Verfügung steht – eine klassische N-Sperre.

Die einzige Option in dieser Situation ist das Mähen und Abfahren des Bestandes. Das Material kann dann entweder als Futter, als Substrat für die Biogasanlage verwendet oder siliert als Mulchmaterial für die Zukunft gelagert werden.

Ist die Biomasse beseitigt, können die Stoppeln sehr leicht bearbeitet und eine Folgekultur ohne Probleme etabliert werden.

Drusch

Wurde eine Zwischenfrucht nach der Bonitur für direktsaat- bzw. direktpflanzungsfähig erachtet, aber der Bestand entwickelt sich bis zum Aussaatzeitpunkt der Hauptkultur nicht so wie gewünscht, kann eine Druschnutzung der Zwischenfrucht infrage kommen. Dies ist möglich, wenn sich die Zwischenfrucht über den Drusch als Speise- bzw. Futterware oder Zwischenfrucht-Saatgut verwerten lässt.

Abtöten der Zwischenfrucht

Das Abtöten der Zwischenfrucht nützt auch der Unkrautunterdrückung.

Zeitpunkt    

Abtöten in den Morgenstunden Selten lässt man in unseren intensiven, pflanzenbaulichen Anbausystemen eine Zwischenfrucht zur Blüte kommen. Das Blühenlassen hat aber zum einen den Vorteil, dass sich die Zusammensetzung der Wurzelexsudate nochmals verändert und für eine höhere Vielfalt in der bodenbiologischen Aktivität sorgt. Zum anderen führt eine blühende Zwischenfrucht auch oberirdisch zu Diversitätseffekten, da die Blüten eine Nahrungsgrundlage für verschiedene Insekten sind. Deshalb sollte man die Zwischenfrucht auch in den frühen Morgenstunden oder spät abends abtöten.

Timing – der passende Vegetationszeitpunkt Es ist absolut entscheidend, dass die Zwischenfrucht vor der Saat der Folgekultur sicher abgetötet wird und es zu keinem Durchwuchs überlebender Zwischenfrucht kommt. Die Grundlage für das mechanische Abtöten einer Zwischenfrucht zur Schaffung einer Mulchdecke ist folgendes Wirkprinzip: In der generativen Phase, also in der Blüte bzw. Fruchtbildung, schickt die Pflanze große Mengen an Pflanzensäften von den Wurzeln in ihre oberen, blühenden bzw. abreifenden Organe. Wird dieser Fluss zu diesem Zeitpunkt empfindlich gestört, stirbt die Pflanze mit relativ hoher Sicherheit ab. Am effektivsten ist hier die Quetschung der Pflanze an verschiedenen Stellen. Die Pflanze versucht weiterhin verzweifelt, Stoffwechselprodukte in den oberen Teil der Pflanze zu transportieren. Durch die Quetschungen verausgabt sie sich aber bei diesem Versuch und stirbt ab. Das Schneiden bzw. Schlegeln der Pflanzen zu diesem Zeitpunkt hat eine ähnliche Wirkung.

Auf Grundlage dieses Wirkprinzips ist es absolut entscheidend, dass das Abtöten erst zum **optimalen Vegetationsstadium** der Zwischenfrucht stattfindet. Grundsätzlich gilt: Je weiter/später das Wachstumsstadium der Pflanzen ist, desto leichter lassen sich diese mit mechanischen Mitteln abtöten. Die Vollblüte (BBCH-Stadium 65) stellt hier den ersten möglichen Zeitpunkt dar. Vor allem Getreide lässt sich zu diesem Zeitpunkt mit dem richtigen Gerät recht sicher abtöten. Bei besonders hartnäckigen Zwischenfrüchten, wie z. B. Zottelwicke, sollte sogar die erste Fruchtbildung, hier also der erste kleine Hülsenansatz abgewartet werden (BBCH-Stadium 70). Blühen die Komponenten einer Zwischenfruchtmischung zu unterschiedlichen Zeitpunkten, so muss gewartet werden, bis auch die letzte Pflanzenart das **BBCH-Stadium 65–70** erreicht hat.

Wird versucht, die Zwischenfrucht vor diesen jeweiligen Stadien abzutöten, ist ein Weiterwachsen der Zwischenfrucht oder einzelner Komponenten sehr wahrscheinlich. Ein früheres Walzen als zu den genannten Zeitpunkten ist also nicht sinnvoll. Ein Warten über den Termin hinaus ist ebenfalls nicht hilfreich, da außer bei sehr wenigen Zwischenfruchtarten (z. B. Zottelwicke) nach dem optimalen Vegetationszeitpunkt keine weitere Biomasse mehr gebildet wird. Des Weiteren besteht bei zu spätem Walzen das Risiko, dass die Zwischenfrüchte reife Samen bilden, die zu einer stärkeren Verunkrautung führen. Es gilt der Leitsatz: „So spät wie nötig, so früh wie möglich." Und „Besser ein wenig zu spät als ein wenig zu früh."

Wenn vor der Saat der Hauptkultur ein Zeitfenster vorhanden ist, kann diese Wartezeit nach dem ersten Walzen es ermöglichen, die **Abtötungsrate zu überprüfen** und ggf. einen weiteren Walzgang direkt vor der Saat durchzuführen. Dies ist vor allem bei Kulturen empfehlenswert, die grundsätzlich schwer abzutöten sind, wie z. B. Wicke. Außerdem kann und sollte die Zwischenfrucht zwei- oder mehrmals gewalzt werden, um eine ausreichende Quetschung zu erreichen.

Wenn die Flächen dies hergeben, sollte die Zwischenfrucht in eine **andere Richtung gewalzt** werden, als sie gesät worden ist. Die-

Unkrautunterdrückung · Wärme/Klima · Wasserverfügbarkeit · Technik · Nährstoffversorgung

Abb. 13.16 Ein möglicher Abtötungszeitpunkt eines Zwischenfruchtgemenges aus Winterroggen, Wintererbse und Winterwicke. Während die Wicke im optimalen Stadium ist, sind Erbse und Roggen bereits überständig. Eine früher blühende Wickensorte oder ein früherer Gemengepartner sollten die Wicke ersetzen.

Abb. 13.17 Ein Wick-Roggen-Bestand, der zu früh niederwalzt wurde, nämlich vor der ersten Hülsenbildung der Winterwicke. Die Winterwicke treibt nach und führt zu Verunkrautung im Bestand.

ses Vorgehen maximiert die Unkrautunterdrückung, weil so die Mulchauflage auch die Räume zwischen den Reihen bedeckt.

Verunkrautung durch suboptimales Abtöten Das größte Problem im Hinblick auf die spätere Verunkrautung der Hauptkultur ist das unzureichende Abtöten der Zwischenfrucht. Treibt die Zwischenfrucht nach der Etablierung der Hauptkultur erneut aus, ist eine ertragsrelevante Verunkrautung oft nicht mehr abzuwenden. Es ist daher entscheidend, die oben beschriebenen Zeitpunkte und Verfahren zur Abtötung der Zwischenfrucht strikt einzuhalten, um optimale Abtötungsraten der Zwischenfrucht zu erzielen. Dies gilt vor allem für besonders schwer zu managende Zwischenfrüchte, wie z. B. die Zottelwicke.

Technische Umsetzung/Technik

Quetschwalze/Messerwalze Die effektivste und sinnvollste Methode, eine Zwischenfrucht im oben beschriebenen Stadium mechanisch abzutöten, ist die Quetsch- bzw. Messerwalze. Ziel ist es, die Pflanzen der Zwischenfrucht mit dieser Walze an mehreren Stellen zu quetschen.

Abb. 13.18 Diese Roggen-Zwischenfrucht wurde zu spät gewalzt. Reife Roggenkörner keimen in der Mulchschicht und treiben aus.

Die Maschinenbezeichnung Messerwalze ist etwas irreführend. Messerwalze suggeriert, dass etwas geschnitten wird. Dies ist aber gerade nicht das Ziel, sondern die Pflanzen an möglichst vielen Stellen zu knicken und zu quetschen. Daher ist der Begriff „Quetschwalze“ eigentlich zutreffender.

Zum Zeitpunkt der Vollblüte hat die Pflanze einen starken Saftfluss hin zu den Blüten, um diese zu versorgen und damit eine gute Fruchtbildung vorzubereiten. Wird die Pflanze zu diesem Zeitpunkt an verschiedenen Stellen geknickt und gequetscht, beschädigt dies die Transportbahnen. Die Pflanze pumpt dann weiterhin verzweifelt gegen diese Verletzungen und verausgabt sich dabei. In der Folge stirbt sie ab. Würde die Pflanze geschnitten, wie bei Schlegelmulchern oder Mähwerken der Fall, würde sie versuchen, über Neuaustrieb eine Notreife einzuleiten.

Ein weiterer **Vorteil der Quetschwalze** ist, dass sie die Zwischenfrucht gleichmäßig niederdrückt und eine gleichmäßige Mulchdecke erzeugt. Durch die Ablage der Zwischenfrucht in einer Richtung können Sä- und Pflanzmaschinen, die in derselben Richtung arbeiten, mit höherer Wahrscheinlichkeit verstopfungsfrei arbeiten. Vorteilhaft ist auch, dass die Pflanzen im Boden verwurzelt bleiben. Dies verhindert, dass größere Mengen Biomasse durch Pflanz- oder Sätechnik zusammengeschoben werden und die Maschine dadurch verstopft.

Weil die Zwischenfrucht nicht zerkleinert wird, sondern in ihrer ganzen Länge erhalten bleibt, wird die so entstehende Mulchschicht nur sehr langsam abgebaut. Eine langsame **Zersetzung der Mulchschicht** ist jedoch hilfreich, um eine möglichst lange Unkrautunterdrückung zu gewährleisten.

Als **Gewicht der Walze** haben sich 400 kg Eigengewicht pro m Arbeitsbreite bewährt; dies stellt eine ausreichende Quetschung der Pflanzen sicher. Oft sind die Messerwalzen so konstruiert, dass sie mit Wasser befüllt werden können – je nach gewünschtem Gewicht. Ist dies nicht möglich, so kann man auch über eine hydraulische Vorrichtung das Eigengewicht des Schleppers zur Beschwerung der Walze nutzen. Außerdem sollte die Walze mit einer hohen Geschwindigkeit gefahren werden, was die Quetschwirkung verstärkt.

Abb. 13.19 Nachbau der Rodale-Quetschwalze mit einer Beetbreite als Arbeitsbreite für den Gemüsebau in Kombination mit Mulchpflanztechnik.

Abb. 13.20 Quetschwalze in einer Ausführung mit ackerbaulicher Arbeitsbreite (3–4,50 m) in Kombination mit Direktsaattechnik.

Abb. 13.21 Ziel des Einsatzes der Quetschwalze: Quetschungen an möglichst vielen Stellen der Pflanzen erzeugen, um ein sicheres Absterben zu erzielen.

Abb. 13.22 Eine Winterzwischenfrucht mit einer Biomasse von 8–10 t Trockenmasse/ha hinterlässt nach dem Walzen eine über 10 cm dicke Mulchschicht.

Mehrmaliges Walzen Wie oben schon beschrieben können vor allem beim Einsatz der Quetschwalze 2–3 Walzdurchgänge hilfreich sein, um bessere Abtötungsquoten bei der Zwischenfrucht zu erreichen. Ein Durchgang mit der Walze ist schnell erledigt, und ihre Quetschwirkung wird hierdurch vervielfacht.

Schlegelmulcher und Mähwerke Alternativen zur Messerwalze wären zum Beispiel Schlegelmulcher oder Mähwerke. Neben der oben genannten Schnittwirkung, die aufgrund der Gefahr des Neuaustriebs nicht gewünscht ist, haben diese Geräte weitere Nachteile. Zum einen liegt das Material lose und uneinheitlich auf der Bodenoberfläche, was ein Verstopfen der Sä- und Pflanzmaschinen wahrscheinlicher macht. Speziell beim Schlegelmulcher wird das Material zusätzlich stark zerkleinert und in der Folge relativ schnell abgebaut. Dies wiederum mindert die unkrautunterdrückende Wirkung. Während Mähwerke keine nennenswerten Vorteile haben, liegt der einzige Vorteil der Schlegelmulchers darin, dass durch das „stumpfe" Abschlegeln der Zwischenfrucht die Stoppel zerfransen, was die Abtötungsquote im Vergleich zur Messerwalze leicht verbessert. Der Schlegelmulcher ist insgesamt also nur eine Option, wenn eine Zwischenfrucht mit enorm viel Biomasse vorhanden ist bzw. die Folgekultur extrem konkurrenzstark ist.

Occultation/Tarping Eine Möglichkeit, um die Direktsaat abzusichern und zeitlich flexibler, also unabhängig vom Blühzeitpunkt der Zwischenfrucht zu gestalten, ist die Anwendung von wiederverwendbaren schwarzen Plastikfolien zum frühzeitigen Abtöten der Zwischenfrucht. Ihr Einsatz kann außerdem dazu beitragen, weitere limitierende Faktoren der Direktsaat/Direktpflanzung, wie Bodentemperatur und Nährstoffverfügbarkeit zu beseitigen.

Der **Wirkmechanismus** beruht nicht – wie vielleicht vermutet werden könnte – auf einer Erhitzung der Zwischenfrucht unter der schwarzen Folie, sondern schlicht auf **Lichtentzug**. Somit ist das Verfahren unabhängig von der Außentemperatur und der Sonneneinstrahlung zu jederzeit anwendbar.

Bei dem Verfahren walzt oder schlegelt man zu einem beliebigen Zeitpunkt eine Zwischenfrucht nieder und deckt dann über die gesamte Fläche eine schwarze Plastikfolie. Diese wird im Boden verankert oder beschwert, um sie vor Wind zu schützen.

Nach nur ca. zwei Wochen kann man die Plastikfolie bereits wieder entfernen. Die Zwischenfrucht und alle weiteren Unkräuter,

Exkurs: Technische Ideen zum Abtöten der Zwischenfrucht zum Weiterentwickeln und Weiterforschen

Abtöten mit elektrischem Strom
Eine vielversprechende Innovation mit Bezug auf das nicht-chemische Abtöten von Zwischenfrüchten und Unkräutern ist das Abtöten von Pflanzen durch elektrischen Strom. Bei den neu entwickelten Geräten wird mit der Zapfwelle ein Generator im Heck des Schleppers angetrieben, der über ein Gerät in der Front eine Hochspannung durch sämtliche Pflanzenteile und anschließend durch Wurzeln und den Boden zurück in das Gerät leitet. Diese, die Pflanze, die Wurzeln und den Boden durchfließende Hochspannung schädigt das Chlorophyll in der Pflanze und vor allem die Zellen im Bereich des Hypokotyls. Die gesamte Pflanze inklusive der Wurzeln stirbt so ab. Gute Erfolge konnten in den letzten Jahren bei Gründüngungen/Zwischenfrüchten, Ausfallgetreide und einer natürlichen Verunkrautung von Flächen erzielt werden – allerdings bei geringer Arbeitsgeschwindigkeit und bei optimalen Bodenbedingungen (nicht zu trocken und nicht zu feucht). Die Kosten sollen laut Hersteller bei 30–90 Euro pro ha liegen.

In der Direktsaat/Direktpflanzung ergeben sich verschiedene Einsatzmöglichkeiten dieser Technik:

- Zum Abtöten von lebenden Zwischenfrüchten vor dem optimalen Abtötungszeitpunkt mit der Quetschwalze (z. B. im zeitigen Frühjahr)
- Als Ergänzung zur Quetschwalze oder dem Schlegelmulcher, um ein sicheres Absterben der Zwischenfrucht zum optimalen Abtötungszeitpunkt zu gewährleisten; entweder vor oder nach der Anwendung der Quetschwalze/des Schlegelmulchers.
- Zur Bereinigung einer Mulchauflage aus abgefrorener Zwischenfrucht im Frühjahr von z. B. winterannuellen und anderen vorkommenden Unkräutern.

Insgesamt könnte die Möglichkeit, Pflanzen mit elektrischem Strom zum Absterben zu bringen, die Direktsaat/Direktpflanzung deutlich weniger riskant machen. Allerdings wird die Technologie erst in den letzten Jahren erprobt und neben allgemeinen Fragen zur Anwendungssicherheit bleiben auch einige spezifische Fragen mit Hinblick auf Direktsaat/Direktpflanzung und Bodenfruchtbarkeit offen:

- Wie wirkt der elektrische Strom und die Hochspannung auf das Bodenleben und die Bodenfruchtbarkeit? Wird die Bodenbiologie über den Stromfluss ggf. massiv geschädigt und muss sich nach einer Anwendung erst wieder mühsam aufbauen?
- Mit welchen Schäden muss bei Insekten und anderer, im Pflanzenbestand lebenden Ackerfauna gerechnet werden?
- Wie genau muss das Gerät bei biomassestarken Zwischenfrüchten angewendet werden? Vor dem Walzen und Mulchen oder danach? Erzeugen massige Zwischenfruchtbestände Mehrkosten im Stromverbrauch, die das Verfahren unrentabel machen?

Unterschnitt-Walze
In den USA kommt eine Kombination aus Messerwalze und Unterschneider für das Abtöten der Zwischenfrüchte zum Einsatz. Wie ein Beetunterschneider wird mit dem Gerät die gesamte Arbeitsbreite unterschnitten und zeitgleich legt eine nachlaufende Messerwalze die Zwischenfrucht nieder auf die Bodenoberfläche. Eine Quetschung findet hier nicht statt.

Noble Plough
In den USA wurde bereits seit den 1930er-Jahren an minimaler Bodenbearbeitung gearbeitet, da zu dieser Zeit enorme Erosionsstürme die Landwirtschaft erschüttert haben. So wurde der „Noble Plough" entwickelt. Er besteht aus mehreren überdimensionierten Gänsefußscharen, vor deren Stielen jeweils ein Scheibensech läuft. Ziel war der Unterschnitt und die Beseitigung von Verunkrautung aus der Vorfrucht bei

Exkurs: Technische Ideen zum Abtöten der Zwischenfrucht zum Weiterentwickeln und Weiterforschen (*Fortsetzung*)

gleichzeitigem Belassen aller Erntereste, wie z. B. Stroh, an der Bodenoberfläche. Mit dem Einzug von Gentechnik und Herbiziden landeten diese Geräte im Altmetall. Ökologische Forschungsanstalten haben das Gerät wieder ausgepackt, um auch hiermit Zwischenfrüchte zu unterschneiden und die Biomasse an der Bodenoberfläche zu belassen.

die in ihr vorhanden waren, sollten nun abgestorben sein. Danach kann die Pflanzung vorgenommen werden.

Wie lange die Unkrautunterdrückung nach dem Abnehmen der schwarzen Folie anhält, hängt von der Mulchauflage aus der abgestorbenen Zwischenfrucht ab. Forschungsergebnisse haben ergeben, dass die Anwendung von schwarzer Folie auf blankem Boden einen unkrautfreien Zeitraum von 4–6 Wochen schafft. Wird eine Zwischenfrucht mit hoher Biomasse in der Blüte mit einer schwarzen Plastikfolie abgetötet, hält die **Unkrautunterdrückung** durch die Mulchauflage **ca. 2–3 Monate** an.

Bei der Anwendung dieses Verfahrens muss von den erforderlichen Voraussetzungen für eine reine Direktsaat nur eine erfüllt sein: die perfekte Bodengare. Der Blühzeitpunkt und die Unkrautfreiheit müssen nicht unbedingt gewährleistet sein, da die schwarze Plastikfolie sowohl die Zwischenfrucht unabhängig vom Blühzeitpunkt als auch etwaige Unkräuter sicher abtöten sollte. Die Voraussetzung hoher Biomasse ist nicht zwingend notwendig, aber hilfreich, da dadurch die Unkrautunterdrückung in den folgenden Wochen nach dem Entfernen der Folie sichergestellt wird.

Auch wenn hier keine „Solarization", also das Abtöten von Pflanzen durch Hitze stattfindet, so kann doch davon ausgegangen werden, dass die schwarze Folie den Boden stärker erwärmt, als wenn die Mulchauflage der Zwischenfrucht offen daliegen würde.

Beispiele Occultation/Tarping

Unter den klimatischen Bedingungen des Nordwestens der USA, Maine, wurde Wick-Roggen entweder nur mit der Quetschwalze behandelt oder mit der Quetschwalze plus einer schwarzen Plastikfolie. Diese wurde für 2–5 Wochen auf der gewalzten Zwischenfrucht liegen gelassen. Der Einsatz der Folie führte zu einem durchschnittlichen Mehrertrag bei Kohl von ca. 58 %. Dies wurde auf eine verbesserte Unkrautunterdrückung und Nährstoffverfügbarkeit zurückgeführt. Die Mulch-Biomasse reduzierte sich durch den Einsatz der Folien um durchschnittliche 1,1 t TM/ha. Dennoch war die Unkrautunterdrückung und Abtötungsrate deutlich besser. Der Abbau der Biomasse wurde auf eine erhöhte biologische Bodenaktivität durch geringere Schwankungen in der Bodentemperatur und konstanteren Bodenwassergehalt zurückgeführt. Insofern stellt der Einsatz schwarzer Plastikfolie besonders in nördlichen Klimaten eine Möglichkeit für die Umsetzung der Bio-Direktpflanzung im Gemüsebau dar. Besonders interessant ist das Verfahren für schwer abtötbare Zwischenfrüchte, wie z. B. Winterwicke.
Andere Erfahrungen, bei denen eine schwarze Silofolie sowohl vor und nach der Aussaat von Soja in Zwischenfrucht-Winterroggen auf die Mulchschicht gelegt wurde und erst nach dem Durchstoßen der Sojabohne wieder abgenommen wurde, führten zu sehr guten Abtötungsraten der Zwischenfrucht und einem geringen Unkrautdruck.

Abb. 13.23 Kleegras wird über 5–6 Wochen mit schwarzer Silofolie abgedeckt.

Abb. 13.24 Kürbisse und Zucchini in Direktpflanzung nach „Tarping".

Abb. 13.25 Kohl in Direktpflanzung nach „Tarping".

Das eher von kleinen Gemüsebaubetrieben stammende Verfahren ist durchaus skalierbar. Mit der Technik, die es auch ermöglicht, großflächig Kulturschutznetze oder Verfrühungsfliese auszubringen, kann man auch über mehrere Hektar eine schwarze Plastikfolie legen. Damit wird die Methode auch interessant für größere Erwerbsgemüsebaubetriebe.

Erst Hauptkultur säen, dann Zwischenfrucht abtöten  

Ein Abtöten der Zwischenfrucht kann auch erst nach der Saat der Hauptkultur erfolgen. Die Saat in eine stehende Zwischenfrucht ermöglicht der Hauptkultur mehr Wachstumszeit. Dies optimiert auch den Wärmehaushalt. Hierbei sät man die Hauptkultur 2–3 Wochen vor dem idealen Abtötungszeitpunkt in den stehenden Zwischenfruchtbestand. In diesem Zeitraum hat dann die Hauptkultur im Boden unter der wachsenden Zwischenfrucht Zeit, zu keimen und unterirdisch zu wachsen.
Die Zwischenfrucht wird dann – und das ist entscheidend – vor dem Auflaufen der Hauptkultur und nach dem Erreichen des optimalen Vegetationszeitpunktes abgetötet. Danach stößt die Hauptkultur durch den Boden und die dann entstandene Mulchschicht. Mit dem „Säen vor dem Abtöten" gewinnt man mehrere Wochen Wachstumszeit. Wichtig ist das Abtöten vor dem Auflaufen der Hauptkultur. Ist diese schon durch den Boden gestoßen, wird sie durch das nachträgliche Bedecken mit Mulch in ihrem Wachstum stark gehemmt oder durch die Quetschwalze oder den Schlegelmulcher massiv geschädigt. Vorteilhaft an dieser Methode ist, dass schon durch den Vorgang der Aussaat mit massiver Direktsaattechnik die Zwischenfrucht teilweise abstirbt.

Ein **Vorteil** dieser Methode ist die Zeitersparnis. Ist eine Zwischenfrucht noch nicht in einem optimalen Stadium, um sie abzutöten, der späteste Saattermin der Folgekultur aber bereits erreicht, so kann in diesem Verfahren die Folgekultur zum optimalen Zeitpunkt etabliert und dann zeitversetzt ebenfalls zum optimalen Zeitpunkt die Zwischenfrucht ab-

Wärme/Klima   Technik

getötet werden. Insgesamt steht für beide Kulturen mehr Vegetationszeit zur Verfügung.

Eine **Herausforderung** bei dieser Variante ist, dass das Durchstoßen der Hauptkultur durch die Mulchdecke zum Problem werden kann, da die Mulchdecke komplett über den Säschlitz gelegt wird. Auf Triebkraft des Saatguts sollte man bei diesem Verfahren besonderen Wert legen.

Ein weiterer **Nachteil** ist, dass viele Maßnahmen, die eine Direktsaat optimieren können (wie z. B. ein zweiter Walzgang, ein Warten auf Niederschläge nach Walzen usw.), nicht mehr möglich sind. Unter klimatisch grenzwertigen Bedingungen kann dieses Verfahren durch den früher erreichbaren Saattermin allerdings die einzige Option sein.

Kombinierte Mulchverfahren   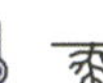 

In kombinierten Mulchsystemen wird zusätzlicher Transfer-Mulch auf eine geschlegelte Zwischenfrucht gestreut und diese so zum Absterben gebracht.

Bessere Unkrautunterdrückung Bio-Direktsaatsysteme erzeugen Synergieeffekte mit Cut&Carry-Verfahren, bei denen Kleegras-Schnitt oberflächlich als Bodenschutz und Kopfdüngung in den Beständen ausgebracht wird. Dieses zusätzlich ausgebrachte Mulchmaterial verstärkt die durch die abgetötete Zwischenfrucht geschaffene Mulchdecke, schließt etwaige Lücken und sorgt dadurch für eine sicherere Unkrautunterdrückung. (siehe Kapitel 14)

Bessere Nährstoffverfügbarkeit Für eine optimale Nährstoffwirkung ist das Abtöten der Zwischenfrucht in einem frühen Stadium (z. B. kniehoher Bestand) sinnvoll. Zu diesem Stadium ist allerdings weder mit Messerwalze noch mit Mulchern oder Mähwerken ein Effekt zu erzielen. Ein Wiederaustrieb ist garantiert. Allein im Gemüsebau gibt es die Möglichkeit, die junge Zwischenfrucht durch das Bedecken mit Transfer-Mulch abzutöten und damit Synergieeffekte zu nutzen. Dieses Verfahren wird weiter unten beschrieben (siehe Kapitel 14).

Früherer Pflanzzeitpunkt und höhere Wasserverfügbarkeit Ein früheres Abtöten der Zwischenfrucht reduziert außerdem den Wasserverbrauch der Zwischenfrucht und ermöglicht einen früheren Pflanzzeitpunkt für wärmeliebende Kulturen.

Düngekalkulation und Düngung zur Hauptkultur  

Hierdurch lässt sich die Gare optimieren. Grundsätzlich gilt: Je höher die Kohlenstoff- bzw. Humusgehalte im Boden, je höher der verfügbare Stickstoff vor der Pflanzung und je höher die Bodentemperatur durch Pflanzzeitpunkt und vorherrschendes Klima, desto geringer muss eine zusätzliche N-Düngung ausfallen. Da aber sowohl der verfügbare Stickstoff als auch die Bodentemperatur bei Direktsaatsystemen oft niedriger ausfallen, ist der Düngebedarf in der Direktsaat/Direktpflanzung oft höher als in Systemen mit Bodenbearbeitung.

N_{Min} geringer Es ist besonders in Direktsaatsystemen wichtig, vor der Saat der Hauptkultur eine N_{Min}-Probe von jedem Schlag zu nehmen. Man kann davon ausgehen, dass hier geringere verfügbare Stickstoffwerte gemessen werden als auf bearbeiteten, brachen Flächen, da die Zwischenfrucht den Stickstoff in ihrer Biomasse festgelegt hat. Eine Ausnahme sind abgefrorene, leguminosenbetonte Mischungen, die im Frühjahr durch den Abbau ihres N-reichen organischen Materials oft höhere freie N-Mengen hinterlassen.

Nachlieferung geringer Ebenfalls reduziert ist die Nachlieferung aus der organischen Bodensubstanz bzw. dem Humus. Da durch eine ausbleibende Bearbeitung dem Boden weniger Sauerstoff zugeführt wird, wird auch weniger Humus abgebaut und damit weniger Stickstoff aus dem Boden nachgeliefert.

Freisetzung aus Zwischenfrucht-Biomasse geringer Das gleiche gilt für die N-Mineralisation aus der Mulchschicht. Ziel in diesem Verfahren ist grundsätzlich eine Mulchauflage mit eher hohem C/N-Verhältnis, die dadurch vor allem das Unkraut gut unterdrückt. Die

Unkrautunterdrückung Nährstoffversorgung Wasserverfügbarkeit

Daten für die N-Freisetzung aus organischem Material, die für eine N-Kalkulation zugrunde gelegt werden, beziehen sich zumeist auf eingearbeitete organische Substanz. Da das Material in der Direktsaat aber auf der Bodenoberfläche liegt, sollte man selbst bei einem geringen C/N-Verhältnis der Mulchdecke, welche eine N-Freisetzung erlaubt, analog zur Kalkulation bei Transfer-Mulch einen konservativ geschätzten Abschlag von 50 % der sonst erwartbaren N-Mengen anwenden.

Gefahr der N-Festlegung bei getreidebetonten Mischungen Bei Mulchschichten, die zu einem wesentlichen Teil aus Getreide bestehen, kann von keiner Nährstofffreisetzung ausgegangen werden. Viel mehr kann die aufliegende Mulchschicht bei sehr hohem C/N-Verhältnis, das deutlich über dem des Bodens liegt, freien Stickstoff im Boden für den eigenen Abbauprozess nutzen, der dann der Kultur nicht mehr zur Verfügung steht. Es kommt zu einer N-Sperre: Über pilzliche Interaktion zwischen Boden und Mulch wird Stickstoff aus dem Boden in z. B. Roggenmulch übertragen, um dessen Abbau zu beschleunigen. Dies führt zu einer geringeren N-Verfügbarkeit im Boden, was eine Ausgleichsdüngung nötig macht.

Verzögerte, aber längerfristige Freisetzung Bei der Nutzung von überwinternden legumen Zwischenfrüchten wie Wicken- oder Erbsen-Beständen mit sehr geringem Zusatz von Getreide, die mit der Messerwalze gequetscht werden, wird die N-Freisetzung im Vergleich zu einer Zerkleinerung und Einarbeitung der Zwischenfrüchte nicht nur insgesamt reduziert, sondern vor allem verzögert. Dies ist vorteilhaft für viele Kulturen (wie Mais, Hirse etc.), die später in ihrem Wachstum einen hohen N-Bedarf entwickeln und grundsätzlich eine lange Standzeit haben. Vielen N-Kalkulationsmethoden liegt die Annahme zugrunde, dass bei organischer Substanz (wenn sie eingearbeitet wird) vor allem in den ersten 6 Wochen eine Mineralisierung zu beobachten ist, die danach zum Erliegen kommt. Praxisversuche zu Direktsaat/Direktpflanzung im Ökolandbau legen hingegen nahe, dass bei einer leguminosenreichen Mulchauflage aus abgetöteten Zwischenfrüchten eine zwar geringere aber dafür langfristigere Stickstoff-Mineralisation anzunehmen ist – ähnlich wie dies bei Transfer-Mulch beobachtet werden konnte.

N-Mangel in Jugendentwicklung Auf der anderen Seite führt diese Verzögerung aber zu einem tendenziellen N-Mangel im Jugendwachstum der Direktsaatkultur. Eine Direktsaat mit dicker Mulchschicht im Vergleich zu einer Bodenbearbeitung bedeutet, dass der Boden durch weniger Luftzufuhr und geringere Bodentemperatur weniger Nährstoffe – vor allem weniger Stickstoff – nachliefern kann. Deshalb sollte eine Düngung der Hauptkultur unbedingt in Erwägung gezogen werden.

Art der Düngemittel Da vor allem in der Frühphase der Entwicklung der Hauptkultur ein Mangel auftreten kann, sollte die Düngung direkt zur Saat erfolgen und mit einem möglichst schnell verfügbaren Düngemittel.

Wirkung von Handelsdünger abhängig von Bodenart und Humusgehalt Die Wirkung von zusätzlichem Handelsdünger ist fast immer durchschlagend, aber kommt auf nährstoffarmen Standorten stärker zum Tragen als auf nährstoffreichen.

N-bedürftige Kulturen Eine Bio-Direktsaat von nährstoffbedürftigen Nichtleguminosen ist ohne eine zusätzliche Düngung nicht erfolgreich umzusetzen. Der Düngebedarf ist in diesen Fällen umso höher, je höher der Getreideanteil in der Zwischenfrucht ist, bzw. je nährstoffärmer der entsprechende Schlag ist.

Körnerleguminosen Auch Körnerleguminosen, die sich grundsätzlich selbst mit Stickstoff aus der Umgebungsluft versorgen können, brauchen eine N-Startdüngung, um konkurrenzfähige Erträge zu erzielen. Bis Leguminosen ihre Knöllchenbakterien etabliert haben, braucht es einige Wochen. Wie oben beschrieben ist es aber gerade die Frühphase der Kultur, in der bei Direktsaat tendenziell zu wenig Stickstoff zur Verfügung steht – also gerade die Phase, in der die Leguminosen sich noch nicht selbst versorgen können. Hinzu kommt, dass Knöllchenbakterien für eine optimale Fixierleistung sehr lockeren und porösen Boden brauchen. Lagern die Böden ohne Bearbeitung etwas dichter, können die Bakterien nicht optimal funktionieren. Insofern ist eine N-Düngung zur Saat von Leguminosen in einer Größenordnung von bis zu 50 kg N/ha durchaus vertretbar und ggf. sogar notwendig, um eine gute Entwicklung zu gewährleisten.

P und K ebenfalls mitbedenken Neben Stickstoff können durch eine ausbleibende Bodenbearbeitung auch Kali sowie vor allem auch Phosphor und andere Nährstoffe in geringerem Umfang zur Verfügung stehen. Dies sollte ebenfalls mitbedacht werden. Da über einen depotfähigen Handelsdünger in den meisten Fällen auch relevante Mengen an P, K sowie anderen Nährstoffen ausgebracht werden, erfolgt die Versorgung mit demselben Düngemittel.

Fazit: Insgesamt ist die N-P-K-Freisetzung aus Mulchdecken in der Direktsaat/Direktpflanzung aus den oben genannten Gründen oft minimal und es muss daher ausreichend bzw. stärker zugedüngt werden als betriebsüblich, um mit normalen Bewirtschaftungssystemen vergleichbare Erträge zu erreichen. Wichtig ist also zusammenfassend:

- Realistische N-Kalkulation anfertigen.
- Geringere N-P-K-Verfügbarkeiten bedenken (N_{Min}, Nachlieferung, Freisetzung aus Zwischenfrucht).
- Von erhöhten N-P-K-Gaben aus Handelsdünger ausgehen und diese konsequent umsetzen.

Auf einer systemischen Ebene heißt das: Die Direktsaat/Direktpflanzung schont die organische Bodensubstanz durch ein Ausbleiben der Bodenbearbeitung und trägt dabei zum Humusaufbau bei. Die Mulchauflage aus Zwischenfrüchten, die all das ermöglicht, führt zu einem effektiven Erosionsschutz, aber gleichzeitig zu einer Biomasse-Auflage, aus der relativ wenige Nährstoffe frei werden. Dies bedeutet aber, dass die fehlende Nachlieferung aus den Humusvorräten mit Handelsdünger ausgeglichen werden muss. Auch dieser Stickstoff kann zusammen mit Ernteresten und intensiver Nutzung von Begrünungen zum Humusaufbau beitragen.

Hohe Humusgehalte, die eine gute Nachlieferung auch auf nicht bearbeiteten Böden sichern, verbessern die Nährstoffversorgung in Direktsaatsystemen erheblich. Humusgehalte werden wesentlich über den Anteil an mehrjährigem Feldfutterbau in der Fruchtfolge bestimmt. Es gibt also **Synergieeffekte** zwischen Transfer-Mulchverfahren, die Feldfutter effizient nutzen, und Direktsaatsystemen, die von der dadurch entstehenden höheren Nährstoffverfügbarkeit profitieren.

Abb. 13.26 Das Düngemanagement ist entscheidend für den Erfolg von Direktsaat. Hier im Bild Mais in Direktsaat mit verschiedenen Düngestufen. Die unterschiedliche Färbung der verschiedenen Maisparzellen ist eindeutig und zeigt die unterschiedlich gute Versorgung der Maispflanzen.

Kalkulation: N-Kalkulation bei Direktpflanzung

In diesem Beispiel wird Blumenkohl in zwei Verfahren angebaut. Einmal als Direktpflanzung und einmal im betriebsüblichen Verfahren. Die Zwischenfrucht ist ein Gemenge aus Roggen (15 %) und Wintererbsen (85 %). Als Pflanzung ist die KW 21 geplant. Dies deckt sich mit dem Blühzeitpunkt der Zwischenfrucht.

Im betriebsüblichen Verfahren wird die Zwischenfrucht in KW 18 (Ende April) eingearbeitet und eine intensive Bearbeitung vor der Pflanzung in KW 21 durchgeführt. Im Direktpflanzungsverfahren wird der Zwischenfruchtbestand in KW 21 mit der Quetschwalze gewalzt und der Blumenkohl direkt gepflanzt.

Ziel-N für Blumenkohl:	250 kg/ha

Kalkulation „Betriebsübliches Verfahren“

N_{Min} zur Pflanzung	40 kg/ha (durch intensive Bearbeitung und geringen Bewuchs)
Nachlieferung Boden	85 kg/ha (normale Nachlieferung)
Freisetzung aus Zwischenfrucht	40 kg/ha (Gesamt-N in Biomasse 90 kg/ha || C/N-Verhältnis 14 || Verfügbarkeit von 45 % = ca. 40 kg/ha)
Handelsdünger	85 kg/ha (das Bedeutet eine Düngung von 170 kg Rein-N bei 50 %iger Verfügbarkeit)
Gesamt	250 kg/ha

Reduzierte Parameter bei Direktpflanzung

- N-Freisetzung aus Mulchschicht: –50 %
- Nachlieferung aus Boden: –50 %

Kalkulation „Direktpflanzung“

N_{Min} zur Pflanzung	10 kg/ha (dichte Zwischenfrucht hat viel N verbraucht)
Nachlieferung Boden	45 kg/ha (um ca. 50 % geringere Nachlieferung, da nicht bearbeiteter und kühlerer Boden)
Freisetzung aus Zwischenfrucht	10 kg/ha (Gesamt-N in Biomasse 200 kg/ha || C/N-Verhältnis 25 || Verfügbarkeit von 10 % = ca. 20 kg/ha || Abzug von 50 % wegen fehlender Einarbeitung = 10 kg/ha)
Handelsdünger	185 kg/ha (das bedeutet eine Düngung von 370 kg Rein-N bei 50 %iger Verfügbarkeit)
Gesamt	250 kg/ha

Die Kalkulation zeigt, dass Direktpflanzung die N-Verfügbarkeit in verschiedenen Bereichen einschränkt. Sowohl im Bereich des verfügbaren als auch des nachgelieferten Stickstoffs; aber auch in der Nachlieferung durch die Zwischenfrucht. Eine Einarbeitung von jungem Pflanzenmaterial liefert deutlich mehr Stickstoff als das Walzen und oberflächliche Ablegen von sehr altem Pflanzenmaterial. In der Summe führt dies zu einer mehr als doppelten Menge an benötigtem Handelsdünger in der Direktpflanzungsvariante.

Zwar kann diese N-Kalkulation als sehr konservativ beschrieben werden: Die Reduktion der N_{Min}-Gehalte und der Nachlieferung aus dem Humus sind relativ hoch angesetzt. Außerdem kann die Frage gestellt werden, ob aus dem fast reinen Leguminosen-Mulch nicht doch größere Mengen an Stickstoff frei werden. Doch mit all dem kann man nicht fest rechnen, weshalb gerade beim Beginn der Umsetzung dieser Systeme durch eine pessimistische Kalkulation und etwas höhere Düngegaben die Erträge abgesichert werden sollten. Mit mehr Erfahrung, einem etwaigen Humusaufbau und größerem Erfolg bei der Umsetzung können dann ggf. auch geringere Düngestufen mit Erfolg gefahren werden.

Kalkulation: N-Kalkulation bei Direktpflanzung (*Fortsetzung*)

Gerechnet wurde dieses Beispiel mit den Daten und Formeln aus der Kalkulationstabelle „N-Kalkulation Praxis“ von Dr. Hermann Laber vom Sächsischen Landesamt für Umwelt, Landwirtschaft und Geologie.

Bitte beachten: Bei diesen Zahlen handelt es sich um Schätzungen, die auf Praxisbeobachtungen basieren. Eine wissenschaftliche Bestätigung dieser N-Flüsse steht noch aus.

Unterfußdüngung/präzise Düngung

Eine Maßnahme zur Entschärfung der Unkrautproblematik in Direktsaatsystemen ist die platzierte und präzise **Depotdüngung**. Die Ausbringung der Handelsdünger sollte also nicht unkontrolliert ganzflächig erfolgen, sondern entweder als Punkt- und Streifenablage direkt unter dem Saat- oder Pflanzgut. So werden die Düngemittel in direkter Umgebung der Kulturpflanze mineralisiert und von den Kulturpflanzen aufgenommen und Unkräuter in der Umgebung haben einen schwereren, räumlichen Zugriff darauf.

Sätechnik/Pflanztechnik 

Optimierungsmöglichkeiten bestehen hier bei der eingesetzten Technik. Konnte die Zwischenfrucht abgetötet werden und liegt nun als Mulch auf, folgt als nächstes in der Direktsaatsequenz die Saat bzw. Pflanzung der Hauptkultur.

Die dicke Mulchschicht stellt besondere **Anforderungen** an die Sä-/Pflanzmaschine:

- Die Mulchschicht muss aufgetrennt werden. Dabei darf die Maschine nicht stopfen und muss sicher schneiden. Auch rankige Pflanzen, wie z. B. Winterwicke, müssen sicher durchtrennt werden.
- Der Säschlitz muss geöffnet und geformt werden. Hierbei sollte möglichst wenig Boden aufgewühlt und ausgeworfen werden und der Säschlitz möglichst nicht seitlich oder nach unten verpresst werden, sondern krümelig und porig sein.
- Das Saatgut oder die Jungpflanzen müssen sicher abgelegt und angedrückt werden. Die Ablagetiefe muss präzise, die Maschine also in der Tiefe exakt einstellbar sein.
- Der Säschlitz muss verschlossen, das Saatgut bzw. die Jungpflanzen angedrückt und die Mulchschicht wieder zugeschoben werden. Der Säschlitz darf nicht offen liegen und austrocknen und nicht für Fraßfeinde wie Vögel zugänglich sein.
- Idealerweise kann die Maschine während des Arbeitsgangs unter dem Sä- oder Pflanzhorizont eine Düngung unterfuß oder seitlich versetzt ablegen.
- Ziel ist, dass die Saat/Pflanzung kaum Spuren hinterlässt und die Mulchdecke nach dem Vorgang wieder geschlossen ohne offensichtliche Schlitze daliegt.

All dies ist leichter zu gewährlisten bei einer Mulchschicht aus einer gewalzten Zwischenfrucht als bei Transfer-Mulch aus z. B. Kleegras-Häckseln. Die Mulchschicht ist oft strohiger und weniger fein, was einen Schnitt erleichtert. Zudem ist der Boden unter der Zwischenfrucht unbearbeitet, sodass er als Gegenschneide für ein auftrennendes Werkzeug dienen kann. Deshalb kommen für die Saat/Pflanzung vor allem Scheibenseche zum Einsatz, die mit ausreichend Druck die Mulchdecke auftrennen.

Auch wenn Direktsaat- bzw. Direktpflanzungsmaschinen am besten diesen Anforderungen gerecht werden, ist die Dicke der Mulchauflage dennoch eine ungewöhnlich große Herausforderung für diese Geräte. Meistens sind sie konzipiert, um durch Erntereste wie Mais oder Getreidestoppeln zu säen, aber nicht durch eine 7–10 cm dicke

Unkrautunterdrückung   Technik

organische Mulchauflage aus massiven Zwischenfruchtbeständen. Auch sie sind deshalb ggf. anzupassen bezüglich des Schardrucks oder zusätzlicher Scheibenseche.

Grundsätzlich stehen in der Direktsaattechnik **drei Schartypen** zur Verfügung, deren Vor- und Nachteile für diese extremen Anforderungen an dieser Stelle kurz erläutert werden sollen.

Zinkenschare

Zinkenscharmaschinen reißen einen Schlitz in den Boden und legen hinter der Zinkenschar das Saatgut ab. Die Varianten reichen von sehr simplen bis zu sehr komplexen Konstruktionen. Zinkenscharmaschinen sollten bei entsprechenden Böden über eine Steinsicherung verfügen. Bei manchen Geräten sind die einzelnen Schare parallel geführt, sodass eine optimale Bodenanpassung möglich ist. Scheibenseche vor der Zinkenschar sind für eine Verwendung unter den oben beschriebenen Bedingungen eine absolute Voraussetzung.

Vorteile Zinkenschare

- Räumen die Saatrille gut aus.
- Ziehen sehr gut eigenständig in den Boden ein. Dadurch wird nur ein geringer Schardruck benötigt.
- Haben einen geringen Zugkraftbedarf.
- Können relativ einfach und dadurch günstig konstruiert werden (Eigenbau möglich).
- Sind z. T. eine Umbauvariante von Geräten, die sonst auch zur Bodenbearbeitung eingesetzt werden (z. B. Gänsefußschargrubber). Denkbar wäre in diesen Fällen ein Umbau, der die Zwischenfrucht bei der Saat nochmal unterschneidet.
- Breitsaat und Unterfußdüngung sind häufig möglich.

Nachteile Zinkenschare

- Meist sind nur weite Reihenabstände (> 18 cm) realisierbar.
- Meist keine Einzelschar-Tiefenführung und wenn ja, dann sehr aufwendige und teure Konstruktionen.
- Braucht zwingend ein Scheibensech als Vorwerkzeug. Dafür sind nicht alle Geräte konstruiert.
- Brauchen ggf. eine recht aufwendige Steinsicherung.

Scheibenschare

In Ländern, in denen die Direktsaat weit verbreitet ist, finden vor allem Scheibenschare ihre Verwendung. Grundprinzip ist eine verschiedene Anzahl an Scheiben, die durch den Druck des Eigengewichts in den Boden gedrückt werden, damit einen Schlitz öffnen und das Saatgut hierin platzieren. Man unterscheidet **Einscheibenschare**, bei denen eine Schar den Boden seitlich zur Seite schiebt, **Zweischeibenschare**, wo durch eine Doppelscheibe der Boden beidseitig zur Seite gedrückt wird, und **Dreischeibenschare**, wo vor einer Zweischeibenschar noch ein Scheibensech läuft, um eine etwaige Mulchauflage zusätzlich zu schneiden.

In Ausnahmefällen haben Ein- oder Zweischeibenscharmaschinen in den hier diskutierten dicken Mulchauflagen gute Ergebnisse erzielt. Problematisch ist hier aber, dass sie nicht sicher durch die Mulchauflage schneiden und oft Mulchmaterial in den Schlitz drücken und das Saatgut dann nicht in der Erde, sondern auf dem hineingedrückten organischen Material ablegen (sogenannter „Haarnadeleffekt" bei Stroh). Aus diesen Gründen sind Dreischeibenscharmaschinen am ehesten für die beschriebenen Bedingungen geeignet, da sie diese Probleme nicht haben.

Vorteile Dreischeibenscharmaschinen

- Schaffen einen sehr sicheren Schnitt durch die Auflageschichten. Kein Haarnadeleffekt wie bei Ein- oder Zweischeibenscharmaschinen.
- Arbeiten sehr zuverlässig und sicher, verstopfen also nicht.
- Passen sich sehr gut an den Boden mit seinen Unebenheiten an.

Abb. 13.27 Scheibenschar-Direktsaattechnik für Direktsaat in Drillsaat. Hier im Einsatz bei Direktsaat von Wintergetreide in eine legume Zwischenfrucht.

Abb. 13.29 Scheibenschar-Direktsaattechnik für Einzelkorn-Reihensaat. Doppeltes Scheibensech. Optionale Räumsterne und Doppelscheibe.
① Andruckrollen: Um Mulchauflage unten zu halten
② Erstes Scheibensech: Zum Durchtrennen der Mulchauflage
③ Scheibenschar für Unterfußdüngung: Kann auch als 2. Schneidwerkzeug genutzt werden, wenn direkt in Säreihe arbeitend
④ Düngebehälter
⑤ Wellscheibensech: ebenfalls für Durchschneiden der Mulchauflage und für die leichte Krümelung im Säschlitz
⑥ Zusatzgewichte: ca. 50–100 kg pro Säreihe
⑦ Säaggregat: Ebenfalls wieder mit Andruckrollen für Mulchauflage und Einstellung der Sätiefe. Dann Doppelscheiben für Saatgutablage
⑧ Saatguttank
⑨ Schwere Andruckrollen: Zum sicheren Verschließen des Säschlitzes.
Nicht sichtbar: Sogenannte „Seed Firmer" hinter dem Säaggregat der das Saatgut nach Ablage zusätzlich in die Säreihe drückt und ein „Verspringen" verhindern soll.

- Schare können nach oben ausheben. Eine Steinsicherung ist daher bei den meisten Geräten implizit.
- Die Maschine kann mit hohen Geschwindigkeiten (> 9 km/h) gefahren werden.

Nachteile Dreischeibenscharmaschinen

- Sehr hohe Schardrücke nötig. Dadurch notwendig:
  - höheres Gewicht
  - höherer Zugkraftbedarf
- Das Schließen des Säschlitzes kann manchmal problematisch sein. Es sind an die Bodenart angepasste Andruckrollen bzw. Verschlussräder erforderlich.

Abb. 13.28 Optimaler Auflauf von Wintergetreide durch die Mulchschicht einer gewalzten Zwischenfrucht.

Abb. 13.30 Auflauf von Sojabohnen unter einer Roggen-Mulchauflage.

Das größte Risiko auch bei Dreischeibenscharmaschinen ist die seitliche Verpressung des Säschlitzes. Dies ist vor allem auf bindigen, tonigen Böden ein Problem. Diese kleinen, leichten Verdichtungen (u. a. durch die hohen Schardrücke) können zu Problemen im Auflauf führen oder das Keimen bestimmter verdichtungsliebender Unkräuter befördern (z. B. Kamille). Sie sind daher unbedingt zu vermeiden. Auf schweren, tonigen Böden kann der Einsatz von Zinkenscharen geprüft werden.

Strip-Till

Grundsätzlich ist bei hohen Mulchauflagen auch eine Bestandsetablierung über Strip-Till-Verfahren möglich. Hierbei wird ein Streifen aus der Zwischenfrucht herausgearbeitet und die Kultur dann in den offenen gelockerten Boden gesät oder gepflanzt.

Die Prinzipien von Strip-Till sind also wie folgt:

- Streifenweise Beseitigung der Mulchauflage und flache Saatbettbereitung/Bodenbearbeitung (Streifen ca. 10–20 cm breit).
- Ggf. Lockerung im Streifen 10–25 cm tief.
- Reihenabstände von 25–75 cm sind möglich.
- Die Saat erfolgt im selben Arbeitsgang oder separat mit entsprechender Sätechnik.
- Je breiter der Streifen, desto mehr offener Boden und desto mehr potenzielles Unkrautaufkommen.

Vorteile Strip-Till

- Feines sauberes Saatbett.
- Schnellere Bodenerwärmung im Vergleich zu reiner Direktsaat.
- Durch Bearbeitung und Bodenerwärmung steigt die Nährstoffverfügbarkeit.
- Die Einarbeitung der Zwischenfrucht kann im jungen Stadium oder bei leguminosendominanten Beständen zu einer höheren Nährstoffverfügbarkeit führen.
- Eine Unkrautregulierung ist im Streifen möglich, z. B. Abflammen oder Hacken, aber auch absolut notwendig.

Nachteile Strip-Till

- Der Streifen an offenem Boden regt Unkraut zum Keimen an, da es dort keine Mulchauflage mehr gibt. Daher muss in diesem Bereich zwangsläufig mechanische Unkrautregulierung betrieben werden. Diese ist technisch sehr anspruchsvoll, da sehr präzise gearbeitet werden muss um
  a) die Kultur nicht zu schädigen und
  b) die Hacktechnik nicht mit dem Mulchmaterial neben den Streifen zu verstopfen.
- Es gibt nur sehr wenige Geräte, die sich für Strip-Till mit hohen Mulchauflagen eignen, da sie ggf. das Mulchmaterial vor der Bearbeitung streifenweise zur Seite schieben müssen.

Insgesamt eignet sich Strip-Till vor allem für Betriebe, die technisch sehr präzise arbeiten können, und für Kulturen, die eine schnelle Bodenerwärmung brauchen, aber gleichzeitig sehr konkurrenzstark sind und Unkraut selbst nach kurzer Zeit unterdrücken können.

Grundsätzlich gibt es zwei Möglichkeiten, Strip-Till mit Direktsaat zu verbinden – abhängig davon, welche Zwischenfrucht genutzt wurde.

Variante 1: Zwischenfrucht mit hohem Getreideanteil

Option A) Streifenbearbeitung vor Abtötungszeitpunkt der Zwischenfrucht Weist die Zwischenfrucht einen substanziellen Getreideanteil auf und soll die Zwischenfrucht in den Streifen eingearbeitet werden, darf man mit der Bearbeitung nicht bis zum Abtötungszeitpunkt warten. Da die Zwischenfrucht dann schon sehr strohig ist, würde im bearbeiteten Streifen durch die strohigen Rückstände eine massive N-Sperre eintreten. Deshalb werden die Streifen bereits herausgefräst oder bearbeitet, wenn die Zwischenfrucht noch jung ist. Bei überwinternden Zwischenfrüchten wäre dies im zeitigen Frühjahr oder sogar schon im vorherigen Herbst. Erfolgt die Streifenbearbeitung bereits im Herbst, kann in den Streifen auch mit einer Frostgare gerechnet werden. Im weiteren Verlauf werden die Streifen immer wieder bearbeitet (falsches Saatbett) und so unkrautfrei gehalten. Dies erfolgt so lange, bis die Zwischenfrucht, die zwischen den Reihen kräftig weiterwächst, ins Schossen geht. Eine Saat/Pflanzung erfolgt dann erst, wenn die Zwischenfrucht mechanisch abtötbar ist. Dann wird die Zwischenfrucht flächig niedergewalzt, die Streifen werden ein weiteres Mal bearbeitet und dann die Hauptkultur gesät/gepflanzt.

Option B) Streifenbearbeitung zum Abtötungszeitpunkt der Zwischenfrucht Soll die Streifenbearbeitung erst zum Abtötungszeitpunkt der Zwischenfrucht stattfinden, wenn also die Zwischenfrucht schon sehr strohig ist, dann muss das Strip-Till-Gerät die Mulchauflage in den Streifen erst zur Seite räumen und dann bearbeiten, damit es nicht durch die Einarbeitung des C-reichen organischen Materials zur N-Sperre kommt.

Variante 2: Zwischenfrucht mit sehr hohem Leguminosenanteil

Wird mit fast rein legumen Zwischenfrüchten gearbeitet, stellt sich das Problem der oben beschriebenen N-Sperre so nicht. Die Einarbeitung in den Streifen sollte dennoch mindestens zwei Wochen vor dem Abtötungszeitpunkt der Zwischenfrucht erfolgen, damit die nicht unwesentliche Biomasse vor der Etablierung der Hauptkultur umgesetzt werden konnte. Nach der Bearbeitung wird die Zwischenfrucht abgetötet, der Streifen erneut bearbeitet und dann die Hauptkultur etabliert.

Unkrautregulierung im Streifen Nach der Etablierung der Hauptkulturen muss bei Strip-Till der offene, bearbeitete Streifen unkrautfrei gehalten werden, bis die Hauptkultur ausreichend konkurrenzstark ist. Dies kann je nach Breite des Streifens technisch anspruchsvoll sein. Die Kultur muss links und rechts gehackt werden und darf dabei nicht beschädigt werden. Außerdem dürfen die Geräte die Mulchschicht zwischen den Reihen nicht erfassen und dadurch verstopfen bzw. noch mehr blanken Boden freilegen. Für diese Arbeitsgänge muss entsprechende Technik vorhanden sein.

Möglich und empfehlenswert ist es, die Streifen vor der Aussaat/Pflanzung durch mehrmaliges Hacken oder Abflammen, also durch ein sogenanntes **falsches Saatbett**, relativ unkrautfrei zu halten.

Alternativen zu Strip-Till Bevor Strip-Till genutzt wird, kann man zunächst darüber nachdenken, ob bei der Etablierung der Hauptkulturen in Direktsaat Sä- bzw. Pflanzmaschinen eingesetzt werden, die zur Saat oder Pflanzung den Boden unter den Pflanzreihen lockern, aber keinen blanken Boden freilegen.

Exkurs: Neue Sätechniken

Kreuzschlitzschare

Speziell für die Direktsaat entwickelt – allerdings sehr teuer und daher oft schlecht verfügbar – sind sogenannte Kreuzschlitz-Sämaschinen. Sie formen einen kreuzartigen Schlitz im Boden, indem eine Schar mit zwei Flügeln an den Seiten durch den Boden läuft. Das Ganze ist ebenfalls kombiniert mit Schneidwerkzeugen bei dicken Mulchauflagen. Die Flügel formen einen Querschlitz, in dem auf der einen Seite das Saatgut und auf der anderen Seite der Dünger abgelegt werden kann. Der **Vorteil** gegenüber Dreischeibenscharmaschinen ist, dass noch sicherer mit noch höheren Geschwindigkeiten gearbeitet werden kann. Außerdem erzeugt das Gerät einen sehr luftigen Säschlitz, in dem Feuchtigkeit zirkuliert und die Saat optimale Keimbedingungen vorfindet. Zudem besteht durch die Scharform keine Gefahr der Seitenwand- oder Sohlenverpressung und -verdichtung. Die Geräte sind noch schwerer, noch teurer und brauchen noch mehr Zugkraft als Dreischeibenscharmaschinen.

Weitet man den Blick weg vom reinen Saatergebnis hin zu den systemischen Konsequenzen der verschiedenen Sätechniken, so kann Folgendes festgehalten werden:

Abb. 13.31 Strip-Till/Streifenbearbeitung zu Kohl im ökologischen Gemüsebau.

Abb. 13.32 Kohl nach Strip-Till.

Vor- und Nachteile der Sätechnik/ Strip-Till

Bodenerwärmung Je mehr offener Boden dem Sonnenlicht ausgesetzt ist, desto schneller erwärmt er sich. Während Scheibenschare so gut wie keinen offenen Boden hinterlassen, ist hier die Bodenerwärmung am langsamsten. Bei Zinkenscharen ist aufgrund der Arbeitsweise etwas mehr offener Boden zu sehen. Bei Strip-Till ist die Erwärmung entsprechend am höchsten.

Störung der Altverunkrautung im Säbereich Bodenbewegung bedeutet auch Störung von Altverunkrautung: Entsprechend gilt hier die gleiche Rangfolge wie bei der Bodenerwärmung.

Keimruhe des Unkrauts in der Särille Genau entgegengesetzt verhält es sich mit dem Erhalt der Keimruhe von Unkraut in der Särille. Je stärker der Boden bei der Saat gestört wird, desto mehr Unkraut wird zum Keimen angeregt. Die dadurch entstehende Verunkrautung besonders nah an der Kulturpflanze kann bei fehlender Möglichkeit der Unkrautregulierung im Säschlitz durch eine daneben liegende Mulchauflage zu massiven Problemen und zu Ertragseinbußen führen. Entgegengesetzt zur Bodenerwärmung schneidet hier die Scheibenschartechnik mit der minimalsten Bodenstörung am besten ab, Strip-Till am schlechtesten; Zinkenschare liegen im Mittelfeld.

Exaktheit bei großer bzw. kleiner Saatgutgröße/Sätiefe Scheibenschartechnik hat einen Vorteil bei der Aussaat von feinem Saatgut in flachen Tiefen durch eine präzise Tiefenführung. Schwerer ist hier die Ablage von grobem Saatgut in tiefen Bodenschichten, da ein Eindringen der Schar hohe Schardrücke erfordert. Umgekehrt verhält es sich bei Zinkenscharen. Die grobe, nicht so präzise in der Tiefe geführte Schar eignet sich gut für gröberes Saatgut. Sehr feines Saatgut, was präzise flach abgelegt werden muss, stellt eine Herausforderung für das Gerät dar. Im Strip-Till-Verfahren kann durch das saubere Saatbett sowohl feines als auch grobes Saatgut gut in der nötigen Tiefe abgelegt werden.

Standraumverteilung Grundsätzlich stellen sich bei der Aussaat auch Fragen nach der Standraumverteilung der Kultur.

Eine Option ist ein möglichst enger Reihen- und Pflanzenabstand, um einen möglichst gleichmäßigen Bestand zu formen, der das Unkraut durch den eigenen Wuchs möglichst schnell unterdrückt. Hierfür sind Zinkensätechnik und Strip-Till nur bedingt geeignet, Scheibenschartechnik hingegen schon.

Die andere Option ist ein weiter Reihenabstand, der eine mechanische Unkrautregulierung ermöglicht. Ein weiter Reihenabstand lässt sich mit allen Geräten erreichen.

Mehrere Sä- bzw. Düngetanks Grundsätzlich vorteilhaft ist es, wenn die Sätechnik über mehrere Saat- bzw. Düngertanks verfügt, um verschiedenes Saatgut zeitgleich ggf. in verschiedenen Reihen und/oder verschiedenen Tiefen auszubringen. Diese Möglichkeit ist bei allen Geräten ähnlich gegeben.

Flexibel einsetzbar Des Weiteren ist es vor allem im ökologischen Landbau wichtig, dass die Sämaschine, die für die Direktsaat verwendet wird, nicht so weit spezialisiert ist, dass sie nicht auch auf bearbeitetem Boden gute Ergebnisse liefert. Schließlich ist eine permanente Direktsaat im Ökolandbau nicht möglich, und so ist es erforderlich, dass die Sätechnik unter möglichst verschiedenen Bedingungen ein gutes Resultat liefert.

Direktsaat im Gemüsebau

Eine entscheidende Rolle spielt im Gemüsebau die Einzelkornsaat. Dies führt dazu, dass eigentlich nur Dreischeibenscharmaschinen für eine Direktsaat infrage kommen, da direktsaattaugliche Zinkensämaschinen mit Einzelkornablage eher selten sind. Die Auswahl an Geräten ist hier vielfältig und groß.

Direktpflanzung im Gemüsebau

Genauso wie bei Direktsaat sind die Anforderungen an Direktpflanzungstechnik nicht so hoch wie bei der Pflanzung in Transfer-Mulch.

Das Grundprinzip für die Pflanzung durch eine dicke Mulchschicht aus abgestorbener Zwischenfrucht ist ähnlich zur Saat. Zuerst ein Scheibensech mit genügend Schardruck, das den Mulch aufschneidet, dann eine Pflanzschar, was Platz für die Jungpflanze schafft, und zuletzt möglichst schwere Andruckrollen, die sowohl die Jungpflanze andrücken als auch den Mulch zurück an die Jungpflanze räumen.

Auch **Umbauten** bereits vorhandener Pflanzmaschinen sind relativ leicht machbar.

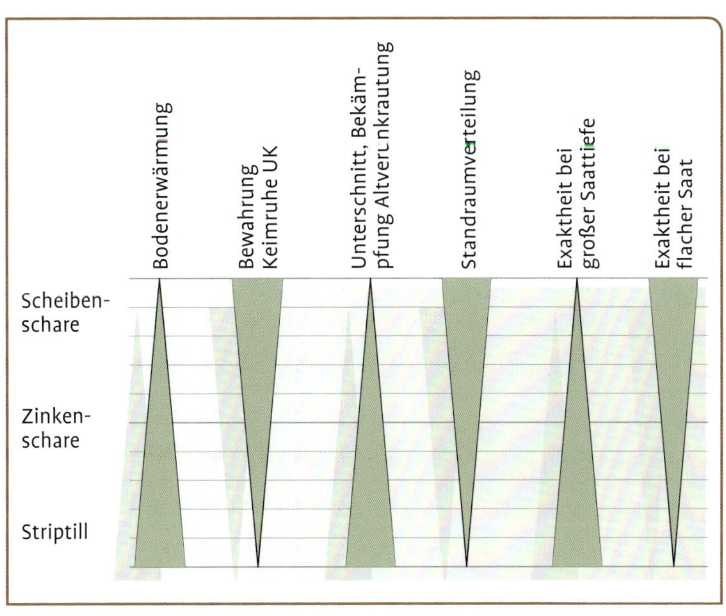

Abb. 13.33 Stärken und Schwächen von Direktsaat mit Scheiben- bzw. Zinkenscharen sowie Strip-Till.

So können in vielen Betrieben vorhandene Pflanzmaschinen mit einem Scheibensech versehen werden, welches vor der Pflanzschar läuft. Zusätzlich müssen die Pflanzaggregate ggf. beschwert werden, damit sie gut in den unbearbeiteten Boden eindringen können und die Andruckrollen so modifiziert werden, dass sie mehr Druck auf die Innenseite der Rollen verlagern, um sowohl Mulch zurückzuschieben als auch die Jungpflanze anzudrücken.

Optional kann die Pflanzmaschine beim Pflanzprozess bereits die Pflanzen angießen, Tröpfchenbewässerungsschläuche verlegen, mit einer separaten Düngerschar und aufgesatteltem Düngertank eine Startdüngung mit ablegen und/oder mit einer Lockerungsschar den Pflanzschlitz vor der Ablage der Jungpflanze lockern. Verschiedene Modelle aus den USA zeigen hier, was möglich ist.

Natürlich ebenfalls möglich, aber keine Voraussetzung bei der Pflanzung durch eine gewalzte Zwischenfrucht, ist die im Kapitel 12 erwähnte Pflanztechnik mit rotierenden Messern. Diese funktioniert selbstverständlich auch unter den weniger anspruchsvollen Bedingungen einer Direktsaat in gewalzte Zwischenfrucht.

Abb. 13.34 Umgebaute Accord-Pflanzmaschine mit Scheibensech.

Abb. 13.35 Pflanzmaschine für Direktpflanzung mit Scheibensech, Lockerung in der Pflanzreihe und Pflanzaggregat.

Abb. 13.36 Pflanzaggregat mit Doppelscheibe, die den Schlitz für den Pflanzschuh öffnet.

Exkurs: System Ron Morse

Prof. Ron Morse an der Virginia Tech University in den USA entwickelte über Jahrzehnte Direktpflanzungssysteme u. a. auch für den Ökolandbau.
Idealerweise senkt man vor der Umsetzung des Systems den Unkrautdruck durch 1–2 Jahre relativ intensive Bearbeitung und schnell wachsende Begrünungen (z. B. mit Buchweizen und Sudangras) auf der entsprechenden Fläche. Außerdem sollte der Boden über Kompost- und Einzelnährstoffdüngergaben von den Versorgungsgraden und den Humusgehalten her optimal vorbereitet werden.
Prof. Morses System basiert auf der Anlage von festen Beeten und festen Fahrgassen. Eine Fruchtfolgesequenz in dem System besteht dann in der Etablierung einer Zwischenfrucht, die je nach Konkurrenzstärke der folgenden Gemüsekultur mindestens 5–7,5 t TM/ha oder besser 7,5–10 t TM/ha bilden sollte. Das Gemüse wird dann ohne Bodenbearbeitung direkt in die Mulchschicht gepflanzt. Nach der Ernte folgen eine flache Bearbeitung mit der Fräse und die Saat der nächsten Zwischenfrucht.
Morse entwickelte das Konzept der **„Minimum Weed-free Period“**. Die Zeit also, die der Zwischenfrucht-Mulch das Unkraut effektiv unterdrücken muss, bis die Kulturpflanze selbst konkurrenzstark genug ist. Kulturen sollten daher vom Standraum her optimal gepflanzt werden, um möglichst schnell die Reihen zu schließen. Die Jungpflanzen sollten optimale Qualitäten aufweisen, um eine rapide Jugendentwicklung sicherzustellen.
Eine weitere Maßnahme zur Unkrautunterdrückung ist das präzise Zuführen von Wasser und Nährstoffen für die Kulturpflanze bei gleichzeitigem Aushungern des Unkrauts. Als Dünger nutzt man möglichst schnell verfügbare Handelsdünger. Sie werden bei der Pflanzung als Streifen unter die Pflanzreihen gelegt, sodass die Nährstoffe vor allem der Kulturpflanze und nicht dem Unkraut zur Verfügung stehen. Ähnliches gilt für das Wasser: Bei ausschließlicher Tröpfchenbewässerung in der Pflanzreihe profitiert das Unkraut nicht von der Bewässerung der Kultur. Weitere Kopfdüngungen erfolgen 1- bis 2-mal im Kulturverlauf flüssig über die Bewässerung oder als Applikation in der Pflanzreihe. Insgesamt wird ein recht hohes Düngeniveau mit schnell verfügbaren Düngemitteln gefahren, um die gehemmte Mineralisation aus der Bodensubstanz, vor allem in den ersten Jahren, auszugleichen.
Ein weiterer Baustein des Systems ist die Lockerung während der Pflanzung. Mit spezieller Pflanztechnik wird ein Schlitz in den Zwischenfrucht-Mulch geschnitten und es wird mit einer schmalen Schar in der Pflanzreihe intensiv gelockert und gedüngt, ohne Boden aufzuwühlen.
Sehr gute Erträge über viele Jahre erzielte Ron Morse im warmen Klima von Virginia mit der folgenden Kombination von Zwischenfrüchten und Hauptkulturen:

Hauptkultur	Zwischenfrucht
Freiland-Tomaten, Freiland-Paprika, Kürbis	Roggen oder Wick-Roggen
Freiland-Tomaten, Freiland-Paprika, Kürbis	Gerste + Inkarnatklee
Frühjahrs-Brokkoli	Winterwicke
Herbst-Brokkoli	Sojabohne + Kolbenhirse (*Setaria italica*) + Augenbohne (*Vigna unguiculata*)
Frühjahrspflanzungen nach abfrierender Zwischenfrucht	Sojabohne + Sudangras (*Sorghum sudanense*) Schwarzhafer + Sommerwicke Saathafer + Sommerwicke

Aussaat/Pflanzung der Hauptkultur

Kulturauswahl

Mit der richtigen Auswahl der Hauptkultur bieten sich Optimierungsmöglichkeiten in allen sechs Bereichen: Gare,Unkrautunterdrückung, Nährstoffversorgung, Wärmehaushalt, Wasserverfügbarkeit und Technik.

Analog zu Transfer-Mulchsystemen bieten sich für Direktsaat-/Direktpflanzungssysteme vor allem Kulturen mit einer langen Kulturdauer und einem überschaubaren Nährstoffbedarf an. Kulturen, die eine kurze Kulturdauer und in diesem Zeitraum einen verhältnismäßigen hohen Nährstoffbedarf haben, müssen optimal geführt werden, um gute Erträge zu liefern.

Gemengeanbau

Wer nicht ohnehin schon mit Gemengen arbeitet, sollte bei der Umsetzung von Bio-Direktsaatsystemen darüber nachdenken, diese einzuführen. Gemenge haben oft eine wesentlich bessere Fähigkeit, Unkräuter zu unterdrücken. Da die Zwischenfrüchte allerdings oft wohlüberlegt auf die Hauptkultur abgestimmt sind, sollten Gemenge mit klarem Schwerpunkt gewählt werden. Dem ausgewählten Hauptertragsbildner sollte man nur in geringen Anteilen einen Partner zur Seite stellen.

Sortenwahl

Unkrautunterdrückend

Bei der Sortenwahl der Hauptkultur sollte neben den betriebsüblichen Anforderungen und Kriterien besonderes auf die Triebkraft des Saatguts einer Sorte, deren möglichst zügige Jugendentwicklung und eine zur Unkrautunterdrückung optimale Blattstellung geachtet werden, um Unkraut möglichst effizient zu unterdrücken.

Frühe Reifegruppen

In Klimaten, in denen die Kombination von bestimmten Zwischen- mit Hauptfrüchten in Direktsaat von den Wärmesummen her schwierig ist, lohnt es sich, bei der Hauptkultur auf Sorten zurückzugreifen, die eine frühe Abreife bei trotzdem annehmbaren Erträgen aufweisen.

Aussaatzeitpunkt

Optimaler Aussaatzeitpunkt

Um einen möglichst konkurrenzstarken Hauptkulturbestand zu etablieren, der schnell die Reihen schließt, sollte die Aussaat nicht vor der optimalen Boden-/Keimtemperatur erfolgen. Dies kann in Bio-Direktsaatsystemen bedeuten, dass sich die Aussaat nach hinten verschiebt. Allerdings sollte man hier Geduld wahren. Denn wenn die Hauptkultur schlecht aufläuft und sich aufgrund eines zu kalten Bodens nur verzögert entwickelt, kann das Unkraut schnell überhandnehmen. Eine Herausforderung kann dies bei Kulturen darstellen, die jeden Tag Wachstum brauchen, um rechtzeitig abzureifen (z. B. Körnermais oder Soja).

Aussaatzeitpunkt bis zum sicheren Niederschlag verzögern

Gibt es nicht ausreichend Niederschläge nach der Aussaat der Hauptkultur, sind massive Ertragseinbußen zu erwarten. Besteht die Möglichkeit zu bewässern, verbessert sich die Resilienz des Systems deutlich. Es ist grundsätzlich entscheidend für den Erfolg von Direktsaatsystemen, die Aussaat möglichst vor Regenereignissen zu terminieren, da die Zwischenfrüchte mit ihrem massiven Wachstum die Bodenwasservorräte oft aufgebraucht haben. Durch ein Verzögern der Saat der Hauptkultur bis zu den nächsten Niederschlägen können Wasservorräte wieder aufgefüllt werden. Gegebenenfalls muss man nach dem Abtöten der Zwischenfrucht und vor der Saat der Hauptkultur auf Niederschläge warten, da sich der Saatzeitpunkt nach der Bodenfeuchte richten sollte. Dies gilt vor allem für leichte Standorte mit geringer Wasserhaltekapazität.

Wasserverfügbarkeit · Wärme/Klima · Nährstoffversorgung · Unkrautunterdrückung

Mulchschicht altern lassen 

Der Vorteil eines verzögerten Saatzeitpunktes nach dem Abtöten der Zwischenfrucht kann sein, dass eine einige Tage oder Wochen alte Mulchauflage einfacher mit Direktsaattechnik zu durchschneiden ist als frisches Material.

Bodenfeuchte 

Zu trockene und womöglich noch schwere Böden können dazu führen, dass auch die beste Direktsaattechnik an ihre Grenzen kommt. So können Probleme, die im ersten Moment mit technischen Mängeln (schlechtes Eindringen der Säschare, schlechte Saatgutablage, schlechtes Schließen des Säschlitzes) in Verbindung gebracht werden, eigentlich auf zu trockene Bodenverhältnisse zurückgeführt werden. Dieses Scheitern der Technik an ausgetrockneten Böden führt dann zu desaströsen Feldaufgängen.

Erst Hauptkultur säen, dann Zwischenfrucht abtöten 

Das oben beschriebene Verfahren, bei dem die Hauptkultur in die stehende Zwischenfrucht gesät und die Zwischenfrucht erst einige Wochen später abgetötet wird, macht auch die technische Umsetzung von Direktsaatsystemen leichter: Es ist für entsprechende Satechnik deutlich leichter, durch eine stehende Zwischenfrucht eine erfolgreiche Direktsaat zu realisieren als durch die dicke Mulchschicht einer liegenden Zwischenfrucht. Dadurch dass keine Mulchschicht durchschnitten werden muss, liefert auch suboptimale Technik mit Ein- oder Zweischeibenscharen hier ein gutes Ergebnis. Auch wenn es im ersten Moment eine ungewöhnliche Vorstellung ist, mit einer Direktsämaschine in einen stehenden 2 m hohen Wick-Roggen zu fahren, wurden mit dieser Methode dennoch gute Erfolge erzielt.

Standraumverteilung 

Entscheidend für die Konkurrenzkraft der Hauptkultur kann auch deren Standraumverteilung sein. Bei Reihenkulturen wie Mais, Soja & Co. stehen sich hier drei Varianten gegenüber: Die **Drillsaat mit sehr engem Reihenabstand** (12,5–19 cm), die **Einzelkornsaat mit mittlerem Reihenabstand** (37,5 cm) und die **Einzelkornsaat mit größerem Reihenabstand** (50–75 cm). Bei der Drillsaat ist die Konkurrenzkraft der Hauptkultur am höchsten, da sie den Bestand schneller schließt. Bei **mittlerem und größerem Reihenabstand** ergibt sich hingegen der Vorteil, mit speziellen Geräten eine mechanische Unkrautregulierung durchzuführen.

Abb. 13.37 Soja in Direktsaat in Drillsaat...

Abb. 13.38 ... und in Reihensaat. Während der gedrillte Bestand einen schnelleren Bestandesschluss und damit eine gute Unkrautunterdrückung ermöglicht, kann in der Reihenkultur mit Spezialtechnik noch gehackt werden.

⚙ Technik

Bei Kulturen, die in Drillsaat bestellt werden wie Getreide, sollte nur in weiter Reihe gearbeitet werden, wenn Hacktechnik zur Verfügung steht, die mit einer entsprechend dicken Mulchauflage zurechtkommt. Ist dem nicht der Fall, sollte man mit möglichst engem Reihenabstand säen, um die Unkrautunterdrückung zu optimieren.

Nur bei einer geringen Mulchauflage (3–6 t/ha) ist eine Drillsaat technisch möglich und sollte auch nur bei einem geringen Unkrautdruck durchgeführt werden. Unter diesen Bedingungen wurden in der Bio-Direktsaat bereits 10 % höhere Erträge als mit einem größeren Reihenabstand erzielt.

Bei einer hohen Mulchauflage (7–12 t/ha) muss bei **Einzelkornsätechnik** mit hohen Schardrücken gearbeitet werden. Außerdem ist diese bei hohem Unkrautdruck angezeigt, um weite Reihenabstände zu wählen, die eine Unkrautregulierung mit speziellen Reihenhackgeräten möglich machen.

Im Gemüsebau können im Zuge einer Umstellung auf Mulch- und Direktpflanzungssysteme konventionelle Pflanzdichten angestrebt werden. Eine enge Pflanzung im Verbund kann bei ausreichender Nährstoffversorgung ähnliche Erträge liefern. Die Vorteile einer sehr intensiven, dichten Pflanzung sind der schnelle Bestandesschluss und die damit einhergehende Unkrautunterdrückung.

Aussaatstärke

Aussaatstärke erhöhen für Unkrautunterdrückung und Biomassebildung

Ebenfalls empfehlenswert ist das Heraufsetzen der Aussaatstärken der Hauptkultur, um etwaige Verluste durch suboptimale Saatgutablage und etwaige allelopathische Effekte der Mulchauflage/Zwischenfrucht auf die Keimung auszugleichen und den Bestand der Hauptfrucht konkurrenzstärker zu machen.

Aussaatstärke erhöhen, um Aussaatverluste zu kompensieren

Die Erhöhung der Saatstärke ist nicht nur aufgrund von unkrautregulierenden Effekten zu empfehlen, sondern gerade auch sinnvoll, wenn die Sätechnik für Bio-Direktsaatbedingungen nicht optimal ist. Etwaige Verluste durch unpräzise Ablage des Saatguts und einem daraus resultierenden geringeren Feldaufgang können so zum Teil ausgeglichen werden.

Optimierte Sätechnik 

Ein weiterer Optimierungsfaktor bei der Aussaat ist eine präzise und sichere Ablage des Saatgutes durch angepasste Sätechnik. Sie ist entscheidend für einen gleichmäßigen und zuverlässigen Feldaufgang der Hauptkultur und damit auch ausschlaggebend für deren Ertragsbildung. Gerade bei Einzelkornsägeräten, die bei hohen Mulchauflagen zum Einsatz kommen, gibt es hier spezielle Anforderungen.

So kann beispielsweise eine Dreischeibenschartechnik noch weiter optimiert werden. In der verbesserten Variante läuft beispielsweise zuerst ein Schreibensech mit links und rechts jeweils einer Andruckrolle, die die Mulchschicht nach unten drückt und dem Sech dabei zu einem besseren Schnitt verhilft. Es folgt ein weiteres geriffeltes Scheibensech zum weiteren Schneiden und einer leichten Bodenbearbeitung im Säschlitz. Danach kommt die Doppelscheibe der Sämaschine mit den entsprechenden Einzelkorn-Säaggregaten. Optional können bei sehr hohen Auflagestärken Reihenräumer vor das zweite Scheibensech montiert werden. Ein solcher Reihenräumer sollte idealerweise nach Bedarf nach oben oder unten geklappt werden können. Werden die Reihenräumer eingesetzt, erhöht sich tendenziell das Unkrautvorkommen in der Säreihe, da hier mehr Boden freigelegt wird als wenn nur mit Scheibensechen gearbeitet wird und der Säschlitz entsprechend dünn bleibt (Abb. 13.29).

Unkrautunterdrückung   Technik

Vor allem auf schwereren Böden oder unter trockenen Verhältnissen müssen die Schardrücke der Säaggregate ggf. durch Zusatzgewichte erhöht werden, um sicher durch die Mulchschicht hindurchzuschneiden (60–150 kg Zusatzgewicht pro Reihe).

Auch das Schließen des Saatschlitzes ist von großer Bedeutung für den Feldaufgang. Hier werden entweder zwei schwere, glatte, gusseiserne Andruckrollen verwendet oder man tauscht optional, unter feuchten Bedingungen, eine oder beide dieser Rollen durch eine gezackte Andruckrolle, die den Boden eher bricht und krümelt.

Die Maßnahmen in den nächsten Abschnitten optimieren die Nährstoffversorgung.

Zone-Seeding/Precision Planting

Wurde die Zwischenfrucht räumlich getrennt gesät, um in der Kulturreihe nährstoffmobilisierende Kulturen und zwischen den Reihen unkrautunterdrückende Kulturen zu nutzen, dann sollte die Aussat/Pflanzung ebenfalls entsprechend präzise in die dafür vorgesehenen Reihen erfolgen.

Präzise Düngung

Oft ist es nötig, Kulturen in Bio-Direktsaatsystemen stärker zu düngen. Aus Perspektive der Unkrautunterdrückung bietet es sich an, den Dünger möglichst präzise an der Kulturpflanze zu platzieren und nicht breit zu streuen. Dies kann z. B. direkt bei der Saat als Streifendüngung mit separatem Düngertank geschehen oder mit spezieller Technik im Bestand, z. B. Cultan-Technik für flüssige Dünger oder spezielle Düngereinleger für Systeme mit hoher Mulchauflage.

Lockerung zur Saat/Pflanzung

Um eine stärkere Mineralisation und damit Nährstoffverfügbarkeit anzuregen, können Direktsägeräte verwendet werden. Sie lassen die Mulchschicht intakt, lockern aber dennoch in den Säreihen.

Schwarze Plastikfolie im Gemüsebau

Im Gemüsebau begrenzen viele Faktoren eine Direktpflanzung nach abfrierender Zwischenfrucht im Frühjahr. Schwarze Mulchfolie kann hierbei sehr hilfreich sein – vor allem, wenn diese ohnehin im Betrieb genutzt wird. So eine Folie wirkt sich günstig aus auf Unkrautunterdrückung, Nährstoffversorgung, Wärmehaushalt, Wasserverfügbarkeit und Technik. So kann z. B. eine Direktpflanzung in eine abgefrorene (auch schnell abbaubare) Zwischenfrucht ermöglicht werden, indem man auf die abgefrorene Mulchauflage direkt zum Vegetationsbeginn ohne vorherige Bodenbearbeitung eine schwarze Mulchfolie legt. Für eine leichtere Ablage der Folie müssen ggf. die abgefrorenen Rückstände einmal niedergewalzt oder sehr flach eingeschält werden. Außerdem ist für dieses Verfahren ein Spezialfolienlegegerät erforderlich. Dieses schneidet mit Scheibensechen am Rand des Beets einen Schlitz, in den mit einem großen Druckrad die Folie gedrückt wird. Eine Andruckrolle schließt dann diesen Schlitz und verankert die Folie im Boden. Wichtig ist, dass die Folie eng am Boden anliegt, um einen Wärmeeffekt zu erzielen. Eine Pflanzung kann dann allerdings nur per Hand erfolgen, da handelsübliche Becher-Pflanzmaschinen nicht genügend Schardruck haben, um den unbearbeiteten Boden unter der Mulchfolie zu öffnen.

Das gleiche Verfahren funktioniert natürlich auch mit schwarzem Bändchengewebe oder anderen lichtundurchlässigen technischen Mulchmaterialien.

Kulturführung der Hauptkultur

Untersaaten

Untersaaten wirken unkrautregulierend, indem sie die Lücken füllen, die ansonsten von anderen Pflanzen besetzt werden würden. Je höher die Mulchauflagen in den Systemen, desto schwieriger ist allerdings ihre nachträgliche Etablierung, da ein oberflächliches Ausstreuen und Einarbeiten herausfordernd

Nährstoffversorgung  Wärme/Klima  Wasserverfügbarkeit  Gare 

ist. Bei sehr dünnen Mulchauflagen, bei denen auch Rollstriegel oder Rotorhacke zum Einsatz kommen, können aufgesattelte Saattanks genutzt werden, um das Saatgut einzubringen. Ähnliches gilt für die Ausbringung von Untersaaten beim Hacken mit dem High-Residue-Cultivator – auch wenn sich hier kleines Saatgut durch das grobe Bearbeitungsergebnis als schwierig zu etablieren erweisen könnte.

Das Mitsäen einer Untersaat zur Aussaat der Hauptkultur in einem Arbeitsgang ist jedoch immer möglich. Allerdings steigt dabei bei manchen Kulturen die Gefahr, dass die Untersaat auch der Hauptkultur Konkurrenz macht. Denkbar sind schließlich auch spezielle Direktsämaschinen, die speziell für die nachträgliche Aussaat von Untersaaten entwickelt wurden und einen entsprechend hohen Durchgang für bereits stehende Reihenkulturen haben.

Unkrautregulierung im Bestand

Unkrautbonitur Wie alle pflanzenbaulichen Bestände sollten auch solche, die in Direktsaat/Direktpflanzung etabliert wurden, während des Wachstums auf die Entwicklung von Unkräutern im Bestand bonitiert werden. Auch in Anbausystemen mit dicken Mulchschichten aus abgetöteten Zwischenfrüchten ist eine Unkrautregulierung möglich.

„High-Residue-Cultivators" oder „Untermulchhacken" Bei Beständen mit dicken Schichten aus Transfer-Mulch ist eine mechanische Unkrautregulierung jenseits von Handarbeit so gut wie unmöglich. Dies verhält sich bei einer strohigen Mulchauflage aus Zwischenfrüchten anders: Hier erlaubt Spezialtechnik durchaus eine mechanische Unkrautregulierung. So wurden in den USA vor der Ankunft von Gentechnik und Herbiziden sogenannte **High-Residue-Cultivatoren** entwickelt. Wörtlich übersetzt sind das „Hacken für große Mengen an Rückständen" oder einfacher „**Untermulchhacken**". Sie stehen mittlerweile in Nordamerika durch die Dominanz von herbizidresistenten Gentechnik-Sorten als Altmetall in den Scheunen und sind dort für fast Schrottpreise zu kaufen – ähnlich wie der zuvor schon erwähnte „Noble Plough".

Die Geräte sind von ihrer Konstruktion her sehr simpel und können einfach nachgebaut werden. Sie bestehen ebenfalls aus einem Scheibensech, welches einen Schlitz in den Mulch schneidet. Durch diesen Schlitz wird dann ein Stiel geführt, an dessen Ende meist breite **Gänsefuß-Hackschare** angebracht sind. Der Mulch wird an der Oberfläche belassen, darunter werden die Unkräuter unterschnitten: Die Gänsefußschar läuft dann unter dem Mulch, lässt die Mulchschicht jenseits vom Schlitz des Scheibenseches intakt und unterschneidet alle Unkräuter zwischen den Reihen unter der Mulchdecke.

Auch wenn das Abtötungsergebnis durch ein teilweises Wiederanwachsen der abgeschnittenen Unkräuter ggf. nicht mit einem Hackgang auf blankem Boden vergleichbar ist, so ließen sich mit diesen Geräten dennoch vorzeigbare Ergebnisse erzielten. Mit Anwendung dieser Hacktechnik ergaben sich eine Unkrautreduktion von 20–80 % und Ertragszuwächse bei Mais und Soja von 25–60 %.

Voraussetzung für dieses Hackverfahren ist selbstverständlich ein **breiter Reihenabstand**, sodass die Hacke zwischen den Reihen gut arbeiten kann. Dieses Verfahren kommt daher vor allem nach einer breitreihigen Einzelkornsaat zum Einsatz. Der relativ weite Reihenabstand ist umso wichtiger, da die Hacke deutlich gröber arbeitet, als dies bei der Unkrautregulierung auf blankem Boden sonst üblich ist. Die Geräte sind zum Teil auch mit Lenksystemen oder Spursteuerungen ausgestattet, sodass ein präzises Arbeiten zwischen den Reihen noch besser gewährleistet ist. Das Arbeitsergebnis mit den massiven Geräten ist entsprechend grob.

Am effektivsten arbeiten die Geräte bei schon etwas größeren Unkräutern. Da die Pflanzen nicht exakt und flach abgeschnitten, sondern zum Teil mit einem erheblichen Wurzelanhang aus dem Boden gerissen werden, muss die Differenz zwischen Sprossmasse (möglichst groß, d. h. große Pflanzen) und

Unkrautunterdrückung Nährstoffversorgung

Abb. 13.39 Arbeitsergebnis Tellerhacke.

Abb. 13.40 Untermulchhacke (High-Residue-Cultivator) mit Scheibensech und Gänsefuß-Hackschar.

Wurzelmasse (möglichst wenig, kleiner Wurzelanhang) ausreichend groß sein, damit die Pflanzen dennoch absterben. Sehr junge Unkräuter, z. B. im Fadenstadium, hingegen werden von den Geräten kaum beeinträchtigt.

Aber auch ein ausbleibendes Abtöten und nur leichtes Schädigen der Unkräuter kann effizient sein: Werden die Unkräuter in ihrer Entwicklung gehemmt, verschafft man damit der Hauptkultur einen **Wachstumsvorteil** und unterläuft die Schadschwelle, die das Unkraut ohne Schädigung überschreiten würde.

Prinzipiell ist der Einsatz solcher Hacken auch bei auf weite Reihe direkt gesätem Getreide oder bei Körnerleguminosen denkbar. Maximale Unkrautregulierungsraten wurden erreicht, wenn das Hacken zweimal, einmal 4 und einmal 6 Wochen nach der Saat der Hauptkultur stattfindet. Wird nur einmal gehackt, sollte der spätere Termin 5–6 Wochen nach der Saat gewählt werden, weil zu diesem Zeitpunkt die Unkräuter potenziell schon weiter entwickelt sind. Denkbar wäre es ebenfalls, diesen Hackgang mit einer Kopfdüngung zu verbinden, vor allem bei stark zehrenden Kulturen.

Weitere Geräte In Beständen mit einer geringeren Mulchauflage (vor allem nach abfrierenden Zwischenfrüchten, in die im Herbst oder Frühjahr Hauptkulturen etabliert wurden) können auch **Rollstriegel oder Rollhacke** zur mechanischen Unkrautregulierung genutzt werden. Da ein erster Einsatz erst im Frühjahr infrage kommt, hat sich die Mulchschicht über den Winter schon teilweise zersetzt und man kann mit den Geräten durchaus arbeiten.

Abb. 13.41 Arbeitsergebnis Untermulchhacke.

Bewässerung 

Zur Senkung des Produktionsrisikos

Eine Möglichkeit zur Absicherung von Direktsaatsystemen leistet die Bewässerung der Flächen und deren konsequente Anwendung. Sowohl eine Beregnung der Zwischenfrucht zur Biomassebildung als auch die Beregnung trockener Böden zur Saat mindern die Risiken des Direktsaatsystems.

Präzise Bewässerung zur Unkrautunterdrückung

Anders als im System Transfer-Mulch bietet sich bei Direktsaat/Direktpflanzung eher die **Tröpfchenbewässerung** an. So werden nur die Pflanzen bewässert und nicht das Unkraut. Dies verschafft der Kulturpflanze einen deutlichen Wachstumsvorteil. Eine flächige Bewässerung, die bei Transfer-Mulch dafür sorgt, dass Nährstoffe aus dem Mulch gelöst werden, ist bei Direktsaatmulch mit seinem hohen C/N-Verhältnis häufig nicht zielführend.

Düngung 

Kopfdüngung

Wie oben schon beschrieben, muss durch die niedrigere Bodentemperatur bei Direktsaat/Direktpflanzung davon ausgegangen werden, dass weniger Nährstoffe aus der Bodensubstanz frei werden. Zumal die Zwischenfrucht ggf. alle verfügbaren Nährstoffe aufgenommen hat. Dies und die Tatsache, dass eine Mulchdecke mit hohem C/N-Verhältnis ebenfalls nur eine geringe Düngewirkung hat, bedeuten, dass direkt etablierte Bestände ggf. stärker mit Handelsdünger gedüngt werden müssen als solche, die in einem konventionell bearbeiteten Verfahren angebaut werden.

Somit ist eine Kopfdüngung während des Wachstums der Hauptkultur in der Direktsaat/Direktpflanzung noch stärker angezeigt als in bearbeiteten Beständen.

Präzise Düngung

Für die Düngung im Bestand gilt das Gleiche wie für die Düngung bei der Saat: Eine möglichst präzise Depotdüngung an der Pflanze als Punkt- oder Streifendüngung direkt unter der Kulturpflanze statt flächig ausgebracht. Dies optimiert die Unkrautunterdrückung.

Exkurs: Ist kontinuierliche Direktsaat möglich?

Nein. Eine kontinuierliche Direktsaat wie in konventionellen Systemen, in denen über Jahrzehnte keine Bodenbearbeitung mehr gemacht, sondern nur noch gesät, gespritzt und geerntet wurde, wird es im ökologischen Pflanzenbau nicht geben. Wird keine Bodenbearbeitung mehr gemacht, verunkrauten die Felder in wenigen Jahren bis hin zu einem Stadium, in dem keine Erträge mehr realisierbar sind. Deshalb spricht man im englischsprachigen Raum auch von „Rotational No-Till“, also der periodischen Direktsaat. Das heißt, dass in einer 7-jährigen Fruchtfolge unter optimalen Bedingungen ggf. 1- bis 2-mal die Möglichkeit der Direktsaat besteht. Diese Frequenz und Häufigkeit zu erhöhen, sollte unser Ziel sein; dies wird aber an natürliche Grenzen stoßen.

Bodenbearbeitung ist und bleibt die wichtigste Maßnahme zur Reduktion des Unkrautdrucks im ökologischen Pflanzenbau.

Die einzige denkbare Möglichkeit, in der eine Bodenbearbeitung über einen längeren Zeitraum hinweg keine Rolle spielt, wäre ein System im Gemüsebau, bei dem immer wieder große Mengen an Transfer-Mulch auf einer Fläche ausgebracht werden und etwaige Unkräuter per Handjäte entfernt werden. Eine Art skaliertes Hausgarten-Mulchsystem. Aber auch dabei läuft man Gefahr, nicht an Unkräutern zu scheitern, sondern ggf. an Schädlingen wie Feld- und Wühlmäusen. Auch um deren Populationsentwicklung nicht freien Lauf zu lassen, lohnt eine periodische Bodenbearbeitung.

Wasserverfügbarkeit Unkrautunterdrückung Nährstoffversorgung

Ernte

Bei der Ernte einer direkt etablierten Kultur gibt es einige wenige Punkte zu beachten.

Mit Erntetechnik auf Rest-Mulchauflage achten Bei Erntetechnik, die bodennah arbeitet, wie z. B. Drescher, sollte die ggf. noch vorhandene Rest-Mulchauflage aus der abgetöteten Zwischenfrucht beachtet werden, damit sie bei der Ernte keine Probleme macht.

Ergebnisse prüfen, weitere Schritte planen Die Ernte ist ein guter Zeitpunkt, um die Ergebnisse einer direkten Etablierung zu überprüfen. Wie hat sich das Unkraut im Bestand entwickelt? Ist man mit der Bodengare zufrieden? Wo liegen die Erträge im Vergleich zu betriebsüblichen Varianten? Darauf basierend können dann die nachfolgenden Bewirtschaftungsentscheidungen getroffen werden.

Beispiele für Direktsaat- und Direktpflanzung im ökologischen Pflanzenbau

Winterungen und frühe Sommerungen – Acker- und Gemüsebau

Spezielle Herausforderungen

- Schnecken und Mäuse in mild-feuchten Herbst- und Wintermonaten.
- Feuchte Aussaatbedingungen im Herbst und Frühjahr; der Säschlitz muss gut geschlossen werden.
- Keine ausreichende Biomasse bei Saat im Frühjahr nach abgefrorener Zwischenfrucht.

Winterungen und frühe Sommerungen I – Leguminosenbetonte Zwischenfrüchte

Zwischenfrucht

- Leguminosenbetonte Sommerzwischenfrüchte (abfrierend)
- Ackerbohnen, Sommerwicken, Sommererbsen, Lupinen und andere Leguminosen mit Mischungspartnern aus Sommergetreide und anderen Nichtleguminosen

Hauptkulturen Herbst

- Wintergetreide (Winterweizen, Wintertriticale, Wintergerste)
- Gemüse: Knoblauch (Herbstpflanzung), Winterzwiebeln (Herbstpflanzung)

Hauptkulturen frühes Frühjahr

- Sommergetreide (Sommerhafer, Sommergerste, Sommerweizen)
- Kartoffeln (frühe Pflanzung in Sommerdämme aus dem Vorjahr)
- Nischenkulturen, wie z. B. Hanf oder Buchweizen
- Gemüse: Frühkulturen Salat, Kohlrabi, Fenchel mit schwarzer Mulchfolie

Wintergetreide

Die Direktsaat von Wintergetreiden erfolgt über die zeitige Aussaat eines meist leguminosenbetonten Gemenges. Eine Abtötung des Bestandes findet im Herbst mit der Messerwalze möglichst direkt zur Saat des Wintergetreides statt. Das unzureichende Abtöten der Zwischenfrucht wird insofern nur ein kleines Problem darstellen, als dass der Frost im Winter einen Nachtrieb der Pflanzen verhindert.

Erfolge mit dem System sind vor allem durch die Umsetzung des Systems auf Praxisbetrieben vorhanden. Winterweizen und Wintertriticale erzielten in einzelnen Jahren betriebsübliche Erträge. Die Umsetzung ist dennoch nicht weit verbreitet. Dabei könnte das System unter mitteleuropäischen Bedingungen viele Vorteile bieten. Durch eine Saat der Hauptkultur im Herbst in verhältnismäßig warme Böden muss mit einer verringerten Bodentemperatur und einer Wachstumsverzögerung der Bestände im Herbst nicht gerechnet werden. Vielmehr ist anzunehmen, dass die vom Sommer erwärmten Böden in den Winter hinein durch die Mulchbedeckung höhere Temperaturen aufweisen. Eine verzögerte Entwicklung im Frühjahr ist möglich; die Bestände werden zwar zum Teil durch die N-reiche Mulchauflage mit relativ engem C/N-Verhältnis mit Stickstoff und anderen Nährstoffen versorgt sein. Um die ausbleibende Bodenbearbeitung auszugleichen, sollte aber eine verhältnismäßig erhöhte Düngung mit schnell verfügbaren Stick-

Beispiele für Direktsaat- und Direktpflanzung im ökologischen Pflanzenbau (*Fortsetzung*)

stoffdüngemitteln im Frühjahr vor bzw. zum Schossen erfolgen. Vorteilhaft ist, dass Wintergetreide mit eine der konkurrenzstärksten pflanzenbaulichen Kulturen darstellen. Eine langsame Jugendentwicklung ist daher kein Problem. Vielmehr ist eine schnelle Bodenbedeckung gegeben, die eine sichere Unkrautunterdrückung gewährleisten sollte und etwaige Defizite in der Zwischenfruchtbiomasse im Herbst kompensieren kann.

Sommergetreide

Die Direktsaat von Sommergetreide erfolgt nach dem Walzen der abgefrorenen Zwischenfrucht im Frühjahr. Sommergetreide ist auf eine höhere Biomasseentwicklung der Zwischenfrucht im Sommer/Herbst des Vorjahres angewiesen, da über den Winter organische Masse abgebaut wird und verloren geht. Jenseits dessen trifft die obige Beschreibung zu Wintergetreide auch auf die Direktsaat von Sommergetreide zu. Erfolgreich umgesetzt wurde zum Beispiel eine Direktsaat von Sommerweizen nach einer perfekten Zwischenfrucht aus Sommerwicke.

Kartoffeln (frühe Pflanzung in Sommerdämme aus dem Vorjahr)

Die Direktpflanzung von Kartoffeln findet im Dammanbau statt. Dabei wird eine abfrierende Zwischenfrucht nach einer früh räumenden Vorkultur im Juli bzw. August auf vorgeformte Dämme gesät. Vor der Dammformung findet eine betriebsübliche Stoppelbearbeitung statt. Danach werden die Dämme geformt und bis Mitte August sollte man dann mit einem Dammformgerät, das mit einer pneumatischen Säeinrichtung ausgestattet ist, die Dämme mit einer abfrierenden Zwischenfrucht besäen. Wichtig in diesem System ist die spezielle Sätechnik, die gewährleisten sollte, dass das Zwischenfruchtsaatgut gleichmäßig sowohl auf der Dammkrone, den Dammflanken und den Tälern präzise abgelegt wird. Dazu sollten die Prallteller mit Säschiene, die das Saatgut auf den Dämmen verteilen, nicht vor dem Dammformblech angebracht werden, da sonst die Samen zu tief verschüttet werden. Besser sind ein Anbringen der Prallteller hinter den Dammformblechen und die zusätzliche Nutzung von Dammstriegeln, die das Saatgut leicht einarbeiten. Die Zwischenfrucht wächst dann bis zum ersten Frost. Danach bildet die abgestorbene Zwischenfrucht eine Mulchdecke auf den Dämmen, die bis zu Pflanzung der Kartoffel nicht mehr angetastet werden. Dies hat den Vorteil, dass die sonst sehr erosionsanfällige Dammkultur über die organischen Reste der Zwischenfrucht vor Bodenabtrag durch Starkregen und Wind geschützt ist. Die Kartoffeln werden dann im Frühjahr in die unbearbeiteten Dämme gelegt. Auch hier ist eine Modifikation der Legetechnik nötig. So sollte bei höheren Mulchauflagen jeweils ein Scheibensech vor den Legeaggregaten montiert werden, um die Mulchdecke zu durchschneiden. Statt Häufelkörpern sollten Zudeckscheiben verwendet werden. Als Begrünung bieten sich vor Kartoffeln vor allem Leguminosen an, die zusätzlichen Stickstoff für die Ertragsbildung fixieren. Ausreichende Niederschläge im Winter sind wichtig, um die durch Zwischenfrucht ggf. entleerten Bodenvorräte wieder aufzufüllen. Sind all diese Bedingungen erfüllt, kann das Direktsaatsystem höhere Erträge liefern als die Varianten Pflugfurche im vorherigen Sommer, Pflugfurche im vorherigen Herbst, Tiefenlockerer im Sommer oder Grubber im Sommer.

Gemüse

Das Problem bei Gemüsepflanzungen in abfrierende Sommerzwischenfrüchte im Herbst und Frühjahr ist die mangelnde Konkurrenzkraft der Kulturen. Dies kann in Kombination mit der relativ dünnen Mulchschicht und geringen Bodentemperaturen zu Wachstumsverzögerungen und Unkrautproblemen führen.

Entschärft werden können diese Probleme zum einen durch Herbstpflanzung. Hier kommt allerdings nur Knoblauch infrage, welcher in abfrierende Sommerzwischenfrüchte nach deren Abtöten mit der Quetschwalze erfolgreich etabliert

Beispiele für Direktsaat- und Direktpflanzung im ökologischen Pflanzenbau (*Fortsetzung*)

werden kann. Dies allerdings nur unter der Hinzugabe von großen Mengen an Handelsdünger (ca. 200 kg N/ha in 3 Gaben über die gesamte Wachstumsperiode bis zur Abreife). Das Gleiche gilt für die Herbstpflanzung von Winterzwiebeln. Nach der Pflanzung sollten die Pflanzknollen zur sicheren Unkrautunterdrückung und zum optimierten Frostschutz zusätzlich mit Stroh oder anderem Transfer-Mulch abgedeckt werden (siehe Kapitel 14).

Bei Pflanzungen im Frühjahr bietet sich die Verwendung von schwarzer Mulchfolie an, welche über die abgefrorene Mulchdecke gelegt wird und sowohl die Unkrautproblematik als auch die fehlende Bodenerwärmung zum Teil abpuffern kann.

Abb. 13.42 Ähnliche Bestände wie dieser wurden in der Direktsaat nach abgefrorener Sommerwicke erzeugt.

Abb. 13.43 Triticale-Bestand nach Direktsaat in legume Sommerzwischenfrucht.

Winterungen und frühe Sommerungen II – Nichtlegume Zwischenfrüchte

Zwischenfrucht

- Getreidebetone bzw. nichtlegume Sommerzwischenfrüchte (abfrierend)
- Saathafer, Rauhafer, Schwarzhafer und andere Sommergetreide (Aussaat bis Mitte August) sowie Ramtillkraut, Sonnenblume, Rispenhirse (Aussaat bis Ende Juli) ggf. in Mischung und mit anderen Mischungspartnern in geringer Menge
- Spezielle Voraussetzungen: Es müssen ausreichende Stickstoffmengen für die Biomassebildung der Zwischenfrucht vorhanden sein (Düngung der Zwischenfrüchte prüfen)

Hauptkulturen Herbst

- Winterkörnerleguminosen (Wintererbsen, Winterackerbohnen etc.)

Hauptkulturen frühes Frühjahr

- Sommerkörnerleguminosen (Sommererbsen, Sommerackerbohnen etc.)
- Gemüse (Dicke Bohnen)

Das primäre Ziel bei der Direktsaat von Körnerleguminosen ist die Etablierung einer Zwischenfrucht, die neben einer maximalen Biomasse die folgenden Funktionen übernimmt:

- Aufnahme von frei verfügbarem Stickstoff. Der Boden soll zur Saat der Körnerleguminose möglichst geringe Mengen an freiem Stickstoff enthalten, damit dieser dem Unkraut nicht zur Verfügung steht.
- Die Mulchschicht soll ein möglichst hohes C/N-Verhältnis aufweisen, damit dieser Stickstoff nicht wieder frei gegeben wird und der Mulch möglichst lange Unkräuter unterdrückt.

Beispiele für Direktsaat- und Direktpflanzung im ökologischen Pflanzenbau (*Fortsetzung*)

Unter diesen stickstoffarmen Bedingungen haben Unkräuter dann schlechte Wachstumsbedingungen, während die Körnerleguminosen in der Lage sind, durch die symbiotische N-Fixierung Stickstoff selbst zur Verfügung zu stellen. Für die Jugendentwicklung der Kultur ist es dennoch absolut notwendig, der Körnerleguminose zur Saat eine präzise platzierte Startdüngung von 10–50 kg N/ha mitzugeben.

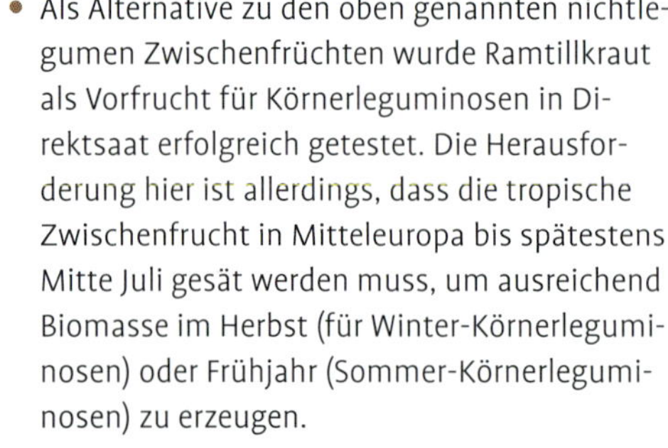

- Als Alternative zu den oben genannten nichtlegumen Zwischenfrüchten wurde Ramtillkraut als Vorfrucht für Körnerleguminosen in Direktsaat erfolgreich getestet. Die Herausforderung hier ist allerdings, dass die tropische Zwischenfrucht in Mitteleuropa bis spätestens Mitte Juli gesät werden muss, um ausreichend Biomasse im Herbst (für Winter-Körnerleguminosen) oder Frühjahr (Sommer-Körnerleguminosen) zu erzeugen.

Abb. 13.44 Entwickelter Erbsen-Bestand mit geringem Stützfruchtanteil nach Direktsaat in abgefrorener Hafer-Zwischenfrucht aus dem Vorjahr.

Abb. 13.45 Ackerbohne in Direktsaat nach abgefrorener Hafer-Zwischenfrucht aus dem Vorjahr.

Winterungen und frühe Sommerungen III – Rettich als Zwischenfrucht

Zwischenfrucht

- Rettich („Tillage Radish", „Tiefenrettich", Daikon- bzw. Winterrettich oder andere Bezeichnungen)

Hauptkulturen

- Sommergetreide
- Sommerkörnerleguminosen
- Gemüse:
  - Frühe Pflanzkulturen (Kopfsalat, Kohlrabi etc.)
  - Feinsämereien (Bund- und Lagermöhren, Rote Beete etc.)
  - Weitere Saatkulturen (Erbsen, Dicke Bohnen etc.)

Daikon- bzw. Winterrettich ist eine besondere Kulturform der Rettich-Familie (*Raphanus sativus* L.) und firmiert auch unter anderen Namen wie „Tiefenrettich" oder „Rettich Deep Till". Auch als Gartenrettich im Gemüsebau als Kulturpflanze genutzt, ist diese Art für ihr wurzelbetontes Wachstum bekannt. Der Rettich bildet dicke zylinderförmige Wurzelkörper aus. Er hat einen sehr hohen Wurzeltiefgang (bis 2,5 m) und ist bekannt dafür, Nährstoffe (z. B. S, P, K, Ca, B) aus tieferen Bodenschichten anzueignen und in der Saatreihe bzw. Bodenoberfläche zu akkumulieren.

Grundlage dieses Direktsaatsystems ist also der Rettich als Zwischenfrucht, der ein vergleichsweise warmes, trockenes und unkrautfreies Saatbett zu Beginn der Vegetationsperiode hin-

Beispiele für Direktsaat- und Direktpflanzung im ökologischen Pflanzenbau (*Fortsetzung*)

terlässt. Die Rettichpflanzen sterben über den Winter durch Frosteinwirkung ab und setzten relativ schnell Nährstoffe frei, die im Frühjahr oft stark limitiert sind.

Eine optimale Aussaat und ein Wachstumsverlauf beim Rettich sind entscheidend. So sollte die Rettich-Zwischenfrucht unter unseren klimatischen Bedingungen nicht nach Ende August gesät werden. Durchgängig gute Bestände wurden unter den nordamerikanischen Bedingungen mit einer Aussaatstärke von 7–10 kg/ha bei Drillsaat und 9–15 kg/ha bei Breitsaat z. B. mit Pneumatikstreuer erreicht. Ziel ist es, einen Bestandesschluss des Rettichs innerhalb von 4–6 Wochen zu erreichen, um durch Lichtentzug die Keimung von Unkräutern im Herbst zu verhindern und damit Frühjahrsunkräutern keine Chance zu lassen. Um diese Konkurrenzfähigkeit des Rettichs sicherzustellen, kann eine N-Startgabe von ca. 20–40 kg N/ha nötig sein (je nach Bodengüte und Nachlieferung), da er wie alle Kohlgewächse stickstoffliebend ist. Dies ist vor allem dann der Fall, wenn die Stellung des Rettichs in der Fruchtfolge keine ausreichenden, freien N-Mengen vermuten lässt.

Zum Vegetationsende bzw. bis zum Einsetzen der ersten Fröste sollten 4–5 t TM oberirdische Biomasse (Spross plus Wurzelteile oberhalb der Bodenoberfläche) durch die Zwischenfrucht erreicht worden sein. Um den Rettich sicher abzutöten, sind Lufttemperaturen von unter -4 °C über mehrere Tage hinweg nötig. Je größer der Rettich zum Zeitpunkt des Frostes ist, desto einfacher friert er ab. Auch dies ist ein Argument, die Zwischenfrucht nicht zu spät zu säen.

Sollte der Rettich dennoch den ganzen Winter über nicht absterben, so können die überlebenden Pflanzen, wenn es die Bodenverhältnisse zulassen, mit einem Schlegelmulcher tief abgeschlagen werden und sterben dann sicher ab.

Je nach Witterungsverlauf und Härte des Winters hinterlässt der Rettich mehr oder weniger organische Reste, die sich in jedem Fall schnell abbauen sollten. Einige wissenschaftliche Publikationen legen nahe, dass dieser zügige Abbau des Rettichs im Frühjahr im Vergleich zu anderen Zwischenfrüchten auch zu einer besonders zügigen und schnellen Freisetzung des Stickstoffs aus der Zwischenfrucht führt.

Trotz der geringen bis nicht vorhandenen Mulchdecke und damit einer fehlenden Bodenbedeckung ist nach abgefrorenem Rettich eine mehrwöchige Unkrautfreiheit der Flächen zu beobachten: In den ersten 4 Wochen läuft so gut wie kein Unkraut auf. Woher dieses Phänomen jenseits der Konkurrenzstärke im Spätsommer/Herbst gegenüber Unkräutern rührt, ist bisher nicht geklärt.

Abb. 13.46 Direktsaat mit Einzelkorn-Direktsaattechnik in einen abgefrorenen Daikon- bzw. Winterrettich-Bestand im folgenden Frühjahr.

Abb. 13.47 Spinat-Bestand aus Direktsaat nach Rettich.

Beispiele für Direktsaat- und Direktpflanzung im ökologischen Pflanzenbau (*Fortsetzung*)

Abb. 13.48 Möhren aus Direktsaat nach Rettich.

Abb. 13.49 Auflaufende Erbsen in Direktsaat nach Rettich.

Durch die geringen Rückstände ist eine Saat der Folgekultur relativ unproblematisch. Auf eine ausreichende und leicht erhöhte Düngung der Hauptkultur ist wie immer zu achten, um das Ausbleiben der Bodenbearbeitung zu kompensieren. Als Kulturen eigenen sich unter diesen Voraussetzungen frühe Pflanzkulturen (Kopfsalat, Kohlrabi etc.), Feinsämereien (Bund- und Lagermöhren, Rote Beete etc.) und frühe Aussaaten von Leguminosen (Erbsen, Dicke Bohnen etc.). Im Ackerbau haben sich Sommergetreide und Körnerleguminosen bewährt, die früh im Jahr gesät wurden.

Späte Sommerungen – Acker- und Gemüsebau

Spezielle Herausforderungen

- Ausreichend lange Vegetationsperiode für Zwischenfrucht bis zur Blüte/Fruchtbildung und Abreife der Hauptkultur
- Ausreichend Feuchtigkeit zur Saat im Mai trotz Wasserverbrauch der Zwischenfrucht

Späte Sommerungen I – Leguminosenbetonte Zwischenfrüchte

Zwischenfrucht

- Leguminosenbetonte Winterzwischenfrüchte
- Winterwicke oder Wintererbse mit Mischungspartner Wintertriticale oder -roggen

Hauptkulturen

- Mais (Silo-, Körner-, Zuckermais)
- Kartoffeln (späte Pflanzung/Beetanbau/System Ron Morse)
- Buschbohnen (Frischware, TK-Ware, Körnernutzung)
- Ölkürbis
- Hirse

Mais (Silo-, Körner-, Zuckermais)

Als Zwischenfrucht vor Körnermais hat sich in den USA ein reiner Zottelwicken-Bestand (*Vicia villosa* Roth) bewährt. Das Mulchmaterial mit einem deutlich engeren C/N-Verhältnis baut sich zwar schneller ab, sorgt aber unter optimalen Bedingungen trotzdem für eine unkrautfreie Periode, die dem Körnermais einen ausreichenden Wachstumsvorsprung verschafft. Außerdem wird der aus dem Mulchmaterial frei werdende Stickstoff dankend vom Körnermais aufgenommen, was sich im Vergleich mit anderen Zwischenfrüchten oder Wick-Roggen-Varianten

Beispiele für Direktsaat- und Direktpflanzung im ökologischen Pflanzenbau (*Fortsetzung*)

auch ertraglich bemerkbar macht. Erfolge wurden auch mit einem gewissen Roggen-Anteil in der Zwischenfruchtmischung erzielt; dann aber nur bei der Erhöhung der Düngemengen, um die geringe N-Freisetzung aus der Mulchschicht zu kompensieren.

In Mitteleuropa gibt es Erfolge beim Anbau von Silomais in Direktsaat. Im Versuchswesen und der Praxis hat sich über die Zeit hinweg die Wintererbse EFB 33 als Zwischenfrucht durchgesetzt. In diesem Anbauverfahren wurden ähnliche Erträge erzielt wie in gepflügten Kontrollvarianten. Insgesamt kann auch in diesem System empfohlen werden, die geringere bzw. spätere Mineralisation in der Direktsaatvariante durch eine Kopfdüngung auszugleichen.

Bei der Adaption des Wintererbsen-Systems für Körnermais, der einen hohen Wärmebedarf hat und ausreichende Wärmesummen und Wachstumszeiten braucht, um abzureifen, ist eine ausreichend lange und warme Vegetationszeit entscheidend. Es muss ausreichend Zeit für das Wachstum der Zwischenfrucht bis zur Vollblüte und danach dann bis zur Abreife der Hauptkultur bleiben. Um dieses Problem zu entschärfen, sollte man in klimatisch problematischen Regionen möglichst schnellwüchsige und frühblühende Zwischenfrüchte sowie Maissorten der frühesten Reifegruppen verwenden.

Abb. 13.50 Silomais-Bestand nach Direktsaat in Wintererbse.

Abb. 13.51 Blumenkohl in Direktpflanzung nach Wintererbse und Winterwicke.

Abb. 13.52 Brokkoli in Direktpflanzung nach Wintererbse und Winterwicke.

Kartoffeln (späte Pflanzung/Beetanbau/ System Ron Morse)

In einem von Prof. Ron Morse entwickelten System werden Kartoffeln im Beetanbau in Direktpflanzung ohne Bodenbearbeitung etabliert. Hierfür werden 1,20er-Beete bei 1,80er-Spurbreite angelegt. Während der Beetformung wird eine große Gabe Wirtschaftsdünger (z. B. 7,5 t Hühnertrockenkot/ha) als langfristiges Nährstoffdepot in den Boden eingearbeitet. Auf den Beeten wird dann im Herbst ein Wick-Roggen- oder ein Inkarnatklee-Gersten-Gemisch etabliert. In Mitteleuropa kämen außerdem Wintererbsen in Betracht. Im darauf folgenden Frühjahr wird noch vor der Blüte der Zwischen-

Beispiele für Direktsaat- und Direktpflanzung im ökologischen Pflanzenbau (*Fortsetzung*)

Abb. 13.53 Körnermais in Direktsaat nach Winterwicke.

Abb. 13.54 Zuckermais in Direktsaat nach Wintererbse und Winterwicke.

Abb. 13.55 Vergleichsversuch: Direktpflanzung Grünkohl in Winterwicke vs. Bearbeitung. Rechte zwei Reihen: Direktpflanzung; linke zwei Reihen: bearbeitete Variante. Es sind keine Unterschiede zu sehen.

Abb. 13.56 Direktsaat von Buschbohnen in Winterwicken-Bestand. Auch denkbar für Speisebohnen zum Drusch.

Abb. 13.57 Sommerweizen-Bestand nach Direktsaat in abgestorbene Winterwicke des Vorjahres (kalte Winter in Kanada). Winterwicken-Aussaat im Frühjahr des Vorjahres mit Sommergerste (diese wird zur Blüte niedergewalzt) – Winterwicke wächst ganzjährig weiter und friert im Winter ab.

frucht die Kartoffel in 2 Reihen unter der noch wachsenden Zwischenfrucht gepflanzt. Hierfür kommt Direktpflanzungstechnik mit breiten Lockerungsscharen zum Einsatz, die den Boden unter der Bodenoberfläche auf einer Tiefe und Breite von 20 cm intensiv lockert und damit unterirdisch ein krümeliges Pflanzbett für die Kartoffel schafft. Bei der Pflanzung wird bereits

Beispiele für Direktsaat- und Direktpflanzung im ökologischen Pflanzenbau (*Fortsetzung*)

Abb. 13.58 Blühende Leinsaat in Direktsaat im selben kanadischen System.

ein Teil der Zwischenfrucht beschädigt und dadurch abgetötet, ein anderer Teil wächst weiter, während sich die Kartoffelpflanzen unterirdisch entwickeln. Kurz bevor die Kartoffel den Boden durchstößt (ca. 2–3 Wochen nach der Pflanzung), schlegelt man die restliche noch wachsende Zwischenfrucht mit einem Schlegelmulcher oberflächennah ab. Sie stirbt ab und formt eine Mulchschicht auf der Bodenoberfläche. Die Kartoffel durchstößt diese Mulchschicht und wächst dann weiter. Die Düngung erfolgt in 3 Gaben zu je 50, 50 und 10 kg N/ha als Streifen-Kopfdüngung oder über Tröpfchenbewässerung. Es ist allerdings zu beachten, dass das System in Virginia in den USA unter deutlich wärmeren Bedingungen entwickelt wurde, als sie in Mitteleuropa vorherrschen.
Wichtig für den Erfolg des Systems sind eine Zwischenfrucht mit 8–10 t TM zum Abtötungszeitpunkt sowie ein möglichst hohes C/N-Verhältnis der Mulchmatte. Ein geringer Wurzelunkrautdruck und ein schneller Bestandesschluss der Kartoffel sind ebenfalls Erfolgsfaktoren. Klimatisch eignen sich warme, relativ trockene Lagen bevorzugt für dieses System. Außerdem braucht es Pflanztechnik, die eine starke Lockerung im Pflanzbereich vornimmt und in einen stehenden Bestand pflanzen kann.

Abb. 13.59 Edamame-Bestand nach Direktsaat in Winterroggen.

Späte Sommerungen II – Nichtlegume Zwischenfrüchte

Zwischenfrucht

- Getreidebetonte Winterzwischenfrüchte
- Winterroggen oder Wintertriticale mit Mischungspartner überwinternde Leguminosen wie Wintererbse oder Winterwicken

Hauptkulturen

- Soja

Soja

Bei der Bio-Direktsaat von Soja hat sich in den USA als Zwischenfrucht eine Reinsaat von Winterroggen durchgesetzt. Dieser ist schon im Wachstum konkurrenzstark gegenüber Unkräutern und produziert hohe Mengen an Biomasse. Außerdem entzieht er dem Boden größere Mengen an Stickstoff, der dann in der strohigen Biomasse gebunden wird und dem Unkraut nicht mehr zur Verfügung steht. Dies verschafft der Sojabohne als Stickstoff-Selbstversorger einen Vorteil. Die strohigen Mulchrückstände werden des Weiteren nur sehr langsam abgebaut und ermöglichen eine Unkrautunterdrückung bis zum Bestandesschluss der Soja. Soja hat eine vergleichsweise hohe Unkrauttoleranz in Direktsaatsystemen (z. B. verglichen mit Mais). In den USA ist das System Roggen-Soja das bisher erfolgreichste im gesamten ökologischen Pflanzenbau.
Beim Übertrag des Systems auf mitteleuropäi-

Beispiele für Direktsaat- und Direktpflanzung im ökologischen Pflanzenbau (*Fortsetzung*)

Abb. 13.60 Sojabohne in Direktsaat nach Winterroggen.

Abb. 13.61 Hanf in Direktsaat nach Winterroggen.

Abb. 13.62 Buchweizen in Direktsaat nach Winterroggen.

Abb. 13.63 Körnerleguminose in Direktsaat nach Winterroggen.

sche Verhältnisse ist zu bedenken, dass in den USA deutlich höhere Wärmesummen die Regel sind. Da Sojakulturen an vielen Standorten ohnehin schon späte Druschtermine haben, ist eine weitere Verschiebung der Aussaat durch das „Warten" auf eine Zwischenfrucht problematisch. Früh blühende und viel Biomasse bildende Zwischenfrüchte sowie frühreife Mais- und Sojasorten wären eine mögliche Stellschraube. Entsprechend sind Erfolge mit dem beschriebenen System nur in Regionen zu erwarten, die sich vom Klima her in Gunstlagen befinden. So konnten beispielsweise im südlichen Rheingraben bei einer Durchschnittstemperatur von 11 Grad beträchtliche und konkurrenzfähige Erträge in dem System erzielt werden.

Späte Sommerungen III – Gemüse nach überwinternden Zwischenfrüchten und im Frühjahr gesäten Sommerzwischenfrüchten

Zwischenfrüchte

- Überwinternde Zwischenfrüchte gesät im September/Oktober für Pflanzungen Mai bis Juni
- Mischung Winterleguminosen und Wintergetreide mit Fokus Unkrautunterdrückung
- Sommerzwischenfrüchte gesät im April/Mai/Juni für Pflanzungen Juni bis August: Diverse Mischungen möglich mit Fokus auf der Unkrautunterdrückung

Beispiele für Direktsaat- und Direktpflanzung im ökologischen Pflanzenbau (*Fortsetzung*)

Hauptkulturen

- Salat • Kohlrabi • Fenchel • Mangold
- Zichoriensalate • Freiland-Tomaten
- Buschbohnen • Kürbis • Melonen
- Blumenkohl • Brokkoli • Romanesco
- Spitzkohl • Zuckermais

Schwierig aufgrund langer Kulturdauer und hohem Nährstoffbedarf:

- Kopfkohl • Lauch • Grünkohl
- Rosenkohl • Wirsing • Zucchini

Die Direktpflanzung von verschiedenen Gemüsekulturen kann in diverse Zwischenfrüchte erfolgen. Dafür müssen die Zwischenfrüchte für Pflanzungen im Mai/Juni im vorherigen Herbst gesät werden und Sommerzwischenfrüchte je nach Pflanzzeitpunkt der Hauptkultur gestaffelt im April/Mai/Juni.

Eine Sommerzwischenfrucht braucht ca. 8 Wochen, bis sie in einem Stadium ist, in dem sie gewalzt werden kann. Die Mischungsverhältnisse von Leguminosen zu Nichtleguminosen in den Zwischenfrüchten können je nach gewünschtem Effekt angepasst werden. Sind die Flächen sehr unkrautfrei und folgen Hauptkulturen mit hohem Nährstoffbedarf, können leguminosenreiche Mischungen gewählt werden. Ist Unkraut ein Problem oder haben die geplanten Hauptkulturen eine lange Standzeit, sollte der Anteil an Nichtleguminosen bzw. Getreide in der Zwischenfruchtmischung erhöht werden. In beiden Fällen, aber besonders im letzteren Fall, muss eine ausreichende Start- und Kopfdüngung eingeplant werden, die die Hauptkulturen ausreichend versorgt. In diesem Sinne sind die folgenden Kombinationen nur Beispiele; es bestehen weitere Möglichkeiten die erprobt werden können.

Schwierig und besser für Transfer-Mulch oder kombinierte Mulchverfahren geeignet sind Kulturen mit langer Kulturdauer und hohem Nährstoffbedarf. Da Direktpflanzung beides gleichzeitig schwer erzielen kann, sind diese Kulturen nicht die erste Wahl.

Buschbohne

Mit Buschbohnen konnten gute Erfahrungen nach Winterwicke gesammelt werden. Dies liegt daran, dass die Buschbohne scheinbar ein geringeres Vermögen zur Stickstofffixierung hat als andere Körnerleguminosen. Dies führt dazu, dass die Buschbohne den frei werdenden Stickstoff aus der Wicken-Mulchschicht dankbar annimmt. Wird ohne Leguminosen gearbeitet, muss eine Buschbohne in Direktsaat ebenfalls mit ca. 50 kg N/ha gedüngt werden.

Abb. 13.64 Direktpflanzungsbestand mit Spitzkohl, Romanesco, Blumenkohl und Brokkoli nach Triticale-Erbsen-Wicken-Gemenge.

Abb. 13.65 Kartoffel-Bestand in der Entwicklung in Wick-Roggen.

Beispiele für Direktsaat- und Direktpflanzung im ökologischen Pflanzenbau (*Fortsetzung*)

Tomaten

Freiland-Tomaten haben sich in warmen Klimaten in Direktpflanzungssystemen gut bewährt. Als Zwischenfrucht wird oft ein reiner Winterwicken-Bestand oder ein wickenbetonter Wick-Roggen genutzt. Freiland-Tomaten mit ihrer langen Kulturdauer können von der Nährstofffreisetzung aus einem legumen Zwischenfruchtmulch gut profitieren. Dennoch musste, um vergleichbare Erträge zu erzielen, eine Handelsdüngermenge von mindestens 60 kg Rein-N/ha ausgebracht werden. In kühleren Klimaten ist sicherlich ein noch höheres Düngeniveau anzustreben.

Melone, Kürbis, Blumenkohl, Brokkoli, Romanesco, Spitzkohl, Zuckermais

Die oben genannten Kulturen haben entweder eine mittellange Kulturdauer bei mittlerem Nährstoffbedarf (Melone, Kürbis) oder eine relativ kurze Kulturdauer bei hohem Nähstoffbedarf (Blumenkohl, Brokkoli, Romanesco, Spitzkohl, Zuckermais). Alle diese Kulturen konnten erfolgreich in einer Zwischenfruchtmischung bestehend aus Winterwicke, Wintererbse (60–70 % Leguminosen) und Wintertriticale bzw. Winterroggen (30–40 % Getreide) angebaut werden. Entscheidend ist eine angepasste N-Düngung, die vor allem bei den Kohlarten und Zuckermais sehr hoch ausfallen sollte (mind. 150 kg Rein-N/ha). Bei Melone und Kürbis kann aufgrund der mittellangen Kulturdauer ggf. der Getreideanteil ein wenig angehoben werden, um die Mulchschicht schwerer abbaubar zu machen; durch die daraus folgende geringere N-Verfügbarkeit muss auch hier das Düngeniveau gehoben werden. Entscheidend ist bei allen Kulturen eine Kopfdüngung im späteren Vegetationsverlauf.

Salat, Kohlrabi, Fenchel, Mangold, Zichoriensalate

Die oben genannten Kulturen mit kurzer Kulturdauer und mittlerem Nährstoffbedarf können ebenfalls in der oben genannten Winterzwischenfrucht angebaut werden oder aber mit Sommerzwischenfruchtmischungen, die gestaffelt gesät wurden. Gegebenenfalls ist dabei sogar ein höherer Leguminosenanteil möglich, da die Kulturen nur eine kurze Kulturdauer haben. Hier bieten sich z. B. Mischungen an aus Körnerleguminosen (Erbse, Wicke, Lupine) mit Getreidearten (Saathafer, Rauhafer, Sommertriticale, Sommerroggen).

Zusammenfassung

- Ökologische Direktsaat und Direktpflanzung bedeutet die Etablierung einer Hauptkultur durch die Mulchschicht aus einer abgestorbenen Zwischenfrucht ohne Bodenbearbeitung. Eine langfristige, betriebsspezifische und durchdachte Planung ist entscheidend für den Erfolg.
- Die Zwischenfrucht muss auf die darauf folgende Hauptkultur abgestimmt sein, eine optimale Bodengare aufweisen und die maximale Biomasse gebildet haben, um eine Unkrautunterdrückung zu gewährleisten. Ob dies der Fall ist, muss in einer Zwischenfruchtbonitur mit ausreichender Zeit vor dem Aussaat- bzw. Pflanzzeitpunkt festgestellt werden.
- Das Abtöten der Zwischenfrucht, die Aussaat bzw. Pflanzung sowie die Unkrautregulierung und Kopfdüngung sind technische und Management-Herausforderungen im System.
- Die größten Herausforderungen im System sind fehlende Gare und Unkrautunterdrückung durch die Zwischenfrucht, zu geringe Wasser- und Nährstoffverfügbarkeit sowie Einschränkungen durch klimatische Voraussetzungen und technische Möglichkeiten im Betrieb.
- Für viele Hauptkulturen gibt es Best-Practice-Beispiele, bei denen die Direktsaat bzw. Direktpflanzung gelungen ist. Dennoch ist das Verfahren sehr komplex und erfordert weitere Erprobung und Innovationen.

14 Kombinierte Mulchsysteme

Die reine Direktsaat ist, wie das vorherige Kapitel nahe legt, vielleicht die Königsdisziplin im ökologischen Pflanzenbau und bedarf perfekter Bedingungen.

Vor allem im Gemüsebau kann man auch die beiden Systeme kombinieren: Direktpflanzung und Transfer-Mulch. Dieses kombinierte Mulchsystem hat sich in der Praxis als sehr risikoarm und sehr effizient erwiesen und kann in besonderer Weise empfohlen werden.

Das System im Gemüsebau

Eine Sequenz im kombinierten Mulchverfahren sieht folgendermaßen aus:

- **Zwischenfrucht säen** Eine (meistens überwinternde) Zwischenfrucht wird optimal etabliert.
- **Zwischenfrucht schlegeln** Die Zwischenfrucht wird zu einem beliebigen Zeitpunkt mit einem Schlegelmulcher abgeschlegelt – bei überwinternden Mischungen z. B. im Laufe des nächsten Frühjahres.
- **Hauptkultur direkt pflanzen oder säen (Variante 1)** Nach dem Schlegeln der Zwischenfrucht kann mit Pflanztechnik, die zusätzlich mit einem Scheibensech ausgestattet wurde, relativ zuverlässig gepflanzt werden. Der Mulchreihenschneider funktioniert selbstverständlich ebenfalls. Wird diese Variante gewählt und der zusätzliche Transfer-Mulch nach der Pflanzung ausgebracht, müssen die Pflanzreihen (wie im Kapitel 12 beschrieben) entweder geschützt oder die Jungpflanzen nach der Pflanzung vom Transfer-Mulch befreit werden.
- **Transfer-Mulch streuen** Um die Zwischenfrucht trotz des Schlegelns vor der Blüte bzw. Fruchtbildung abzutöten, also am Wiederaustrieb zu hindern, und um eine ausreichend dicke Mulchschicht zu erzeugen, wird Transfer-Mulch auf die abgeschlegelte Zwischenfrucht gestreut. Die Menge hängt davon ab, wie viel Mulchauflage die abgetötete Zwischenfrucht bereits geliefert hat. Ziel ist weiterhin eine insgesamt 7–10 cm dicke Mulchschicht. Die Menge muss ausreichend sein, um die ggf. junge Zwischenfrucht zu „ersticken".
- **Hauptkultur direkt pflanzen oder säen (Variante 2)** Wird erst nach dem Schlegeln und Streuen gepflanzt, muss durch die kombinierte Mulchschicht aus abgeschlegelter Zwischenfrucht und Transfer-Mulch die Hauptkultur gesät bzw. gepflanzt werden. Dies ist mit einer Scheibensech-Technik nicht mehr möglich; hier funktionieren allein der Mulchreihenschneider bzw. die anderen Geräte, die im Kapitel 12 beschrieben wurden.

Die letzten beiden Schritte der Sequenz, also pflanzen und streuen, können auch zeitlich getauscht werden – analog zu den im Kapitel 12 beschriebenen technischen Umsetzungen. Das heißt, man kann auch erst in die geschlegelte Zwischenfrucht pflanzen und dann mit entsprechenden Verfahren den Transfer-Mulch in den stehenden Kulturpflanzenbestand streuen.

Als Voraussetzungen für eine erfolgreiche Umsetzung des Verfahrens bleiben zwei Kriterien aus der Direktsaat erhalten; eine Bonitur erfolgt weitestgehend analog zur Direktsaat/Direktpflanzung:

- Perfekte Bodengare und weitgehende Freiheit von Problemunkräutern sind weiterhin wichtige Voraussetzungen.
- Biomasse fällt als Kriterium weg, da diese über den zusätzlichen Transfer-Mulch in ausreichender Menge ausgebracht wird.

Grundsätzlich funktioniert das Verfahren auch mit abgefrorenen oder Sommerzwischenfrüchten. Allerdings bietet sich die Nutzung von überwinternden Zwischenfrüchten an, da ja weiterhin eine perfekte Bodengare Voraussetzung ist und das Wurzelwachstum der überwinternden Zwischenfrucht im Frühjahr hierfür förderlich ist. Der Gareverfall bei einer abfrierenden Zwischenfrucht beginnt im Gegensatz dazu bereits, sobald sie der erste Frost abgetötet hat.

Vorteile gegenüber Transfer-Mulch und ökologischer Direktsaat/Direktpflanzung

Wie schon erkennbar ist, vereint das System die Vorteile beider Einzelverfahren und minimiert gleichzeitig die Risiken und Nachteile:

Keine Bodenbearbeitung Durch das Abtöten der Zwischenfrucht mithilfe des Transfer-Mulches ist keine Bodenbearbeitung nötig, obwohl die Zwischenfrucht noch weit von ihrer Blüte entfernt ist. Selbst nur knöchelhohe Bestände, die gerade aus dem Winter kommen, können abgeschlegelt und durch das Auftragen von Transfer-Mulch abgetötet werden.

Zeitliche Flexibilität Dadurch dass die Zwischenfrucht zu einem beliebigen Zeitpunkt abgeschlegelt werden kann, sind die Pflanztermine bis Ende Mai komplett flexibel wählbar. Immer wenn eine Pflanzung ansteht, wird eine entsprechend große Fläche geschlegelt und mit Transfer-Mulch abgedeckt.

Verbessertes Wassermanagement Die zeitliche Flexibilität führt dazu, dass die Zwischenfrucht terminiert werden kann, bevor sie den Boden zu stark durch ihr Wachstum austrocknet. So kann auch ohne Bewässerung sichergestellt werden, dass die nachfolgende Kultur ausreichend Feuchtigkeit zur Verfügung hat, selbst wenn Niederschläge nach der Saat/Pflanzung zunächst ausbleiben.

Verbesserte Düngewirkung Je jünger eine Zwischenfrucht, desto enger ihr C/N-Verhältnis. Das heißt je früher die Zwischenfrucht abgeschlegelt wird, desto schneller werden die darin enthaltenen Nährstoffe verfügbar. Anders als bei der Direktsaat, bei der die Zwischenfrucht stark verholzt, erzielt man so einen Düngeeffekt durch z. B. eine abgeschlegelte kniehohe Zwischenfrucht. Der ausgebrachte Transfer-Mulch hat eine zusätzlich düngende Wirkung. Dies bedeutet wiederum, dass selbst wenn ein blühender Zwischenfruchtbestand abgeschlegelt und für kombinierte Mulchsysteme genutzt wird, durch den zusätzlichen Transfer-Mulch von einer besseren Nährstoffverfügbarkeit ausgegangen werden kann.

Des Weiteren können in diesem Verfahren auch reine Leguminosen-Zwischenfruchtvarianten für die Direktsaat nutzbar gemacht werden. Mangelt es diesen in reinen Direktsaatsystemen an unkrautunterdrückender Wirkung durch den schnellen Abbau der Mulchschicht, wird in kombinierten Mulchsystemen diese Aufgabe von dem zusätzlich ausgebrachten Transfer-Mulch genutzt. Die jungen legumen Zwischenfrüchte können durch ihr enges C/N-Verhältnis und das feine Schlegeln dann ihre düngende Wirkung voll entfalten.

Flexible technische Umsetzbarkeit Wird erst gestreut und dann gepflanzt, braucht es eine Spezialtechnik für eine Pflanzung in Transfer-Mulch (siehe Kapitel 12). Wird aber erst durch die geschlegelte Zwischenfrucht gepflanzt, so kann dies mit einer einfach umgebauten Pflanzmaschine mit Scheibensech erfolgen (siehe Kapitel 13). Dies erlaubt, solange dann in einem zweiten Schritt eine gleichmäßige und kulturschonende Möglichkeit vorhanden ist, das Transfer-Mulchmaterial nachträglich in den Bestand zu streuen.

Sichere Unkrautunterdrückung und Abtöten der Zwischenfrucht In der reinen Direktsaat sind das Abtöten der Zwischenfrucht zum richtigen Zeitpunkt und eine ausreichend lange Unkrautunterdrückung unter anderem die Achillesfersen des Systems. Beides wird durch die Anwendung des zusätzlichen Transfer-Mulchs gewährleistet. Der Transfer-Mulch tötet die Zwischenfrucht unabhängig vom Stadium sicher ab und sorgt für eine bestmögliche Unkrautunterdrückung. Der Effekt aus der Direktpflanzung, dass die ausbleibende Bodenbearbeitung die Keimruhe der Unkräuter erhält, kommt ebenfalls weiterhin voll zum Tragen.

Bessere Tragfähigkeit Bei der reinen Transfer-Mulchvariante, bei der der Boden vor der Mulchausbringung bearbeitet wird, liegt lockerer Boden zwischen relativ festen Fahrspuren. Bei einer Ausbringung von Transfer-Mulch mit schwerem Gerät besteht hier immer die Gefahr, dass die Maschinen in den gelockerten Bereich im Beet „abrutschen". Durch den Wegfall der Bodenbearbeitung in kombinierten Mulchsystemen besteht dieses Problem nicht; der Boden ist ganzflächig tragfähig.

Einfachere Pflanzung Der oben beschriebene Mulchreihenschneider für Mulchsysteme funktioniert zuverlässiger in unbearbeiteten, festen Böden. Die Schare laufen hier stabiler; es kommt zu weniger Verstopfungen. Auch wenn diese Spezialtechnik nicht vorhanden ist, kann die Pflanzung in einem absetzigen Verfahren mit relativ einfacher Technik umgesetzt werden (siehe oben „Variante 1"). Zusammenfassend begegnet man mit kombinierten Mulchsystemen im Gemüsebau also allen zentralen Herausforderungen, die sonst reine Direktsaatsysteme riskant machen: Die schwierige Unkrautunterdrückung, die man-

Abb. 14.1 Der Zwischenfuchtbestand wird geschlegelt...

Abb. 14.2 Die Bodengare muss ideal sein.

Abb. 14.3 Zusätzlicher Transfer-Mulch wird ausgebracht, um die Zwischenfrucht zu ersticken.

Abb. 14.4 Direktpflanzung im kombinierten Mulchsystem mit Spezialtechnik.

Abb. 14.5 Kohl im kombinierten Mulchsystem.

Abb. 14.6 Lauch im kombinierten Mulchsystem.

Abb. 14.7 Kürbis und Zuckermais im kombinierten Mulchsystem.

Abb. 14.8 Zwiebel-Bestand im kombinierten Mulchsystem.

gelnde Nährstoffverfügbarkeit, das herausfordernde Wassermanagement und die zeitliche Begrenzung durch die Wachstumsperiode.

Einzig die Schwierigkeiten einer geringen Bodentemperatur bleiben als Herausforderung erhalten. Allerdings wird die mangelnde Nährstoffverfügbarkeit in kälteren Böden durch die hohe Verfügbarkeit aus der jungen Biomasse ausgeglichen:

- Wird die Zwischenfrucht früh geschlegelt, sind die Böden zwar tendenziell kalt, aber die Nährstoffverfügbarkeit ist aufgrund des geringen C/N-Verhältnisses sehr hoch.
- Wird die Zwischenfrucht spät geschlegelt, stehen weniger Nährstoffe zur Verfügung, aber die Böden haben sich schon stärker aufgewärmt.

Sind also Nährstoffe nicht das große Problem, bleiben nur die potenziellen Wachstumsverzögerungen aufgrund der geringen Bodentemperatur. Diese können auch in kombinierten Systemen nicht ausgeschlossen werden.

Kombinierte Mulchsysteme im Ackerbau

Auch wenn das System seine Verwendung bisher vor allem im Gemüsebau fand, ist es grundsätzlich auch im Ackerbau anwendbar. Es stellen sich hier allerdings folgende Probleme:

- Ebenso wie beim Transfer-Mulchverfahren werden für die Schaffung von dicken unkrautunterdrückenden Mulchschichten große Mengen an z. B. Kleegras-Häckseln gebraucht, die nicht unbedingt in einem Ackerbausystem zur Verfügung stehen.
- Um die kombinierte Variante technisch umzusetzen, kommt eigentlich nur eine Sequenz infrage, in der erst in die geschlegelte Zwischenfrucht mit Direktsaattechnik gesät und dann nachträglich der Transfer-Mulch ausgebracht wird. Da im Ackerbau allerdings vor allem mit Saaten gearbeitet wird, darf die Mulchschicht nicht so dick sein, dass sie die Kulturen am Auflaufen hindern. Ob im Ackerbau eine kombinierte Mulchschicht geschaffen werden kann, die es der gesäten Hauptkultur noch erlaubt, durch die Mulchdecke zu stoßen, aber die Unkräuter gleichzeitig lang genug unterdrückt, bis die Hauptkultur selbst konkurrenzfähig ist, kann auf Grundlage des heutigen Wissens nicht gesagt werden. Gegebenenfalls kommt es auch auf die Auswahl möglichst triebstarker Kulturen an, die problemlos durch dickere Mulchschichten aufwachsen können.
- Eine ackerbauliche Kultur, bei der das kombinierte Verfahren problemlos klappen kann, ist die Kartoffel. Wird sie wie im oben beschriebenen Verfahren in Dämme gelegt, auf denen zuvor eine abfrierende Zwischenfrucht gewachsen ist, die nach dem Winter eine Mulchdecke formt und diese Dämme dann in einem zweiten Schritt mit einer dicken Transfer-Mulchschicht bedeckt, so ist dies kein Problem. Die Kartoffel hat genug Triebkraft, wie auch im reinen Transfer-Mulchverfahren, um durch die Mulchschicht hindurchzustoßen.

Düngekalkulation und Düngung zur Hauptkultur

Kalkulation: N-Kalkulation bei kombinierten Mulchsystemen

Für die bessere Vergleichbarkeit wird das gleiche Beispiel genutzt wie im vorherigen Kapitel bei der reinen Direktpflanzung: Die Zwischenfrucht ist ein Gemenge aus Roggen (15 %) und Wintererbsen (85 %). Im betriebsüblichen Verfahren wird die Zwischenfrucht in KW 18 (Ende April) eingearbeitet und eine intensive Bearbeitung vor der Pflanzung in KW 21 durchgeführt. Im kombinierten Mulchverfahren wird die Zwischenfrucht ebenfalls in KW 18 abgeschlegelt; in der gleichen Woche wird der Transfer-Mulch ausgebracht, und die Pflanzung erfolgt ebenfalls schon in KW 18, da keine Einarbeitung der Zwischenfrucht erfolgt.

Reduzierte Parameter bei kombinierten Mulchsystemen:

- N-Freisetzung aus Mulchschicht: = Bearbeitung
- Nachlieferung aus Boden: –50 %

Das Besondere an dieser Kalkulation ist, dass kein Abschlag für die fehlende Einarbeitung der organischen Masse angenommen wird. Anders als in Transfer-Mulchverfahren oder in der reinen Direktpflanzung wird davon ausgegangen, dass die fein geschlegelte Zwischenfrucht unter der zusätzlichen Schicht Transfer-Mulch optimal verstoffwechselt werden kann und hier eine ähnliche Verfügbarkeit anzusetzen ist wie bei einer Einarbeitung.

Kalkulation: N-Kalkulation bei kombinierten Mulchsystemen (*Fortsetzung*)

Ziel-N für Blumenkohl: 250 kg/ha

Kalkulation Kombinierte Mulchsysteme

N_{Min} zur Pflanzung	40 kg/ha (da der dünne Bewuchs noch nicht viel Stickstoff aufgenommen hat)
Nachlieferung Boden	45 kg/ha (um ca. 50 % geringere Nachlieferung, da nicht bearbeiteter und kühlerer Boden)
Freisetzung aus Zwischenfrucht	40 kg/ha (Gesamt-N in Biomasse 90 kg/ha || C/N-Verhältnis 14 || Verfügbarkeit von 45 % = ca. 40 kg/ha)
Handelsdünger	125 kg/ha (das bedeutet eine Düngung von 250 kg Rein-N bei 50 %iger Verfügbarkeit)
Gesamt	250 kg/ha

Insgesamt muss in kombinierten Mulchsystemen also immer noch von einem **Zuschlag auf die Düngemenge** im Vergleich zu bearbeiteten Varianten ausgegangen werden (geringere Nachlieferung aus dem Boden). Die Systeme stellen aber im Vergleich zu den anderen Mulchsystemen (Transfer-Mulch und Direktsaat/Direktpflanzung) die meisten Nährstoffe zur Verfügung und sparen damit im Vergleich am meisten Handelsdünger ein.

Bitte beachten: Bei diesen Zahlen handelt es sich um Schätzungen, die auf Praxisbeobachtungen basieren. Eine wissenschaftliche Bestätigung dieser N-Flüsse steht noch aus.

Zusammenfassung

- In kombinierten Mulchsystemen wird Transfer-Mulch mit Ökologischer Direktsaat und Direktpflanzung kombiniert. Sie kommen bisher vor allem im Gemüsebau zum Einsatz.
- Eine Zwischenfrucht wird hierfür zu einem beliebigen Zeitpunkt geschlegelt und dann durch die Ausbringung von Transfer-Mulch „erstickt" und abgetötet.
- Das Verfahren kombiniert die diversen Vorteile der beiden Systeme. Es hat weniger hohe Voraussetzungen als die reine Direktsaat/Direktpflanzung, entschärft verschiedene Herausforderungen und birgt daher geringere Risiken.
- Die technischen Anforderungen, die sich in beiden Mulchsystemen stellen, bleiben allerdings bestehen.

15 Beisaaten, Gemenge und Untersaaten für Bodenaufbau und Diversifizierung

Neben den oben beschriebenen Mulchsystemen, die vor allem auf eine intensive Nutzung der Anbaupause zwischen den Hauptkulturen durch Zwischenfrüchte und auf die Herstellung einer organischen Mulchdecke abzielen, gibt es weitere Maßnahmen, die die Durchwurzelung und Diversität während des Wachstums der Hauptkultur erhöhen: Beisaaten, Gemenge und Untersaaten. Sie sind mit den oben beschriebenen Mulchsystemen frei kombinierbar und sollen an dieser Stelle nur kurz beschrieben werden, da Untersaaten und Gemenge relativ weit verbreitet sind und die Anwendungsfelder von Beisaaten relativ beschränkt sind.

Beisaaten

Definition und Ziele

Unter Beisaaten verstehen wir Pflanzenarten, die zusammen mit oder versetzt zur Hauptkultur etabliert werden. Sie wachsen mit der Hauptkultur mit und frieren dann in überwinternden Hauptkulturen ab oder werden durch Einarbeitung abgetötet, bevor sie in Konkurrenz zur Hauptkultur gehen. Beisaaten können auch mit der Hauptkultur gemeinsam abreifen. Dann sollte aber gewährleistet sein, dass sie in einem so geringen Umfang etabliert werden, dass sie den Ertrag der Hauptkultur nicht negativ beeinflussen. Beisaaten wachsen nach der Ernte der Hauptkultur also nicht weiter. Sie sterben vorher ab, werden abgetötet oder reifen mit ab. Dies unterscheidet sie von Untersaaten.

Ziel von Beisaaten ist es, den Boden intensiver zu durchwurzeln, der Hauptkultur eine Zeit lang einen Partner zur Seite zu stellen und Standraum zu belegen, der sonst von Unkräutern genutzt würde. Handelt es sich bei den Beisaaten um Leguminosen, können sie nach dem Abfrieren/nach der Einarbeitung Stickstoff für die Hauptkultur zur Verfügung stellen.

Abfrierende Beisaaten in ackerbaulichen Winterungen

Klassische abfrierende Beisaaten sind Leguminosen, die in geringer Menge zusammen mit bedürftigen Winterungen wie Winterraps oder Wintergetreide ausgesät werden. So können zum Beispiel Lupinen, Ackerbohnen, Erbsen etc. gemeinsam mit der Hauptkultur im Herbst gesät werden. Sie wachsen mit den Kulturen auf und sorgen für eine bessere Bodenbedeckung, Durchwurzelung und Unkrautunterdrückung. Gegebenenfalls werden sie mit geeigneter Hacktechnik eher niedergedrückt als abgetötet, um durch ihr Höhenwachstum nicht in Konkurrenz zur Hauptkultur zu kommen. Nach den ersten Frösten im späten Herbst oder frühen Winter frieren sie dann ab. Das abgestorbene organische Material liefert Stickstoff an die Hauptkultur und sorgt für etwas Mulchauflage. Die Hauptkultur wächst ungehindert weiter.

Abb. 15.1 Winterraps mit Beisaat Sommerwicke.

Einzuarbeitende Beisaaten bei gemüsebaulichen Sommerkulturen

Vor allem im Gemüsebau können ebenfalls Leguminosen verwendet werden, die zwischen den Reihen von starkzehrenden Gemüsekulturen mitwachsen und eingearbeitet werden, bevor sie zu konkurrenzstark werden. Von der Abfolge her ist es technisch oft am einfachsten, erst die Beisaat zu säen und dabei die Reihen für die Hauptkultur auszulassen. In diese Fehlreihen pflanzt man dann die Hauptkultur im zweiten Arbeitsgang. Ein Beispiel wären Ackerbohnen, die man zwischen den Reihen von Kohl, Lauch oder anderen Starkzehrern sät. Während des Wachstums durchwurzeln sie den oft breiten ungenutzten Bereich zwischen den Kulturen. Wenn die Ackerbohne etwa kniehoch gewachsen ist, wird sie mit einer Bodenbearbeitung durch die Reihenfräse eingearbeitet. Das organische Material liefert Stickstoff und andere Nährstoffe für die starkzehrende Hauptkultur.

Abreifende Beisaaten bei ackerbaulichen Sommerungen

In ackerbaulichen Sommerungen wie Sommergetreide, Sommerkörnerleguminosen, Mais, Sonnenblumen usw. etabliert man Beisaaten zusammen mit oder zeitversetzt zur mechanischen Unkrautregulierung zur Hauptkultur. Sie wachsen dann mit und reifen zusammen mit der Hauptkultur aus. Ein Drusch des Saatguts ist nicht das Ziel. Vielmehr geht es darum, ohne Konkurrenzeffekt zur Hauptkultur Unkraut zu unterdrücken, die Wurzelvielfalt zu erhöhen und unproduktive Leerstellen in der Kultur zu nutzen.

Abb. 15.2 Beisaat von Ackerbohnen bei Sellerie.

Gemenge/Mischfruchtanbau

Gemenge finden vor allem im Ackerbau Anwendung. Sie zeichnen sich dadurch aus, dass mehrere Sorten oder Arten gemeinsam ausgesät werden, die möglichst zeitgleich abreifen, gemeinsam gedroschen und danach über Reinigungs- und Trenntechnik aufbereitet werden.

Definition und Ziele

Sortengemenge versus Artengemenge Man kann zwischen Sorten- und Artengemengen unterscheiden. Bei Sortengemengen handelt es sich weiterhin um eine Monokultur (z. B. aus verschiedenen Winterweizen-Sorten), in der aber mehrere Sorten der möglichst gleichen Reifegruppe gesät und geerntet werden. Ziel ist, das Sortenrisiko zu streuen und ggf. die Erntequalitäten damit abzusichern.

Das eigentliche Gemenge, was die unten genannten Ziele viel vollumfänglicher erreicht, ist das Artengemenge (z. B. ein Gemenge aus Wintertriticale und Wintererbsen). Dies soll im Weiteren vor allem im Mittelpunkt der Betrachtungen stehen. Hier werden verschiedene Kulturpflanzen mit einem ähnlichen Reifezeitpunkt zusammen etabliert und gedroschen.

Voraussetzungen für die erfolgreiche Umsetzung eines Artengemenges:

- Optimale Produktionstechniken (Sätechnik, Sortenwahl, Mischungsverhältnisse etc.)
- Standortangepasste Mischungen mit abgestimmter Abreife
- Leistungsfähige Trocknungs-, Trenn- und Reinigungstechnik in der Region

Artengemenge haben zahlreiche **Vorteile**:

Erschließung des gesamten Wurzelraumes Der Anbau verschiedener Kulturpflanzenarten liefert eine Vielfalt an Wurzelwerk, die den gesamten Bodenhorizont besser erschließt.

Höhere Photosyntheseleistung pro Fläche Durch die unterschiedliche Blattstellung und Wuchsform der Kulturpflanzen (verschiedene „Stockwerke" an Blättern) kann ein Gemengebestand das Sonnenlicht in größerer Menge absorbieren und in mehr Pflanzenmasse und idealerweise auch in mehr Ertrag umsetzen.

Risikostreuung durch Vielfalt Indem nicht nur eine Kultur angebaut wird, können suboptimale Witterungs- und Wachstumsbedingungen für die eine Art im Gemenge durch das ggf. bessere Wachstum der anderen Kulturart/der anderen Kulturen ausgeglichen werden.

Bessere Nährstoffaufnahme und Standfestigkeit Das intensivere Wurzelwerk kann Nährstoffe besser und in größerer Menge aufnehmen. Kulturen, die in Reinkultur zum Lager neigen wie bestimmte Körnerleguminosen, können sich an standfesteren Gemengepartnern quasi „anlehnen" bzw. festhalten.

Schädlingsabwehr Gemenge können für Schaderreger unattraktiver sein, da hier nicht nur eine einzige Kultur in großer Menge vorhanden ist.

Qualitätssteigerung, Ertragssteigerung, Flächeneffizienz Bei optimaler Führung des Gemenges können Gemenge und Artenmischungen höhere Erträge und/oder höhere Qualitäten liefern als bei einer Reinkultur der jeweiligen Partner. Das heißt beispielsweise, dass bei 2 Gemengepartnern 2 ha eines Gemenges insgesamt mehr Ertrag liefern als jeweils 1 ha der beiden Gemengepartner in Reinkultur liefern würde.

Höhere Gesamtbeschattung – mehr Konkurrenzkraft Das dichtere Blätterwerk und die oft bessere Standraumverteilung verbessert die Gesamtbeschattung des Bodens; weniger Licht trifft auf die Bodenoberfläche. Damit steigt die Konkurrenzkraft des Gesamtbestandes gegenüber Unkräutern.

Umsetzung

Forschungsergebnisse zeigen, dass es nicht die Standraumverteilung bzw. die Sätechnik ist, die den Erfolg des Systems entscheidet, sondern vielmehr das Mischungsverhältnis, die Sortenwahl und das Klima.

Vor der Aussaat sollten also Empfehlungen eingeholt werden, welche Mischungsverhältnisse sich bei welchen Druschzielen bewährt haben. Hierzu gibt es leicht verfügbare Informationen. Von einer Mischung der Komponenten „nach Gefühl" ist dringend abzuraten. Dies führt im schlimmsten Fall dazu, dass einer der Gemengepartner den/die anderen Partner dominiert. Damit würden aber die Ertragsziele nicht erreicht, es würde vor allem eine Kultur geerntet und in das benötigte Saatgut der Partner wäre umsonst investiert worden.

Untersaaten

Definition und Ziele

Untersaaten zeichnen sich dadurch aus, dass sie mit der Hauptkultur etabliert werden, in „Wartestellung" unter dem Bestand überleben und nach ihrer Ernte weiter wachsen und voll zur Geltung kommen. Untersaaten dürfen der Hauptkultur keine Konkurrenz machen! Sie sind daher oft niedrig wachsend, damit sie die Hauptkultur nicht überwuchern.

Untersaaten eigenen sich vor allem auch in Regionen, in denen ein Zwischenfruchtbau aufgrund der klimatischen Bedingungen schwierig ist. Sie führen dazu, dass in Regionen mit kurzer Vegetationsperiode dennoch das Maximum an Biomasseproduktion geerntet werden kann.

Umsetzung

Untersaaten können zu verschiedenen Zeitpunkten etabliert werden:

- Direkt mit der Aussaat der Hauptkultur.
- Zeitversetzt nach der Aussaat der Hauptkultur.
  - Bei Winterungen je nach Aussaatzeitpunkt der Hauptkultur noch im Herbst

(letztmöglichen Aussaatzeitpunkt der Untersaaten beachten), auf den letzten Schnee (Einwaschung des Saatguts mit dem Schmelzwasser) oder bei der ersten Befahrbarkeit der Äcker im Frühjahr, z. B. beim ersten Striegeln.
- Bei frühen Sommerungen einige Wochen nach der Aussaat, z. B. beim ersten Striegeln.
- Bei Hackfrüchten (z. B. Kartoffeln), Gemüse (z. B. Kohl) und/oder späten Sommerungen (z. B. Soja, Mais) zum letzten Hack- bzw. Häufelgang.

Wird die Untersaat zeitversetzt ausgebracht, sollte diese idealerweise bei der Unkrautregulierung ≠eingearbeitet und vor einem Niederschlagsereignis ausgebracht werden:
- Technik: Pneumatische Streuer, die das Saatgut breit streuen oder aufgesattelte Sätanks, die das Saatgut vor dem Striegel/der Hacke ablegen. Auf kleinen Flächen auch mit Handstreugeräten.
- Einarbeitung durch
  - Walzen
  - Einhacken
  - Einstriegeln

Abb. 15.3 In Reihenkulturen können Untersaaten effizient mit der Hacktechnik ausgebracht werden.

Abb. 15.4 Bei Kulturen mit engerem Reihenabstand kann die Untersaat beim Striegeln mit unterschiedlichen Geräten ausgebracht werden.

Abb. 15.5 Der Ausbringungszeitpunkt ist bei Untersaaten entscheidend. Links Saat auf den letzten Schnee. Rechts Saat im Frühjahr beim Striegeln/Walzen.

Exkurs: Untersaaten in Direktsaatbeständen

Sollen Untersaaten nachträglich in Beständen etabliert werden, die in Direktsaat mit Mulchauflage etabliert wurden, braucht es Ausbringungs- bzw. Saattechnik, die das Saatgut der Untersaat unter der Mulchauflage im Boden platziert und damit eine sichere Keimung gewährleistet. Nach einer Direktsaat in abgefrorener Zwischenfrucht mit einer entsprechend dünneren Mulchauflage kann die Untersaat mit Hacken oder Striegeln eingearbeitet werden. Diese funktionieren bei geringer Mulchauflage noch. Nach einer Direktsaat in überwinternde Zwischenfrüchte braucht es spezielle Direktsaattechnik, die einen hohen Durchgang für die bereits etablierten Kulturen (z. B. Reihenkulturen Mais und Soja) aufweist und gleichzeitig mit Säaggregaten ausgestattet ist, die direktsaatfähig sind, also mit Scheibensechen die Mulchschicht durchtrennen und Saatgut unter der Mulchschicht sicher platzieren. Entsprechende Prototypen wurden z. B. in den USA entwickelt, in denen die Direktsaat weit verbreitet ist.

Abb. 15.6 Auch Drilltechnik für Untersaaten in Direktsaat-Beständen ist verfügbar. Mit hohem Durchgang für die bereits etablierten Kulturen ...

Abb. 15.7 ... können mit diesen Geräten auch durch eine Mulchschicht hindurch Untersaaten etabliert werden.

Klee-, Gras- und Kleegras-Untersaaten im Acker- und Gemüsebau

Untersaaten mit mehrjährigen Gras- und Kleearten eigenen sich bei einer Reihen-, wenn nicht bei fast allen ackerbaulichen Kulturen. Erfolgreich angewendet wurden sie z. B. unter den folgenden Kulturen:

- alle Getreidearten, egal ob Winterung oder Sommerung
- konkurrenzschwache Körnerleguminosen (z. B. Ackerbohnen)
- ackerbauliche Hackfrüchte (Sonnenblumen, Mais, Soja)
- viele gemüsebauliche Kulturen
- Für Klee-, Gras-, bzw. Kleegras-Untersaaten sind diverse standort- und kulturangepasste Mischungen bei verschiedenen Saatgutanbietern verfügbar.

Untersaaten im Gemüsebau

Im Gemüsebau mit zum Teil sehr späten Räumungsterminen von Kulturen bzw. Kulturen, die den ganzen Winter über geerntet werden (z. B. Kopfkohl, Rosenkohl, Grünkohl, Lauch etc.), bieten sich auch Untersaaten aus Wintergetreide an, die einen Kältereiz brauchen, um ins generative Wachstum zu gehen. Bis dieser Kältereiz nicht erfolgt ist, geht das Getreide nicht ins Schossen, bleibt kleinwüchsig und bildet einen Teppich unter der Kultur. Wintergetreide, die diese Vernalisation brauchen, sind Winterweizen und Winterroggen. Vor allem Roggen ist sehr spätsaatverträglich und kann auch noch sehr spät in flacher Aussaat etabliert werden.

Untersaaten im Ackerbau

Abb. 15.8 Untersaat in Soja nach Direktsaat in Roggen-Zwischenfrucht.

Abb. 15.9 Untersaat unter Raps.

Abb. 15.10 Untersaat unter Getreide, hier: Hafer.

Abb. 15.11 Untersaat unter Mais.

Andere Winterzwischenfruchtarten wie Winterwicke, Winterackerbohne, Wintererbse und Inkarnatklee brauchen diesen Kältereiz nicht und wachsen auch ohne ausreichende Kältesumme in die Höhe. Werden sie verwendet, muss darauf geachtet werden, dass die Untersaat die Gemüsekultur nicht „überwächst". Am besten eignet sich hier noch Winterwicke, da sie eher teppichartig wächst. Sie kann z. B. unter Kürbis verwendet werden.

Untersaaten bei Kartoffeln Auch auf Kartoffelfeldern können Untersaaten zum letzten Hack- bzw. Häufelgang etabliert werden. Ihre Funktion ist, vor allem das späte Verunkrauten des Bestandes nach Absterben der

Untersaaten im Gemüsebau

Abb. 15.12 Untersaat in Kartoffeln.

Abb. 15.13 Untersaat unter Roter Beete.

Abb. 15.14 Untersaat unter Möhren.

Abb. 15.15 Im Transfer-Mulch mit reifen Gräsersamen etabliert sich eine ungewollte Untersaat – eine ideale Kombination.

Kartoffelpflanzen mit Begrünungspflanzen zu ersetzen und etwaige Nährstoffüberschüsse aufzunehmen. Bewährt haben sich z. B. Buchweizen und Phacelia in Fruchtfolgen mit Brassicaceen-Anteil oder Senf und Ölrettich in Fruchtfolgen ohne Kohlgewächse. Wichtig ist, dass die Biomasse der Untersaat so „zart" ist, dass die bei der Rodung der Kartoffeln nicht zu Verunreinigungen im Erntegut führt und gut durch das Rodesieb hindurch fällt.

Schwierig für Untersaaten sind vor allem Kulturen, die sehr schnell sehr dichte Bestände bilden, wie z. B. Raps, Körnererbsen (Vollblatttypen), oder sehr lichte Bestände bilden und entsprechend konkurrenzschwach sind, wie z. B. Leinsaat.

Wurzelleistung von Untersaaten

Abb. 15.16 Bodenstruktur unter Untersaat bei Getreide.

Exkurs: Lebendmulch

Immer wieder gibt es Versuche, pflanzenbauliche Kulturen in einem stehenden, niedrigwachsenden Bestand direkt zu etablieren.
In solchen, auch „Lebendmulch" genannten Verfahren werden vor der Etablierung der Hauptkultur die Begrünungsbestände teilweise geschädigt. Begrünungspflanzen, die hierfür häufig genutzt werden, sind z. B. ausläufertreibende und niedrigwachsende Arten wie Weißklee, die sich von einer teilweisen Schädigung leicht erholen. Insgesamt muss aber festgestellt werden, dass sowohl im Acker- wie auch im Gemüsebau oft hohe Ertragsverluste mit diesem Verfahren zu verzeichnen sind. Dies liegt zumeist an der massiven Wasser- und Nährstoffkonkurrenz, die ein bereits bestehender Pflanzenbestand mit sich bringt.

Zusammenfassung

- Ergänzend zu Mulchsystemen oder wenn diese nicht umgesetzt werden können, bleiben Maßnahmen wie Beisaaten, Untersaaten und Mischfruchtanbau.
- In allen Verfahren wird die Hauptkultur um verschiedene weitere Pflanzen ergänzt. Während im Mischfruchtanbau die Ernte mehrerer Kulturen das Ziel ist, werden Untersaaten und Beisaaten zur Diversifizierung und zum Bodenaufbau eingesetzt.
- Die zusätzlichen Kulturen werden vor, nach oder zur Saat/Pflanzung der Hauptkultur etabliert und reifen mit der Hauptkultur ab, sterben vor deren Ernte ab oder überleben die Hauptkultur und gehen erst nach ihrer Ernte ins Wachstum.

16 Mulchsysteme und Pflanzengesundheit

Eine verengte Herangehensweise an Pflanzengesundheit und Pflanzenschutz sieht ein Problem (z. B. einen Schädling) und versucht, eine schnelle und einfache Lösung zu bieten (z. B. ein Pestizid). Nicht gefragt wird bei diesem Ansatz oft nach der Ursache für das Auftreten des Problems, warum also der Schädling überhaupt erst auftaucht und ertragsrelevant wird. Seit vielen Jahren gibt es im Pflanzenschutz den Ruf nach einem systemischen Ansatz, der das gesamte Anbausystem in den Blick nimmt, um Probleme in der Pflanzengesundheit auf ihre Ursache zurückzuführen und durch Änderungen im Gesamtmanagement Verbesserungen zu erzielen. Die Umsetzung der in diesem Buch beschriebenen Anbausysteme kann eine Maßnahme zur systemischen Verbesserung der Pflanzengesundheit sein.

Systemische Effekte

Pflanzen sind ständig verschiedenen Schaderregern ausgesetzt. Dennoch treten Infektionen bzw. massive Schädigungen nur selten auf, bzw. werden nur selten ertragsrelevant. Umweltbedingungen haben also einen entscheidenden Einfluss auf die Pflanzengesundheit, und verschiedene Untersuchungen haben gezeigt, dass die Steigerung der Bodenfruchtbarkeit im Allgemeinen und Anbausysteme mit ständigem Bewuchs und Bedeckung im Speziellen Bedingungen schaffen, die die Pflanzengesundheit stärken.

Systemische Effekte durch höhere Bodenfruchtbarkeit

Höhere Humusgehalte und größere bodenbiologische Vielfalt

Mulchauflagen **maximieren** die Biomasseproduktion und Pflanzenvielfalt in der Fruchtfolge, sie minimieren die Bodenbearbeitung und beeinflussen das Bodenklima positiv (höhere Feuchte, ausgeglichenere Temperatur). Dadurch erhöhen sich die Humusgehalte und die bodenbiologische Vielfalt in den oben beschriebenen Systemen.

Wir wissen heute grundsätzlich, dass eine hohe Bodenfruchtbarkeit die Selbstverteidigungsmechanismen der Pflanzen stärkt und Nützlinge im Bodennahrungsnetz fördert. Eine hohe biologische Aktivität im Boden macht **bodenbürtige Schaderreger** unschädlich und setzt **Schädlinge** unter Druck, indem sie deren Widerstandsfähigkeit gegen biologische Pflanzenschutzmaßnahmen senkt. Grundsätzlich führt eine hohe bodenbiologische Vielfalt dazu, dass ein Schaderreger im Bodennahrungsnetz nicht dominant werden kann, sondern sich einer großen Zahl an Gegenspielern und Fressfeinden gegenüber sieht.

Des Weiteren kann eine gute Bodengare der Pflanzengesundheit zuträglich sein. Denn Verdichtungen im Boden können Nischen für bestimmte Schädlinge ermöglichen. Beispielsweise können Drahtwürmer und Engerlinge mit sehr geringen Sauerstoffkonzentrationen im Boden umgehen. Eine gute Bodengare ist also notwendig, um diese Nischen derartigen Schädlingen nicht zur Verfügung zu stellen und über ein gesundes Bodennahrungsnetz den Schädlingsdruck unter der ertraglich relevanten Schwelle zu halten.

Auch ein Zusammenhang zwischen hohen Humusgehalten und besserer Pflanzengesundheit ist kaum bestreitbar. So führt die kontinuierliche Zufuhr von biologisch verfügbarem Kohlenstoff (z. B. durch Mulchsysteme) als Nahrungsgrundlage für das Bodennahrungsnetz zu einer hohen Krankheits- und Schädlingsunterdrückung sowie einer Stärkung den pflanzeneigenen Immunsystems. Diese Effekte, die oft in Systemstudien beobachtet werden, lassen sich oft nicht spezifisch begründen. Dennoch sollen an dieser Stelle einige Wirkmechanismen näher erläutert werden.

Mykorrhiza-Symbiose
Der positive Effekt einer erfolgreichen Symbiose zwischen Pflanzenwurzel und **arbuskulären Mykorrhiza-Pilzen (AMF)** auf die Pflanzengesundheit gilt als gesichert. Die Symbionten schützen die Pflanze nachweislich vor dem Zugriff durch Schaderreger. Als Grund wird ein durch AMF induziertes, grundsätzlich besseres Pflanzenwachstum angeführt, welches wiederum auf eine bessere Aggregierung des Bodens, bessere Wasserverfügbarkeit sowie bessere Stickstoff- und Phosphoraufnahme durch AMF zurückzuführen ist.

Systemische Resistenz
Die Wirkung von AMF kann jedoch auch eng zusammen hängen mit dem, was als systemische Resistenz (englisch: „Induced Systemic Resistance“, kurz: ISR) beschrieben wird. Neben Pilzen, die eine pflanzenstärkende Wirkung entfalten, gibt es auch Bakterien in der Rhizosphäre, die das Wachstum von Pflanzen begünstigen und die Pflanzengesundheit stärken. So unterstützen diese Bakterien und Pilze die Pflanze darin, eine schnelle Abwehrreaktion auf lokale Infektionen und Angriffe einzuleiten, z. B. über Salicyl- und Jasmonsäure. Diese Mikroorganismen haben hier eher eine vermittelnde Rolle, die den Abwehrmechanismus aktiviert, als dass sie selbst aktiv gegen den Schaderreger wirken.

Systemische Effekte durch Veränderung der Pflanzenernährung

Ammoniumernährung
Die Form, in der Pflanzen Nährstoffe aufnehmen, kann die Pflanzengesundheit wesentlich beeinflussen. So kann eine Überversorgung von wasserlöslichen Nährstoffen zu einer stärkeren Anfälligkeit der Pflanzen führen. Vor allem saugende und beißende Schaderreger werden mit diesen Nährstoffüberschüssen in Verbindung gebracht, da deren Vermehrungs- und Überlebensraten maßgeblich von der Nährstoffzusammensetzung im von ihnen aufgenommenen Pflanzensaft/Pflanzenblatt abhängt.

Nun gibt es Hinweise darauf, dass sich durch eine präzise Düngung im Streifen- oder Punktdepot sowie durch die Anwendung von flächigem Mulch eine Pflanzenernährung auf hohem Niveau mit hohen Erträgen realisieren lässt, ohne dass diese negativen Effekte auf die Pflanzengesundheit zum Tragen kommen.

Ein Grund hierfür ist, dass die konzentrierte Ablage des Düngemittels und die Präsenz der Pflanzenwurzel direkt im Mulchmaterial dazu führt, dass z. B. Stickstoffverbindungen vor der Aufnahme nicht komplett nitrifiziert werden, sondern bereits als Ammonium oder als noch größere Moleküle aufgenommen werden. Hierdurch spart die Pflanze Energie, weil sie beim Umbau der Stickstoffverbindungen zu z. B. Proteinen weniger Syntheseenergie leisten muss; die Verbindungen sind bei der Aufnahme bereits langkettiger. Hierdurch kommt es zu weniger löslichen Nährstoffüberschüssen im Blatt, was die Attraktivität für Schaderreger bzw. deren Vermehrungs- und Überlebensraten senkt.

Ein Hang zur Ammoniumernährung wird auch bei Pflanzen mit AMF-Symbiose beobachtet und wird als weiterer Grund für deren positive Auswirkungen auf die Pflanzengesundheit angenommen.

Verfügbarkeit von Mikronährstoffen
Ein Mangel an Mikronährstoffen kann bestimmte Krankheiten begünstigen, wenn nicht sogar auslösen. Vor allem die ausreichende Versorgung mit Schwefel, Mangan (Mn), Bor (B), Silizium (Si) und Calcium (Ca) gilt als entscheidendes Kriterium für die Pflanzengesundheit. So ist Mangan maßgeblich für einen effektiven Ablauf der Photosynthese und den gesunden Aufbau der Pflanzen-Biomasse. Bor hat einen prägenden Einfluss auf den Aufbau gesunder Zellwände und Zellmembranen, die die Widerstandsfähigkeit der Pflanzen mitbestimmen. Und eine gute Silizium- und Calcium-Versorgung führt zu Blattoberflächen, die sich widerstandsfähig gegenüber pilzlichen Schaderregern zeigen. Es ist davon auszugehen, dass Anbausys-

teme zur Steigerung der Bodenfruchtbarkeit durch die Mobilisierung und Verfügbarmachung dieser Mikronährstoffe auch in dieser Hinsicht die Pflanzengesundheit steigern.

Molekulare Auswirkungen

Neben diesen relativ weitläufig bekannten Effekten hat man in den letzten Jahren komplexere Auswirkungen von Mulchsystemen auf die Pflanzenernährung und damit die Pflanzengesundheit entdeckt. Die besonders effektive Mobilisierung und Verarbeitung von Kohlenstoff und Stickstoff aus einer Mulchdecke soll die Kommunikation zwischen Pflanzenspross und Pflanzenwurzel so verändern, dass spezielle genetische Transkripte aktiviert werden. So kann die Pflanze aus den aus dem Mulch aufgenommenen Verbindungen vermehrt solche Proteine bilden, die sie widerstandsfähiger gegen bestimmte Krankheiten machen und ihre Langlebigkeit verbessern.

Insgesamt bedeutet dies, dass Anbausysteme zur Steigerung der Bodenfruchtbarkeit, wie sie in den vorangegangenen Kapiteln beschrieben wurden, die Pflanzenernährung in einer Art und Weise verändern, dass die Pflanzengesundheit durch verschiedene Wirkmechanismen gestärkt wird. Zusätzlich scheint es in Anbausystemen mit ständiger Durchwurzelung und Bedeckung möglich, durch neue Formen der Pflanzenernährung auf einem hohen Nährstoffniveau hohe Erträge zu erzielen, ohne nachteilige Effekte auf die Pflanzengesundheit hervorzurufen.

Direkte Effekte einer Mulchdecke auf die Pflanzengesundheit

Neben den systemischen Effekten von ständiger Durchwurzelung und Bedeckung, die über Umwege zum Tragen kommen, kann eine Mulchschicht auch direkt auf die Abwehr von Schaderregern wirken.

Visuelle Effekte

Die Mulchdecke verändert die Reflexion des Sonnenlichts inklusive der UV-Strahlung im Vergleich zu blankem Boden. Außerdem ist der Farbkontrast zwischen Boden und Pflanze ein anderer als zwischen Mulch und Pflanze. Dies kann bestimmte Schaderreger (z. B. Läuse) verwirren und die Migration von Schadpopulation von einem Schlag zum anderen unterbinden.

Einschränkung der Beweglichkeit der Schaderreger

Die Mulchoberfläche kann die haptischen Sinne der Schaderreger und deren Bewegungsfähigkeit (z. B. Erdflöhe) lahmlegen, da diese normalerweise an eine nackte Bodenoberfläche gewöhnt sind. Ein anderer Effekt tritt bei Schadpilzen ein, die bei ihrer Vermehrung bis zur Bodenoberfläche vordringen müssen, um dort Fruchtkörper zu bilden (z. B. *Sklerotinia*). Die Mulchauflage führt dazu, dass die pilzlichen Schaderreger sich verausgaben, die Bodenoberfläche nicht erreichen und sich nicht vermehren können. Dies kann dazu führen, dass nach einer Weile kein bodenbürtiges Inokulum der Schadpilze mehr im Oberboden vorhanden ist. Das Gleiche gilt für Insekten, die in ihrem Vermehrungszyklus eine Phase im Boden verbringen (z. B. Thripse). Diese finden durch die Mulchschicht entweder den Weg in den Boden nicht oder können aus diesem nicht mehr auftauchen. Des Weiteren wird durch ein Unterbleiben der mechanischen Unkrautregulierung das Risiko vermindert, dass durch Erdanhang an den Geräten eine Krankheit von einem Schlag auf den anderen verbracht wird (z. B. *Pythium*).

Günstige Schädlings-/Nützlingsdynamik

Mulchdecken können die Populationen an Nützlingen, also schädlingsfressenden Populationen, wie z. B. Spinnen, Kurzflügler und Laufkäfer, direkt erhöhen, indem sie durch Hohlräume und Bedeckung ein Habitat bieten, das auf blankem Boden nicht vorhanden ist. Nicht nur die adulten Schaderreger werden von diesen Nützlingen gefressen, sondern auch die etwaigen Eigelege und die Larven von entsprechenden Schädlingen (z. B. Kartoffelkäfer). Dadurch kommt es zu einer deutlich geringeren Anzahl an adulten Schädlingen, die überhaupt Schaden anrichten können.

Besseres Mikroklima
Einige Schaderreger benötigen ein sehr feuchtes, ggf. warmes Milieu im Nahraum der Pflanze (z. B. Falscher Mehltau). Durch die Mulchauflage bleiben die Blätter oft trocken, die Mulchschicht trocknet oberflächlich schnell ab. Zusätzlich bleibt die Temperatur über dem Mulch gemäßigt – anders als beim Boden. Hierdurch haben entsprechende Schaderreger schlechtere Lebensbedingungen.

Keine Spritzwasserinfektion
Viele bodenbürtige Krankheiten werden bei Regen über Erdspritzer, die durch den Aufprall des Wassers an die unteren Blätter gelangen, auf die Pflanze übertragen (z. B. *Rhizoctonia*). Durch die Mulchauflage kommt es zu so gut wie keinen Erdspritzern, da der Regen und das Wasser aus der Beregnung durch die Mulchschicht gebremst werden und ohne Aufprall versickern können. Hierdurch kommen Spritzwasserinfektionen so gut wie gar nicht vor. Ähnliches gilt für Regentropfen, die bei ihrer Reise durch die Luft Pilzsporen aufnehmen. Auch diese werden durch die Vermeidung von Spritzern in geringerer Zahl auf die Pflanze übertragen.

Kontaktvermeidung zwischen Boden und Frucht
Wo immer der Kontakt zwischen Erntegut und Boden ein Problem ist (z. B. Kürbis auf blankem Boden), kann die Mulchschicht durch ihre Barrierefunktion die Auswirkungen von bestimmten Schaderregern, die auf die reifende Frucht überspringen würden, deutlich verringern.

Alle diese Wirkmechanismen zusammengenommen führen dazu, dass die Steigerung der Bodenfruchtbarkeit und die Vielfalt im Anbausystem sowie die ständige Durchwurzelung und Bodenbedeckung positive Auswirkungen auf die Bekämpfung zahlreicher Schaderreger haben.

Abb. 16.1 Während sich Erdflöhe auf blankem Boden gut bewegen können, …

Abb. 16.2 … scheinen sie sich auf gemulchten Flächen schwerer zu tun.

Beispiele

Mit mindestens einem oder mehreren der oben beschriebenen Mechanismen können die folgenden Schädlinge und Krankheiten bekämpft werden:

- Läuse (diverse) und dadurch übertragene Viren, wie z. B. Kartoffelvirus
- Phytophthora/Kraut- und Knollenfäule (*Phytophthora infestans*, *Phytophthora capsici*)
- Kartoffelkäfer (*Leptinotarsa decemlineata*)
- Rhizoctonia (*Rhizoctonia solani*)
- Alternaria (*Alternatia solani, Alternaria alternata*)
- Weißstängeligkeit/Sklerotinia (*Sclerotinia sclerotiorum, Athelia* (syn. *Sclerotium*) *rolfsii*)
- Falscher Mehltau (Arten der Peronosporales)
- Echter Mehltau (Arten der Erysiphaceae)
- Septoria (*Septoria lycopersici*)
- Thripse (*Thrips tabaci*)
- Kleine Kohlfliege (*Delia radicum*)
- Anthraknose (diverse)
- Kleiner Kohlweißling (*Pieris rapae*)
- Erdflöhe (*Psylliodes chrysocephala*)
- Fußkrankheiten (*Aphanomyces* spp.)
- Fusarium (*Fusarium* spp.)
- Verticillium-Welke (*Verticillium* spp.)
- Nassfäule/Schwarzbeinigkeit (*Erwinia carotovora*)
- Pseudomonas syringae (*Pseudomonas syringae*)

Abb. 16.3 Eine signifikante Reduktion von Kartoffelkäfern…

Abb. 16.4 … konnte durch Mulchsysteme erreicht werden.

Abb. 16.5 Bodenbürtige pilzliche Schaderreger wie Rhizoctonia …

Abb. 16.6 … werden durch die trockenen Blätter und die Vermeidung von Erdspritzern in Mulchsystemen reguliert.

- Schadnematoden (*Nematoda* spp.) und die durch sie ausgelösten Wurzelschädigungen
- Pythium (*Pythium* spp.)

Es ist davon auszugehen, dass diese Liste nicht erschöpfend ist und die oben beschriebenen Mechanismen auch auf weitere Schaderreger unterdrückend wirken.

Schädlinge in Mulchsystemen

Mäuse

Ein dauerhafter Bewuchs oder eine dauerhafte Bedeckung sowie eine ausbleibende Bodenbearbeitung bieten Mäusen grundsätzlich gute Lebensbedingungen. In dem tragfähigen Boden können sie stabile Gänge und Behausungen anlegen, ohne von Raubtieren bedroht zu werden. Bei einem Massenaufkommen mit ertraglicher Relevanz sollte zuerst geprüft werden, ob dies ausschließlich auf den unbearbeiteten/begrünten/bedeckten Flächen der Fall ist oder es sich um ein grundsätzliches Mäusejahr mit Problemen auch auf brachen Flächen handelt.

Grundsätzlich infrage kommen zur Bekämpfung das vermehrte Aufstellen von Raubvogelstangen und der Einsatz von auf großen Flächen handhabbaren Mäusefallen (z. B. Göttinger Fangwanne). Allerdings sind die mäusefördernden Eigenschaften einer ausgeräumten Agrarlandschaft durch den Einzelbetrieb nur beschränkt veränderbar.

Beheben diese Maßnahmen also den Mäusebefall nicht, muss der Boden wieder intensiver bearbeitet werden. Eine Störung der Nester und Gänge ist dann die einzig effektive Maßnahme zur Regulierung.

Schnecken

Ob Schnecken durch Systeme mit permanenter Bedeckung und dauerhaftem Bewuchs tatsächlich gefördert werden, ist unklar. Einige Beobachtungen legen nahe, dass eine Bewegung über eine organische Mulchdecke für Schnecken deutlich schwieriger ist, als dies bei unbedecktem Boden der Fall wäre.

Des Weiteren wird vermutet, dass Schnecken Fäulnis im pflanzenbaulichen System beseitigen und durch faulige Ausgasungen bei anaeroben Eiweißzersetzungen, wie z. B. Ammoniakgas, angelockt werden. Fäulnis kann in das System gelangen, indem zu nass bearbeitet wird, junges Pflanzenmaterial in den ungaren, sauerstoffarmen Bereich des Bodens verbracht wird, verfaulte Wirtschaftsdünger verwendet oder Bodentiere durch zu schwere Geräte oder falsche Bearbeitung zerquetscht werden. All dies sollte zur Schneckenprävention vermieden werden. Außerdem wird spekuliert, ob Schnecken vor allem von zu stark nitrat-ernährten Pflanzen angezogen werden.

Grundsätzlich gilt wie bei Mäusen auch, die konventionellen Bekämpfungsstrategien konsequent anzuwenden, um Ertragsverluste zu vermeiden. Der intensive Einsatz von Schneckenkorn kann also bei der Umsetzung von Anbausystemen zur Steigerung der Bodenfruchtbarkeit phasenweise nötig sein.

Zusammenfassung

- Die Umsetzung von Anbausystemen zur Steigerung der Bodenfruchtbarkeit kann diverse positive Auswirkungen auf die Pflanzengesundheit haben.
- Systemisch wirken sich hohe Humusgehalte und eine Veränderung in der Pflanzenernährung förderlich für die Pflanzengesundheit aus.
- Gleichzeitig gibt es direkte Effekte, die durch die Mulchauflage erzeugt werden. Dies sind z. B. Änderungen im Mikroklima sowie mechanische und visuelle Auswirkungen des Mulchs auf Schädlinge.
- Schädlinge, die durch die Anbausysteme ggf. größere Probleme verursachen könnten, sind Mäuse und Schnecken. Ihre Populationen sollten mit großer Aufmerksamkeit beobachtet und bei Bedarf „konventionelle" Bekämpfungsstrategien umgesetzt werden.

17 Ausblick

Klimawandel verlangsamen und sich anpassen

Der Klimawandel, dessen Verhinderung und die Anpassung an das, was nicht mehr rückgängig zu machen ist, wird eine der größten globalen Herausforderungen der nächsten Jahrzehnte.

Bei der Anpassung liegt es auf der Hand, dass den in diesem Buch beschriebenen Systemen eine Schlüsselrolle zukommen könnte. Sie können ggf. von den Klimaveränderungen profitieren und sind gleichzeitig eine Anpassungsstrategie an neue Witterungsverhältnisse. Zusätzlich können sie eine Maßnahme sein zur Emissionsminderung und zur Kohlenstoffspeicherung und damit den Klimawandel bremsen.

Extremwetterereignisse

Die Erfahrung und die Simulationen zeigen, dass Extremwetterereignisse immer weiter zunehmen werden. Das heißt: Auf lange Trockenheitsphasen folgen kurze Zeiträume mit extrem hohen Niederschlägen in relativ kurzer Zeit. Eine Kernaufgabe zukünftiger Anbausysteme ist daher die maximale Wasserspeicherung aus Starkniederschlägen und danach eine Minimierung der Verdunstung, um das Wasser über die Trockenphasen hinweg im Boden zu halten und für das Pflanzenwachstum verfügbar zu machen. Es steht außer Frage, dass die in diesem Buch beschriebenen Anbausysteme hier einen großen Beitrag leisten können: Organische Mulchdecken und permanente Durchwurzelung, die zu einer guten Gare führen, sorgen dafür, dass das Wasser aus Starkniederschlägen gebremst, durch eine gare Bodenoberfläche schnell in einen garen Boden versickern kann, dort gespeichert wird und in den Trockenzeiten wegen der Bodenbedeckung nicht mehr unproduktiv verdunsten kann. Die Niederschlagsverteilung wird auch bestimmen, inwieweit mechanische Unkrautregulierung eine Strategie der Zukunft bleiben wird.

Milde Winter

Des Weiteren ist es ein realistisches Szenario, dass die Winter immer milder und wärmer werden. Dies führt zu einer höheren Auswaschungsgefahr für Nährstoffe über den Winter. Zusätzlich werden die echten Vegetationspausen immer kürzer, eine Nachlieferung von Nährstoffen aus dem Humus findet auch in den Wintermonaten statt. Hinzu kommt, dass Schläge, die im Herbst für eine Frostgare über den Winter gepflügt wurden, im darauf folgenden Frühjahr durch nass-milde Winter keinen garen Boden, sondern strukturlosen Matsch hinterlassen. Außerdem werden sich die Schädlingsdynamiken ändern, wenn der Frost bestimmte Schaderreger nicht mehr zuverlässig abtötet. All dies würde die Notwendigkeit einer lebenden Begrünung wie Winterzwischenfrüchte oder mehrjähriges Feldfutter wie Kleegras erhöhen. Sie würden überschüssige Nährstoffe aufnehmen, eine biologische Gare statt einer Frostgare bilden und die warmen Wintermonate mit ihrem Wachstum nutzen.

Höhere Wärmesummen

Erhöhen sich wie prognostiziert auch die Wärmesummen in der Vegetationszeit, also vom Frühjahr bis Herbst, werden in Mitteleuropa ganz neue Anbausequenzen möglich. Die klimatischen Einschränkungen, die für die in diesem Buch beschriebenen Anbausysteme angeführt wurden, würden zum Großteil wegfallen, wenn die Vegetationsperiode länger und wärmer würde.

Begrenztes Wasser

Einzig die Gesamtmenge an Wasser könnte im Zuge des Klimawandels ein einschränkender Faktor werden. Sinkt der Durchschnittsniederschlag, verringert sich auch die potenziell mögliche Biomasseproduktion und damit das stoffliche Potenzial für einen Humusaufbau.

Kohlenstoffspeicherung durch Humusaufbau?

Dass die großflächige, globale Umsetzung von den in diesem Buch beschriebenen Anbausystemen zur Steigerung der Bodenfruchtbarkeit solch relevante Mengen Kohlenstoff im Boden speichern und damit aus der Atmosphäre entziehen könnte, dass hiermit der Klimawandel effektiv bekämpft würde, ist aufgrund des jetzigen Wissensstands fraglich. Insgesamt ist das Potenzial zur Kohlenstoffbindung auf Flächen mit landwirtschaftlichen Kulturen im Gegensatz zu anderen Landnutzungsänderungen wie Renaturierung von Mooren, Aufforstung und Agro-Forst-Systemen nur sehr gering. Hinzu kommt, dass selbst dieser kleine Beitrag zur Kohlenstoffbindung nur dann nachhaltig realisierbar ist, wenn sich ein Großteil der Landwirte auf globaler Ebene diesen Maßnahmen zur Humussteigerung anschließt und diese auch auf Jahrzehnte bis Jahrhunderte nicht wieder rückgängig gemacht werden. Würde nämlich wieder ohne Begrünung und mit sehr intensiver Bodenbearbeitung gewirtschaftet, gelangen die gespeicherten Kohlenstoffmengen in kürzester Zeit wieder in die Atmosphäre. Eine permanente Festlegung der Bewirtschaftungsform ist aber gerade angesichts der rapiden klimatischen Änderungen eigentlich ein No-Go. Landwirte müssen flexibel bei der Anpassung ihrer Anbausysteme bleiben, um auf Veränderungen im Wetter angemessen reagieren zu können.

Ein letztes Argument gegen die Überbetonung der Kohlenstoffspeicherungen durch die Landwirtschaft ist, dass im gesellschaftlichen Diskurs über den Klimawandel die Debatte über die Sequestrierung bzw. Einlagerung von Kohlenstoff schnell die Diskussion um eine radikale und massive Reduktion der CO_2-Emissionen verdrängen kann. Das ist gefährlich, denn Folgendes ist und bleibt die effektivste Maßnahme gegen den Klimawandel: Die drastische Reduktion des Ausstoßes von klimaschädlichen Gasen. Im landwirtschaftlichen Kontext bedeutet dies: Eine massive Reduktion im Konsum tierischer Produkte und damit auch klimaschädlicher Tierhaltung, denn schließlich dienen immer noch über 61 % der landwirtschaftlich genutzten Fläche der Erzeugung von Futtermitteln für landwirtschaftliche Nutztiere. Dies sollte zeitgleich mit einer Stärkung und Diversifizierung eines humusaufbauenden Pflanzenbaus stattfinden. In einem zweiten Schritt könnten dann die ggf. frei werdenden Ackerflächen wieder divers aufgeforstet und damit zu Kohlenstoffsenken werden.

Mehrjährige Kulturen und Agro-Forst

Vision

Bisher handelte dieses Buch vor allem über die Optimierung von Anbausystemen überwiegend von ein- und überjährigen (die meisten Druschfrüchte und Gemüsepflanzen) sowie einigen wenigen mehrjährigen (z. B. Kleegras) krautigen Pflanzen. Nicht mit einem Wort erwähnt wurde die Strategie, die Lebensmittelerzeugung für die Menschen Stück für Stück über Bäume und andere holzige Pflanzen zu organisieren.

Dabei könnte die verstärkte Nutzung von Bäumen und Sträuchern zur Lebensmittelproduktion oberirdisch durch die lebendige Biomasse und unterirdisch durch die ausbleibende Bodenbearbeitung und das tiefreichende Wurzelwerk große Mengen an Kohlenstoff speichern und dies vielleicht bei einem deutlich geringeren Arbeitsaufwand und einer höheren Anpassungsfähigkeit der Systeme an sich ändernde Witterungsbedingungen.

Es gibt visionäre Ansätze, die vorschlagen, mit Esskastanien unsere bisherigen Kohlenhydratlieferanten wie Getreide, Mais und Kartoffeln zu ersetzen. Für Ölfrüchte wie Soja, Raps etc. werden Hasel- und Walnüsse als Ersatz vorgeschlagen. Allein für die Proteinquelle wurde noch keine Lösung gefunden.

Agro-Forst in Mitteleuropa

Viele Visionen in diesem Bereich denken in der Kombination von einjährigen und mehrjährigen Anbausystemen, also dem Anbau von krautigen mit holzigen Pflanzen auf derselben Fläche. Als Beispiel wären das z. B. Baumreihen von Esskastanien, unter denen Weizen angebaut wird. Während ein solches Vorgehen in Südeuropa mit seinen hohen Wärmesummen und seiner intensiven Sonneneinstrahlung zu Synergieeffekten führt und die krautigen Kulturpflanzen von der Beschattung durch die Bäume profitieren, ist dies im kühleren und sonnenarmen Mitteleuropa nicht der Fall. Der Großteil der Versuche zeigt, dass die Beschattung durch Bäume den Ertrag der krautigen Pflanzen durch Licht- und Wärmekonkurrenz mindert und zu keinem Mehrertrag führt. Dies deutet darauf hin, dass es sich eher anbieten würde, Flächen in Gänze mit Bäumen zu bepflanzen und nur in der Jugendphase der Bäume die Zweitbewirtschaftung mit krautigen Kulturen beizubehalten. Hierdurch kann der Betrieb über die Jahrzehnte des Baumwachstums weiterhin Lebensmittel zur Vermarktung produzieren und einen langsamen Übergang zu mehrjährigen, holzigen Baumkulturen schaffen.

Herausforderungen

Würde man eine solche Strategie tatsächlich umsetzen, würden sich allerdings auch einige Herausforderungen stellen:

Fehlender Züchtungsfortschritt Der ertragliche Züchtungsfortschritt bei den genannten Kulturen ist nicht zu vergleichen mit den Ertragssteigerungen, die in den letzten Jahrzehnten bei einjährigen Kulturen erzielt wurden.

Langwierige Umsetzung Die Umsetzung einer solchen Baum-basierten Nahrungsmittelproduktion würde viele Jahre, wenn nicht gar Jahrzehnte in Anspruch nehmen – und dies ohne eine Garantie, dass es am Ende ertraglich und anbautechnisch funktioniert.

Verarbeitung der Ernteprodukte Während für Getreide und Kartoffeln bereits etablierte Verarbeitungsindustrien vorhanden sind, müssten diese für z. B. Esskastanien erst neu entwickelt werden.

Akzeptanz neuer Nahrungsmittel in der Bevölkerung Ob und wie gut die neuen Lebensmittel von der breiten Bevölkerung angenommen werden, ist offen. Hier müsste viel Überzeugungsarbeit geleistet werden.

Betriebliche und betriebswirtschaftliche Umsetzung Die Pflanzung von Bäumen bedeutet einen erheblichen Investitionsbedarf und Arbeitsaufwand, um die Kulturen zu pflegen. Dies muss neben dem Tagesgeschäft geleistet werden. Hinzu kommen Investitionen in Infrastruktur für Ernte und Verarbeitung und eine dauerhafte Umnutzung von Flächen hin zu Kulturen, die wegen der fehlenden Erfahrung im Anbau ein erhebliches Ertragsrisiko mit sich bringen. All dies stellt große Herausforderungen an die einzelbetriebliche und betriebswirtschaftliche Umsetzung.

Trotz der Herausforderungen liegen die Vorteile einer solchen tiefgreifenden Transformation unserer Anbausysteme auf der Hand: So gut wie keine Bodenbearbeitung über viele, viele Jahre. Ein starker Humusaufbau durch extensiv bewirtschaftetes Grünland unter den Bäumen. Kohlenstoffspeicherung in der holzigen Biomasse der oft Jahrzehnte lebenden Bäume. Extrem tiefes Wurzelwerk das mit Witterungsstress sehr viel besser umgehen kann als kurzlebigere Pflanzen.

Dennoch ist es wohl, wie eigentlich immer, wenig sinnvoll, alles auf eine Karte zu setzen. Vielmehr sollte man die Züchtung, Anpflanzung und den Anbau der oben genannten Kulturen fördern und deren Einbindung in den heutigen Pflanzenbau voranbringen, um eine grundsätzliche Diversifizierung der Nahrungsmittelherstellung voranzutreiben.

Zusammenfassung

- Der Klimawandel und die damit einhergehenden klimatischen Herausforderungen für die Landwirtschaft machen die Umsetzung und Weiterentwicklung der beschriebenen Anbausysteme immer dringlicher.
- Als nächsten Schritt für die Transformation von Landnutzungssystemen sollte man den Fokus von einjährigen auf mehrjährige Nahrungspflanzen und Kulturen (wie Sträucher und Bäume) lenken. Hier steckt auf längere Sicht großes Potenzial – auch und besonders für die Steigerung der Bodenfruchtbarkeit.

Schlusswort

Fragend voran Dieses Buch ist nicht erschöpfend. Viele Maßnahmen zur Steigerung der Bodenfruchtbarkeit wie Kompostierung, Weidemanagement und andere Methoden, um organisches Material und damit lebendigen Kohlenstoff in Humus oder lebender Biomasse zu binden, kommen mangels Expertise nicht zur Sprache. Diese Auslassungen bedeuten jedoch keineswegs eine implizite Abwertung dieser weiteren Verfahren. Vielmehr ist es die Vielfalt an Ansätzen und Ideen dazu, wie wir die Bodenfruchtbarkeit steigern können, die uns letztendlich ans Ziel bringen werden. Dieses Buch ist ein bescheidener Beitrag zu dieser Vielfalt. Das bedeutet auch, dass die hier beschriebenen Methoden nicht das Ende der Geschichte sind. Sie sind bestenfalls der aktuelle Stand des Erfahrungswissens und der Wissenschaft auf einem kleinen Teilgebiet. Die Forschungs- und Entwicklungsarbeit an den hier beschriebenen und komplett neuen Systemen wird weitergehen. Das Klima, die Witterung und die Ansprüche an den Pflanzenbau werden sich weiter verändern. Und vielleicht bedeutet dies, dass Vieles aus diesem Buch in ein paar Jahrzehnten wieder radikal infrage gestellt und komplett neu gedacht werden muss. Doch bis dahin hoffe ich, dass dieses Buch Inspiration und Werkzeuge liefert, angepasste Systeme zur Steigerung der Bodenfruchtbarkeit zu entwickeln und umzusetzen.

In diesem Sinne: Schreiten wir fragend voran – gemeinsam!

Danksagung

Mein Dank geht

… an Johannes Storch und Stefan von Bonin. Ohne unsere Freundschaft und unsere tage- und nächtelangen Gespräche, Diskussionen und Tüfteleien und unsere vielen gemeinsamen Monate und Jahre auf dem Feld wäre dieses Buch nie geschrieben worden.

… an René Dekker und Tanya van der Wacht vom Gärtnerhof Westerwinkel in Stemwede, bei denen ich in den frühen Morgenstunden vom Bauwagen barfuß ins nasse Gras gestapft bin und kurze Zeit später meine ersten Schritte in der landwirtschaftlichen Praxis gemacht habe.

… an Dominique Mougel und das Team vom Lindenhof in Eilum für ihre Geduld in endlosen Diskussionen darüber, warum im Gemüsebau nicht mehr für den Boden getan werden kann.

… an Manfred Wenz, der uns damals mit seiner Leidenschaft für den Boden ansteckte, und Friedrich Wenz und Dietmar Näser, die uns inspiriert haben.

… an Prof. Ron Morse für die Inspiration, die ich aus seinem Lebenswerk, der Erforschung von Mulchsystemen für den ökologischen Erwerbsgemüsebau, gezogen habe.

… an Jakob Wenz und Moritz Hallama für ihre ausführlichen Korrekturen im Manuskript und die Diskussionen darüber.

… an Prof. Rainer Jörgensen für seine geduldige Unterstützung im akademischen Rahmen.

… an Lisa und meine Familie für ihre bedingungslose Liebe und Unterstützung in dem, was mich begeistert.

Netzwerk

Das in diesem Buch systematisiert aufbereitete Wissen ist nicht aus meinem Denken und Schreiben allein entstanden, sondern basiert vielmehr auf den Erkenntnissen, die unzählige Menschengenerationen bei ihrer Arbeit mit dem Boden gewonnen haben. Einige dieser zeitgenössischen Expert*innen des Bodens, deren Arbeit unmittelbar in die Entstehung dieses Buches eingeflossen ist, möchte ich an dieser Stelle erwähnen; viele andere Pionier*innen bleiben unerwähnt. Für ihre Fachkompetenz, ihre Erkenntnisse und/oder ihre Unterstützung bin ich dankbar. Die hier erwähnten Kontakte, das hier skizzierte Netzwerk sollen dem Leser ermöglichen, neben mir auch mit weiteren Kolleginnen und Kollegen in Kontakt treten zu können und sich auszutauschen.
Die folgenden Betriebe setzen mehrere der in diesem Buch beschriebenen Systeme um:

Ackerbau

Franz Brunner – Biohof Brunner „Humus macht Leben“, Österreich – https://humus-macht-leben.com/

Familie Jugvits – Biohof Jugovits, Österreich – https://www.kuerbismeister.at/

Klaas Martens – Lakeview Organic, NY, USA – https://lakevieworganicgrain.com/

Dorn Cox – Tuckaway Farm, NH, USA

Alfred Grand – Grand Farm, Österreich – https://grandfarm.at/

Familie Dewavrin – Le Moulin des Cèdres, QC, Kanada – https://www.moulindescedres.com/

Gemüsebau

Johannes Storch – Bio-Gemüsehof Dickendorf, Deutschland – https://mulch-gemuesebau.de/

Dieter Pansegrau – Wurzelhof, Deutschland – https://www.schinkeler-hoefe.de/

Familie Pfänder – Pfänder-Hof, Deutschland – https://www.pfaender-hof.de/

Christoph Zehrfuchs – Biohof Zehrfuchs, Österreich – http://www.zehrfuchs.at/

Hans-Peter Frucht – Gärtnerei am Bauerngut, Deutschland

Weitere Expert*innen zu einzelnen Themen dieses Buches

Biohof Doppler, Österreich
Direktsaat Getreide
13 Ökologische Direktsaat und Direktpflanzung –In-situ-Mulch

Prof. Ralf Otterpohl, Technische Universität Hamburg – Abwasserwirtschaft und Gewässerschutz
Innovative Abwassersysteme zur Nährstoffrückgewinnung
2 Nährstoffkreisläufe schließen

Rich Earth Institute, USA
Erforschung von Urin-Recycling für die Landwirtschaft
2 Nährstoffkreisläufe schließen

Hermann Laber, Sächsisches Landesamt für Umwelt, Landwirtschaft und Geologie
Stickstoffdynamik von organischem Material/N-Kalkulation
7 Pflanzenernährung im System
8 Düngung im System

Stephan Junge, Maria Eberhardt, Prof. Maria Finckh, Universität Kassel-Witzenhausen, Fachgebiet Ökologischer Pflanzenschutz
Ökologischer Pflanzenschutz und Mulchsysteme
12 Transfer-Mulch
16 Mulchsysteme und Pflanzengesundheit

Landwirtschaftliches Technologiezentrum Augustenberg
Mulchsysteme im Gemüsebau
Direktsaat Soja
12 Transfer-Mulch
13 Ökologische Direktsaat und Direktpflanzung – In-situ-Mulch

Martin Entz, University of Manitoba
Direktsaat Sommerweizen und Lein unter kanadischen Bedingungen (Winnipeg)
13 Ökologische Direktsaat und Direktpflanzung – In-situ-Mulch

Stefan Funke, Gärtnerei Funke
Mulchsysteme im Gemüsebau
12 Transfer-Mulch
13 Ökologische Direktsaat und Direktpflanzung – In-situ-Mulch

Meike Grosse, Zentrum für Agrarlandschaftsforschung (ZALF)
Direktsaat Sommergetreide
13 Ökologische Direktsaat und Direktpflanzung – In-situ-Mulch

Caroline Halde, Université Laval
Direktsaat Soja und Mais
13 Ökologische Direktsaat und Direktpflanzung – In-situ-Mulch

Ulf Jäckel, Sächsisches Landesamt für Umwelt, Landwirtschaft und Geologie
Transfer-Mulch in Kartoffeln
12 Transfer-Mulch

Hermann Künsemöller, Bioland-Hof Künsemöller
Transfer-Mulch und Beisaaten im Ackerbau
12 Transfer-Mulch
15 Beisaaten, Gemenge und Untersaaten für Bodenaufbau und Diversifizierung

Oliver Leipacher, Auenhof
Mulchsysteme im Gemüsebau
12 Transfer-Mulch
13 Ökologische Direktsaat und Direktpflanzung – In-situ-Mulch
14 Kombinierte Mulchsysteme

Natalie Lounsbury, University of New Hampshire und notillveggies.org
Direktsaat im Gemüsebau/Tarping im Gemüsebau
13 Ökologische Direktsaat und Direktpflanzung – In-situ-Mulch

Martin Herbener & Ulrike Perkons, Versuchszentrum Gartenbau Köln-Auweiler der Landwirtschaftskammer NRW
Mulchsysteme im Gemüsebau
12 Transfer-Mulch
13 Ökologische Direktsaat und Direktpflanzung – In-situ-Mulch
14 Kombinierte Mulchsysteme

Johann Posch, Biohof Boden-Schatz
Direktsaat im Ackerbau
13 Ökologische Direktsaat und Direktpflanzung – In-situ-Mulch

Markus Rose, Bio-Börde
Transfer-Mulch im Gemüsebau
12 Transfer-Mulch

Steven Mirsky, USDA Beltsville, USA; **William Curran**, Pennsylvania State University, USA, **Matt Ryan**, Cornell University, USA
Direktsaat im Ackerbau
13 Ökologische Direktsaat und Direktpflanzung – In-situ-Mulch

Ryan Maher, Cornell University, USA
Strip-Till im Gemüsebau
13 Ökologische Direktsaat und Direktpflanzung – In-situ-Mulch

Christoph Stumm, Universität Bonn, Leitbetriebe Projekt
Düngewirkung von transferiertem Kleegras
12 Transfer-Mulch

Harald Summerer
Direktpflanzung von Kartoffeln
13 Ökologische Direktsaat und Direktpflanzung – In-situ-Mulch

Jan Wittenberg
Garekonservierende Bodenbearbeitung
10 Garekonservierende Bodenbearbeitung

Sabine Kabath, Biogärtnerei Watzkendorf
Mulchsysteme im Gemüsebau
12 Transfer-Mulch
13 Ökologische Direktsaat und Direktpflanzung – In-situ-Mulch
14 Kombinierte Mulchsysteme

Andrea Beste, Büro für Bodenschutz & Ökologische Agrarkultur
Methoden zur Bonitur von Gefüge und Aggregatstabilität
4 Gare

Markus Röthel, Obermühle Gottsdorf
Direktsaat im Ackerbau
13 Ökologische Direktsaat und Direktpflanzung – In-situ-Mulch

Joel Gruver, Western Illinois University, USA
Direktsaat im Ackerbau
13 Ökologische Direktsaat und Direktpflanzung – In-situ-Mulch

Ralf Mack, Bioland Beratung/Forschung & Entwicklung
Humusaufbau, Düngung, Kleegrasmanagement
5 Humus
7 Pflanzenernährung im System
8 Düngung im System
11 Kleegras-Management

Wiebke Hönig und Achim Holzinger, Bioland Beratung
Mulchsysteme im Gemüsebau
12 Transfer-Mulch
13 Ökologische Direktsaat und Direktpflanzung – In-situ-Mulch
14 Kombinierte Mulchsysteme

Gerd Alpers, ehemals Landwirtschaftskammer Schleswig-Holstein
Transfer-Mulch im Gemüsebau
12 Transfer-Mulch

Katharina Czypzirsch, Kompetenzzentrum ökologische Landbau Rheinland-Pfalz
Mulchsysteme im Gemüsebau
12 Transfer-Mulch
13 Ökologische Direktsaat und Direktpflanzung – In-situ-Mulch
14 Kombinierte Mulchsysteme

Ron Morse und Mark Schonbeck, ehemals Virginia Tech University
Direktpflanzung im Gemüsebau
13 Ökologische Direktsaat und Direktpflanzung – In-situ-Mulch

Luiz Massucati, ehemals Universität Bonn
Direktsaat Körnerleguminosen (Ackerbohnen)
Bioherbizide
6 Unkrautregulierung im System
13 Ökologische Direktsaat und Direktpflanzung – In-situ-Mulch

Daniel Böhler, Forschungsinstitut für biologischen Landbau (FiBL)
Direktsaat Silomais
13 Ökologische Direktsaat und Direktpflanzung – In-situ-Mulch

Jeff Moyer, Rodale Institute, USA
Direktsaat Körnermais und Soja
13 Ökologische Direktsaat und Direktpflanzung – In-situ-Mulch

Michaela Braun, Bioland Beratung
Kleegrasmanagement und Kleegrasdiversifizierung
11 Kleegras-Management

Doug Collins, Washingston State University, USA
Direktpflanzung und Strip-Till im Gemüsebau
13 Ökologische Direktsaat und Direktpflanzung – In-situ-Mulch

Jean-Paul Courtens, Roxbury Farm, ehemals Hudson Valley Farm Hub,
Direktsaat und Direktpflanzung im Gemüsebau
13 Ökologische Direktsaat und Direktpflanzung – In-situ-Mulch

Literaturverzeichnis

Neben dem Wissen der im Kapitel „Netzwerk“ erwähnten Expertinnen und Experten basiert dieses Buch zu großen Teilen auf Auswertungen des aktuellen Stands der Wissenschaft sowie den Erkenntnissen und dem Erfahrungswissen von Praktikerinnen und Praktikern im Feld.

Publikationen des Autors

Drei unveröffentlichte, wissenschaftliche Studien des Autors, die mit die Grundlage dieses Buches darstellen, sind auf der Autoren-Website (www.bodenfruchtbarkeit.net) abrufbar:

Cropp, J.-H. (2021): Direktsaat- und Direktpflanzungssysteme im Ökologischen Pflanzenbau. Eine Literaturstudie im europäischen und nordamerikanischen Kontext. Unveröffentlicht.

Cropp, J.-H. (2020): Erarbeitung eines Praxis-Leitfadens zur Umsetzung von Transfer-Mulch-Systemen im Ökologischen Pflanzenbau. Unveröffentlicht.

Cropp, J.-H. (2018): Phytopathological Aspects of Cropping Systems with Mulch – A Literature Review. Unveröffentlicht.

Wissenschaftliche Fachpublikationen sowie Vorträge und Präsentationen

Abdul-Baki, A. A., Teasdale, J. R. (1997): Snap bean production in conventional tillage and in no-till hairy vetch mulch. Hort Science 32, 1191–1193.

Abdul-Baki, A. A., Kotlinski, S., Kotlinska, T. (2002): Vegetable production systems. Vegetable Crops Research Bulletin 57.

Atwell, R. et al. (2016): Organic No-Till Corn Production: Cover Crop and Starter Fertilizer Considerations. Rodale Institute, Kutztown, Pennyslvania, USA.

Barberi, P., Sukkel, W., Huiting, H. F. (2014): Reduced tillage and cover crops in organic arable systems preserves weed diversity without jeopardising crop yield. Vol. 20. Organic World Congress, Istanbul, Türkei.

Beach, H. M. et al. (2018): The current state and future directions of organic no-till farming with cover crops in Canada, with case study support. Sustainability 10, 373.

Benson, G. B. (2006): Integration of High Residue/No-till and Farmscaping Systems in Organic Production of Broccoli. Dissertation. Virginia Tech, Blacksburg, Virginia, USA.

Beste, A. (2003): Weiterentwicklung und Erprobung der Spatendiagnose als Feldmethode zur Bestimmung ökologisch wichtiger Gefügeeigenschaften landwirtschaftlich genutzter Böden. Dissertation. Verlag Dr. Köster, Berlin.

Beste, A. (2020): Klimawandel und Landwirtschaft. Wieviel Wasser kann mein Boden bei Starkregen speichern? Wieviel Trockenheit fängt mein Boden auf? Verbesserung der Bodenfunktionen und Erhöhung der Bodenfruchtbarkeit mit Hilfe der Qualitativen Bodenanalyse. BBÖA, Mainz, Deutschland.

Böhm, H. et al. (2014): Körnerleguminosen und Bodenfruchtbarkeit-Strategien für einen erfolgreichen Anbau. Abschlussbericht des Forschungsprojekts auf orgprints.org.

Bratsch, T. et al. (2009): No-till organic culture of garlic utilizing different cover crop residues and straw mulch for over-wintering protection, under two seasonal levels of organic nitrogen. Dissertation. Virginia Tech, Blacksburg, Virginia, USA.

Campanelli, G. et al. (2019): Effects of cereals as agro-ecological service crops and no-till on organic melon, weeds and N dynamics. Biological Agriculture & Horticulture 35, 275–287.

Carr, P. M. et al. (2012): Organic zero-till in the northern US Great Plains Region: Opportunities and obstacles. Renewable Agriculture and Food Systems 27, 12–20.

Carr, P. M. et al. (2012): Overview and comparison of conservation tillage practices and organic farming in Europe and North America. Renewable Agriculture and Food Systems 27, 2–6.

Carr, P. M. (2017): Guest editorial: conservation tillage for organic farming. Agriculture, 7, 19.

Carrera, L. M., Abdul-Baki, A. A., Teasdale, J. R. (2004): Cover crop management and weed suppression in no-tillage sweet corn production. Hort Science 39, 1262–1266.

Cypzirsch, K. (2016): Dienstleistungszentrum Ländlicher Raum. Rheinland-Pfalz. Kompetenzzentrum Ökologischer Landbau (DLR RLP KÖL). Versuch 5003 – Direktpflanzung in Mulch- Zusammenfassung der Ergebnisse aus dem Jahr 2015 (1. Versuchsjahr); Handreichung aus dem Projekt Leitbetriebe Ökologischer Landbau Rheinland Pfalz 01.

Cypzirsch, K. (2018): Mulch im Gemüsebau effektiv einsetzen. Ökomenischer Gärtnerrundbrief 01.

Cypzirsch, K. (2021): Dienstleistungszentraum Ländlicher Raum. Rheinland-Pfalz. Kompetenzzentrum Ökologischer Landbau (DLR RLP KÖL). Vergleich von Anbauverfahren mit Mulch in Rosenkohl in 2017 und Wirkung auf die Folgekultur Rote Bete in 2018 – Zusammenfassung der erhobenen Praxisdaten (vorläufig; ohne Dateninterpretation); Handreichung aus dem Projekt Leitbetriebe Ökologischer Landbau Rheinland Pfalz 01.

Delate, K., Cambardella, C., McKern, A. (2008): Effects of organic fertilization and cover crops on an organic pepper system. Hort Technology 18, 215–226.

Delate, K., Cwach, D., Chase, C. (2012): Organic no-tillage system effects on soybean, corn and irrigated tomato production and economic performance in Iowa, USA. Renewable Agriculture and Food Systems 27, 49–59.

Dierauer, H. et al. (2012): Direktsaat Mais im Biolandbau. Forschungsinstitut für biologischen Landbau. FiBL Zwischenbericht 12.

Dierauer, H. et al. (2014): Direktsaat Mais im Biolandbau. Forschungsinstitut für biologischen Landbau. FiBL Zwischenbericht 11.

Dierauer, H. et al. (2016): Direktsaat Mais im Biolandbau. Forschungsinstitut für biologischen Landbau. FiBL Zwischenbericht 12.

Dierauer, H., Böhler, D. (2017): Erbsen statt Glyphosat: Die Direktsaat von Biomais kann funktionieren. Bioaktuell 5, 14–15.

Dienstleistungszentraum Ländlicher Raum (2013): Rheinland-Pfalz. Kompetenzzentrum Ökologischer Landbau (DLR RLP KÖL). Was leisten Zwischenfruchtgemenge im Praxisanbau?; Handreichung aus dem Projekt Leitbetriebe Ökologischer Landbau Rheinland Pfalz 06.

Dorn, B. et al. (2013): Regulation of cover crops and weeds using a roll-chopper for herbicide reduction in no-tillage winter wheat. Soil and Tillage Research 134, 121–132.

Dorn, B. (2013): Messerwalze als Alternative im Pflanzenbau. dlz Agrarmagazin, September, 46–48.

Eberhardt, M. (2017): Minimalinvasiver Kartoffelbau. Masterarbeit. Universität Kassel/Witzenhausen.

Farack, K. (2011): Injektionsdüngung. Schriftenreihe des Sächsischen Landesamtes für Umwelt, Landwirtschaft und Geologie, Dresden, Deutschland.

Finckh, M. R. et al. (2018): Disease and pest management in organic farming: a case for applied agroecology. Improving organic crop cultivation. Burleigh Dodds Science Publishing, Sawston, Cambridge, UK, 291–322.

Fliessbach, A., Dierauer, H., Krauss, M. (2019): Reduzierte Bodenbearbeitung-geht das im Ökolandbau? Rheinische Bauernzeitung, (22), 22–24.

Flisch, R., Zihlmann, U., Briner, P., Richner, W. (2013): Das CULTAN-Verfahren im Eignungstest für den schweizerischen Ackerbau. Agrarforschung Schweiz, 4, 40–47.

Funke S. (2017): Mulch in der Gärtnerei Funke. Vortrag, Vernetzungstreffen Mulchsysteme 2016/2017, Witzenhausen.

Gadermaier, F. et al. (2012): Impact of reduced tillage on soil organic carbon and nutrient budgets under organic farming. Renewable Agriculture and Food Systems 27, 68–80.

Geißler, S., Hänsel M., Winter K., Schlegel, P. (2020): Entwicklung eines Pflug-Mulch-Systems mit Frontmulcher zur Erosionsvermeidung. Technische Universität Dresden. Abschlussbericht des Forschungsprojekts auf orgprints.org.

Glaser, B. et al. (2015): Biochar organic fertilizers from natural resources as substitute for mineral fertilizers. Agronomy for Sustainable Development, 35(2), 667–678.

Grosse, M. (2018): Der Einfluss von Zwischenfrüchten und reduzierter Bodenbearbeitung in ökologischen Anbausystemen auf Stickstoffflüsse und Beikräuter. Dissertation. Universität Kassel/Witzenhausen.

Gruver, J. (2017): A Decade of Cover Crop Research – Retrospection on Key Lessons Learned. Präsentation auf Slideshare.net. 26. Januar, Web.

Haak, A. (2021): Soja direkt säen – was bringt's? BW agrar 02, 2–4.

Halde, C. et al. (2017): Organic no-till systems in eastern Canada: A review. Agriculture 7, 36.

Halde, C., Gulden, R. H., Entz, M. H. (2014): Selecting cover crop mulches for organic rotational no-till systems in Manitoba, Canada. Agronomy Journal 106, 1193–1204.

Halde, C., Entz, M. H. (2014): Flax (Linum usitatissimum L.) production system performance under organic rotational no-till and two organic tilled systems in a cool subhumid continental climate. Soil and Tillage Research 143, 145–154.

Hallama, M. (2014): Mulching with Silage Changes Function and Abundance of Soil Microbial Communities and Affects Late Blight Incidence in Organic Potatoes. Dissertation. Institute of Soil Science, Universität Hohenheim.

Heckenberger, A. (2019): Kohl-Kalkungsversuch mit Pflanzung in eine Mulchdecke. Mitteilungen des LTZ Augustenberg, Karlsruhe.

Hefner, M. et al. (2020): Cover crop composition mediates the constraints and benefits of roller-crimping and incorporation in organic white cabbage production. Agriculture, Ecosystems & Environment 296, 106908.

Hefner, M. et al. (2020): Termination method and time of agro-ecological service crops influence soil mineral nitrogen, cabbage yield and root growth across five locations in Northern and Western Europe. European Journal of Agronomy 120, 126–144.

Herbener M., Perkons, U. (2017): Versuchszentrum Gartenbau Köln-Auweiler: Düngungsstrategien im ökologischen Gemüsebau – Versuchsergebnisse zu Transfer Mulch und Cut&Carry. Vortrag, Vernetzungstreffen Mulchsysteme 2016/2017, Witzenhausen.

Hofmann, P., Hübner-Rosenau, D., Bloch, R., & Cremer, T. (2017): Konzeption eines Agroforst-Modellvorhabens für das Löwenberger Land (Brandenburg). Bäume in der Land(wirt)schaft – von der Theorie in die Praxis, 99.

Hülsbergen, K.-J. (2003): Entwicklung und Anwendung eines Bilanzierungsmodells zur Bewertung der Nachhaltigkeit landwirtschaftlicher Unternehmen. Habilitation. Verlag Shaker, Aachen.

Ismail, I., Blevins, R. L., Frye, W. W. (1994): Long-term no-tillage effects on soil properties and continuous corn yields. Soil Science Society of America Journal 58, 193–198.

Izard, E. J. (2007): Seeking sustainability for organic cropping systems in the Northern Great Plains: Legume green manure management strategies. Dissertation. Montana State University, College of Agriculture, Bozeman, Montana, USA.

Jäckel, U. (2016): Kartoffelanbau unter Mulch. Vortrag, Vernetzungstreffen Mulchsysteme 2016/2017, Witzenhausen.

Jokela, D. L. (2016): Organic no-till and strip-till systems for broccoli and pepper production. Dissertation, Iowa State University, Ames, Iowa, USA.

Jokela, D. L., Nair, A. (2016): Effects of reduced tillage and fertilizer application method on plant growth, yield, and soil health in organic bell pepper production. Soil and Tillage Research 163, 243–254.

Jokela, D. L., Nair, A. (2016): No tillage and strip tillage effects on plant performance, weed suppression, and profitability in transitional organic broccoli production. Hort Science 51, 1103–1110.

Junge, S. M. et al. (2020): Developing organic minimum tillage farming systems for Central and Northern European conditions. No-till Farming Systems for Sustainable Agriculture. Springer, Cham, 173–192.

Kelderer, M. et al. (2006): Was bringen die derzeit ‚verfügbaren' Bioherbizide? In ecofruit-12th International Conference on Cultivation Technique and Phytopathological Problems in Organic Fruit-Growing. Fördergemeinschaft Ökologischer Obstbau eV (FÖKO), Weinsberg, Deutschland.

Kelling, K. et al. (1996): One hundred years of Ca: Mg ratio research. New Horiz. in Soil Ser, 8.

Köpke, U. et al. (2011): Entwicklung neuer Strategien zur Mehrung und optimierten Nutzung der Bodenfruchtbarkeit. Abschlussbericht des Forschungsprojekts auf orgprints.org.

Köpke, U., Rauber, R., Schmidtke, K. (2016): Optimierung der Unkrautregulation, Schwefel-und Phosphorverfügbarkeit durch Unterfußdüngung bei temporärer Direktsaat von Ackerbohne und Sojabohne. Abschlussbericht des Forschungsprojekts auf orgprints.org.

Kotliński, S. (2003): The effect of winter cover crops on occurrence some of pest in cauliflower and cabbage. IOBC/WPRS Bull 26, 315–320.

Kotliński, S., Abdul-Baki, A. A. (2000): The influence of winter cover crops in tomato production on damage caused by Phytophthora infestans. Progress in Plant Protection 40, 895–898 (in Polnisch mit englischem Abstract).

Kotliński, S. J., Smolinska, U., Abdul-Baki, A. A. (2000): The influence of organic mulch on soil microflora and cauliflower root attack by Hylemya brassicae Bche. Progress in Plant Protection 40, 900–902 (in Polnisch mit englischem Abstract).

Kotliński, S. (2010): The influence of tomato cultivation in mulch of winter cover crops on contents of macroelements in tomato leaves and their damage caused by Phytophthora infestans (Mont.) de Bary. Progress in Plant Protection 50, 213–217.

Kotliński, S. (2011): Influence of nitrogen fertilization of cabbage grown in mulches of winter cover crops on reducing the population of the cabbage aphid (Brevicoryne brassicae l.). Journal of Fruit and Ornamental Plant Research 74, 87–96.

Krauss, M. et al. (2020): Enhanced soil quality with reduced tillage and solid manures in organic farming – a synthesis of 15 years. Scientific Reports 10, 1–12.

Küstermann, B., Munch, J. C., Hülsbergen, K.-J. (2013): Effects of soil tillage and fertilization on resource efficiency and greenhouse gas emissions in a long-term field experiment in Southern Germany. European Journal of Agronomy 49, 61–73.

Laber, H. (2002): Kalkulation der N-Düngung im ökologischen Gemüsebau. Broschüre der

Sächsischen Landesanstalt für Landwirtschaft, Dresden.

Landwirtschaftliches Technologiezentrum Augustenberg (LTZ) (2015): Direktsaat von Sojabohnen im Ökolandbau – Tastversuche zur Direktsaat von Sojabohnen in Winterroggen und Wintergerste am Standort Müllheim – Berichtsjahre 2012–2014.

Landwirtschaftliches Technologiezentrum Augustenberg (LTZ) (2018): Praxistests zur Sojadirektsaat im Ökolandbau am südlichen Oberrhein. Bericht zu den Anbaujahren 2014–2017.

Landwirtschaftliches Technologiezentrum Augustenberg (LTZ) (2019): Sojadirektsaat im Ökolandbau. Herausforderung Beikrautregulierung und Bodenerosion. Poster, Wissenschaftstagung Ökologischer Landbau, Kassel.

Lepse, L., Jensen, E. S. (2019): Session 5: Overview: Legumes in cropping systems, advantages and perspectives. Legumes Perspectives 15, 26–28.

Lounsbury, N. P. (2014): From small seeds to big roots: no-till organic carrots in Maine. No-Till Vegetable Blog. Web. 28. Juli.

Lounsbury, N. P., Weil, R. R. (2015): No-till seeded spinach after winterkilled cover crops in an organic production system. Renewable Agriculture and Food Systems 30, 473–485.

Lounsbury, N. P. et al. (2020): Investigating tarps to facilitate organic no-till cabbage production with high-residue cover crops. Renewable Agriculture and Food Systems 35, 227–233.

Luna, J. M., Mitchell, J. P., Shrestha, A. (2012): Conservation tillage for organic agriculture: Evolution toward hybrid systems in the western USA. Renewable Agriculture and Food Systems 27, 21–30.

Lux, G., Schmidtke, K. (2009): Einfluss der Bodenbearbeitung zur Saat auf Ertragsbildung, N-Aufnahme und Nmin-Vorrat im Boden bei Rispenhirse (Panicum miliaceum L.) nach Winterzwischenfrucht Erbse (Pisum sativum L.). Vortrag, 10. Wissenschaftstagung Ökologischer Landbau, Zürich, Schweiz.

Lux, G., Pötzsch, F., Schmidtke, K. (2013): Regulierung annueller Samenunkräuter durch den Einsatz von Grünguthäcksel unter Bedingungen des ökologischen Landbaus. Abschlussbericht des Forschungsprojekts auf orgprints.org.

Massucati, L. F. P. et al. (2009): Kontrolle von Rumex spp. mit Citronella-Öl im Organischen Landbau. Abschlussbericht des Forschungsprojekts auf orgprints.org.

Massucati, L. F. P., Kopke, U. (2014): Effect of straw mulch residues of previous crop oats on the weed population in direct seeded faba bean in organic farming. Julius-Kühn-Archiv 443, 483–492.

Mäder, P., Berner, A. (2012): Development of reduced tillage systems in organic farming in Europe. Renewable Agriculture and Food Systems 27, 7–11.

Mirsky, S. B. et al. (2012): Conservation tillage issues: Cover crop-based organic rotational no-till grain production in the mid-Atlantic region, USA. Renewable Agriculture and Food Systems 27, 31–40.

Mirsky, S. B. et al. (2013): Overcoming weed management challenges in cover crop-based organic rotational no-till soybean production in the eastern United States. Weed Technology 27, 193–203.

Mischler, R. et al. (2010): Hairy vetch management for no-till organic corn production. Agronomy Journal 102, 355–362.

Morse, R. D. (2000): High-residue, no-till systems for production of organic broccoli. Proceedings of the Southern Conservation Tillage Conference for Sustainable Agriculture.

Morse, R. D. et al. (2006): Using high-residue cover crop mulch for weed management in organic no-till potato production systems. Organic Farming Research Foundation Web.

Morse, R. D., Creamer, N. (2006): Developing no-tillage systems without chemicals: The best of both worlds? Organic agriculture: a global perspective, 83–91.

Morse, R. D., Vaughan, D. H., Belcher, L. W. (1993): Evolution of conservation tillage systems for transplanted crops. Potential role of the subsurface tiller transplanter (SST-T). Proceedings Southern Region Conservation Tillage for Sustainable Agriculture, 145–151.

Moyer, J. (2011): Organic No-Till Farming. Advancing No-Till Agriculture–Crops, Soil, Equipment. Acres USA, Austin, Texas, USA, 204.

Mundy, C. et al. (1999): Soil physical properties and potato yield in no-till, subsurface-till, and conventional-till systems. Hort Technology 9, 240–247.

Pansegrau, D. (2021): Mulchsysteme im Betrieb Pansegrau. Vortrag, Vernetzungstreffen Mulchsysteme 2020/2021, Witzenhausen.

Peigné, J. et al. (2007): Is conservation tillage suitable for organic farming? A review. Soil Use and Management 23, 129–144.

Pfänder, H. (2016): Biogemüseanbau für Umstellungsinteressierte. Vortrag. Feldtag des Bioland-Hof Pfänder, Schwabmünchen.

Reberg-Horton, S. C. et al. (2012): Utilizing cover crop mulches to reduce tillage in organic systems in the southeastern USA. Renewable Agriculture and Food Systems 27, 41–48.

Recknagel, J., Weber, J. (2017): Direktsaat von Sojabohnen in Süddeutschland – worauf kommt es an? Landinfo 4, 12–14.

Robb, D. et al. (2018): Weeds, nitrogen and yield: measuring the effectiveness of an organic cover cropped vegetable no-till system. Renewable Agriculture and Food Systems 34, 439–446.

Rodale Institute (2014): Beyond Black Plastic. Cover crops and organic no-till for vegetable production. Rodale Institute, Kutztown, Pennsylvania, USA.

Rodale Institute (2011): Cover crops and no-till management for organic systems. Sustainable Agriculture Research and Education Website. Web. 5. Januar.

Rühlemann, L., Schmidtke, K. (2015): Evaluation of monocropped and intercropped grain legumes for cover cropping in no-tillage and reduced tillage organic agriculture. European Journal of Agronomy 65, 83–94.

Rylander, H. R. (2019): Use of black polyethylene tarps to advance reduced tillage system for organic beets. Dissertation, Cornell University, Ithaca, New York, USA.

Rylander, H. R. et al. (2020): Black plastic tarps advance organic reduced tillage II: Impact on weeds and beet yield. Hort Science 55, 826–831.

Schellenberg, D. L., Morse, R. D., Welbaum, G. E. (2009): Organic broccoli production on transition soils: Comparing cover crops, tillage and sidedress N. Renewable Agriculture and Food Systems, 85–91.

Schmidt, H. P. et al. (2014): Biochar and biochar-compost as soil amendments to a vineyard soil: Influences on plant growth, nutrient uptake, plant health and grape quality. Agriculture, Ecosystems & Environment, 191, 117–123.

Schmidt, J. H., Junge, S., Finckh, M. R. (2019): Cover crops and compost prevent weed seed bank buildup in herbicide-free wheat–potato rotations under conservation tillage. Ecology and Evolution 9, 2715–2724.

Schmidtke, K., Mick, T., Lewandowska, S. (2017): Effects of cover cropping and tillage system on weed infestation, yield formation and N accumulation of organic pea. Book of abstracts of international conference "Advances in grain legume breeding, cultivation and uses for a more competitive value chain". Novi Sad, Serbien, 27–28 September, 115.

Schmidtke, K. (2018): Neue Strategien zur Verwertung von Kleegras als Düngemittel. Vortrag, Gäa Wintertagung, Wilsdruff.

Schmidtke, K. (2020): Möglichkeiten und Grenzen der pfluglosen Bodenbearbeitung im ökologischen Ackerbau. Präsentation auf der Gäa-Wintertagung 2020, 30. Januar, Web.

Schonbeck, M. (2000): Balancing soil nutrients in organic vegetable production systems: Testing Albrecht's base saturation theory in southeastern soils. Organic Farming Res. Found. Inf. Bull, 10, 17.

Schriefer, V. (2015): Zusammenfassung der Literatur zum Thema Mulchdüngung – Perspektiven für die Bio-Gärtnerei. Masterarbeit. Hochschule Neubrandenburg.

Sekera, M. (2020): Gesunder und kranker Boden. OLV Verlag, Kevelaer, Deutschland.

Silva, E. M., Vereecke, L. (2019): Optimizing organic cover crop-based rotational tillage systems for early soybean growth. Organic Agriculture 9, 471–481.

Silva, E. M., Delate, K. (2017): A decade of progress in organic cover crop-based reduced tillage practices in the upper Midwestern USA. Agriculture 7, 44.

Stieber, J., Schmidtke, K. (2011): Einfluss der Bodenbearbeitung und einer Untersaat mit Erdklee auf Ertragsbildung und N2-Fixierleistung der Körnererbse. Bericht zum Forschungsprojekt auf orgprints.org.

Stieber, J., Schmidtke, K. (2011): Einfluss einer differenzierten Grundbodenbearbeitung auf die Ertragsbildung im Fruchtfolgeglied Erbse-Winterweizen. Deutsche Gesellschaft für Pflanzenernährung e. V., Gesellschaft für Pflanzenbauwissenschaften e. V., 77.

Stieber, J., Schmidtke, K. (2013): Ist eine temporäre Reduzierung der Bodenbearbeitungsintensität zu Körnerleguminosen im ökologischen Landbau ohne Ertragseinbußen erreichbar? Bericht zum Forschungsprojekt auf orgprints.org.

Storch, J. (2013): Mulch- und Direktpflanzung im Ökologischen Gemüsebau. Bachelorarbeit. Universität Kassel/Witzenhausen.

Storch, J. (2021): Mulch-Direktpflanzung – Sind intensiver Gemüsebau und Aufbau von Bodenfruchtbarkeit vereinbar? pdf-Präsentation, Bio-Gemüsehof live2give gGmbH 2, 1–61.

Stumm, C., Köpke, U. (2008): Untersaaten in Kartoffeln: Reduzierung der Spätverunkrautung, Minderung hoher Restnitratmengen. Abschlussbericht des Forschungsprojekts auf orgprints.org.

Stumm, C., Köpke, U. (2015): Optimierung des Futterleguminosenanbaus im viehlosen Acker- und Gemüsebau. Bericht zum Forschungsprojekt auf orgprints.org.

Stumm, C., Köpke, U. (2016): Ertragswirkung und Klimarelevanz alternativer Nutzungsformen von Futterleguminosen im viehlosen Acker- und Gemüsebau. Gesellschaft für Pflanzenbauwissenschaften e. V., 72.

Stumm, C., Köpke, U. (2017): Düngung mit Sprossmasse von Futterleguminosen: Lachgasemissionen und Nitratverluste. Bericht zum Forschungsprojekt auf orgprints.org.

Strader, C. et al. (2019): Tarps to Terminate Cover Crops Before No-Till Organic Vegetables. Research Report, Universitiy of Wisconsin, Madison, Wisconsin, USA.

Summerer, H. (2013): Pfluglos vor Kartoffeln? Zeitschrift „Arbeitsgemeinschaft der Meisterinnen und Meister Österreich, 1–4.

Teasdale, J. R. et al. (2012): Reduced-tillage organic corn production in a hairy vetch cover crop. Agronomy Journal 104, 621–628.

Testani, E. et al. (2019): Mulch-based no-tillage effects on weed community and management in an organic vegetable system. Agronomy 9, 594.

Triplett Jr., G. B., Dick, W. A. (2008): No-tillage crop production: A revolution in agriculture! Agronomy Journal 100, 153.

Vaisman, I. et al. (2011): Blade roller-green manure interactions on nitrogen dynamics, weeds, and organic wheat. Agronomy Journal 103, 879–889.

Van Bruggen, A. H. C., Finckh, M. R. (2016): Plant diseases and management approaches in organic farming systems. Annual Review of Phytopathology 54, 25–54.

Vann, R. A. et al. (2017): Starter fertilizer for managing cover crop-based organic corn. Agronomy Journal 109, 2214–2222.

Vermeulen, G. D., Mosquera, J. (2009): Soil, crop and emission responses to seasonal-controlled traffic in organic vegetable farming on loam soil. Soil and Tillage Research, 102(1), 126–134.

Vincent-Caboud, L. et al. (2017): Overview of organic cover crop-based no-tillage technique in Europe: Farmers' practices and research challenges. Agriculture 7, 42.

Vincent-Caboud, L. et al. (2019): Using mulch from cover crops to facilitate organic no-till soybean and maize production. A review. Agronomy for Sustainable Development 39, 1–15.

Vollmer, E. R. et al. (2010): Evaluating cover crop mulches for no-till organic production of onions. Hort Science 45, 61–70.

Wallace, J. et al. (2017): Cover crop-based, organic rotational no-till corn and soybean production systems in the mid-Atlantic United States. Agriculture 7, 34.

Wang, G. et al. (2008): Summer cover crop and in-season management system affect growth and yield of lettuce and cantaloupe. Hort Science 43, 1398–1403.

Weber, J. et al. (2017): Weed control using conventional tillage, reduced tillage, no-tillage, and cover crops in organic soybean. Agriculture 7, 43.

Wiggert, M., Bioland Beratung (2012): Cut&Carry im Ackerbau. Vortrag, Bioland Wintertagung Bayern, Kloster Plankstetten.

Wilbois, K.-P. et al. (2014): Ausweitung des Sojaanbaus in Deutschland durch züchterische Anpassung sowie pflanzenbauliche und verarbeitungstechnische Optimierung. Bericht zum Forschungsprojekt auf orgprints.org.

Zehrfuchs, C. (2016): Gemüse in Mulch am Biohof Zehrfuchs. Vortrag, Vernetzungstreffen Mulchsysteme 2016/2017, Witzenhausen.

Zinati, G., et al. (2015): Utilization of Pelletized Starter Fertilizers in Cover Crop-Based, Reduced Tillage Organic Corn Production. Rodale Institute, Kutztown, Pennsylvania, USA.

Zinati, G., Moyer, J., Moore, R. (2015): Demonstrating the Use of Roller Crimper Technology and Starter Fertilizer in No-Till Organic Corn. Rodale Institute, Kutztown, Pennsylvania, USA.

Zinati, G., Moyer, J., Tant, G. (2015): Overcoming challenges of reduced-till organic corn. Structure 3, 5.

Zikeli, S., Gruber, S. (2017): Reduced tillage and no-till in organic farming systems, Germany – Status quo, potentials and challenges. Agriculture 7, 35.

Stichwortverzeichnis

G

H

I

K

L

M

T

U

V

W

Z

Bildquellen

Titelbild: Storch, Johannes
Bioplanete, Frankreich: Abb. 16.1, 16.2
Böhler, Daniel (FiBL): Abb. 13.50
Braun, Michaela: Abb. 11.1
Brunner, Franz: Abb. 12.6, 12.32, 15.9, 15.10, 16.3, 16.4
Courtens, Jean-Paul: Abb. 13.36, 13.44, 13.51, 13.52, 13.54, 13.59
Cropp, Jan-Hendrik: Abb. 4.3, 5.3, 10.6, 10.13, 12.4, 12.10, 12.32, 13.2, 13.3, 13.6, 13.18, 13.26, 13.29, 13.35, 13.37, 13.38, 13.40, 13.41, 13.53, 13.57, 15.4, 15.6, 15.7, 15.8
Dewavrin, Kanada: Abb. 15.3
Entz, Martin: Abb. 13.58
Firma Einböck, Österreich: Abb. 13.39
Friedl, August: Abb. 12.14, 12.34
Frucht, Hans-Peter: Abb. 9.3, 9.4
Funke, Stefan: Abb. 7.3, 13.55, 13.56
Grand, Alfred: Abb. 10.5, 10.11, 13.20, 13.28, 13.60, 13.61, 13.62, 13.63
Grosse, Meike: Abb. 13.10, 13.42
Künsemöller, Hermann: Abb. 15.1
Lounsbury, Natalie: Abb. 13.23, 13.24, 13.25, 13.46, 13.47, 13.48, 13.49
Maher, Ryan: Abb. 10.14, 13.13, 13.31, 13.32
Massucati, Luiz: Abb. 13.45
Morse, Ron: Abb. 13.65
Pansegrau, Dieter: Abb. 13.5, 15.11
Pennsylvania State University: Abb. 15.5
Pfänder (Familie): Abb. 12.1, 12.9, 12.11, 12.24, 15.2, 15.10
Posch, Hans: Abb. 12.31, 13.27, 13.43
Recknagel, Jürgen: Abb. 13.30
Storch, Johannes: Abb. 3.1, 4.1, 4.2, 4.4, 4.8, 5.2, 7.1, 7.2, 9.1, 9.5, 9.6, 10.2, 10.3, 10.4, 10.7, 10.8, 10.9, 10.10, 11.2, 12.3, 12.5, 12.7, 12.8, 12.12, 12.15, 12.16, 12.17, 12.18, 12.19, 12.21, 12.22, 12.23, 12.25, 12.26, 12.27, 12.28, 12.30, 12.35, 12.36, 12.37, 12.38, 13.4, 13.7, 13.8, 13.9, 13.14, 13.15, 13.16, 13.17, 13.19, 13.21, 13.22, 13.64, 14.1, 14.2, 14.3, 14.4, 14.5, 14.6, 14.7, 14.8, 15.12, 15.13, 15.14, 15.15, 15.16, 16.5, 16.6, Tab. 12.1, 12.2
Wiggert, Markus: Abb. 12.2, 12.33
von Bonin, Stefan: Abb. 13.34, Tab. 13.1
von Bonin, Stefan & Cropp, Jan-Hendrik: Abb. 4.5, 4.6, 4.7, 5.1, 9.2, 10.1, 10.12, 13.1, 13.33
Zehrfuchs, Christoph: Abb. 12.13, 12.20

Piktogramme in Kapitel 13:
Berkah Icon/Shutterstock.com: Zahnrad
Peacefully7/Shutterstock.com: Pflanze (Teil Wurzel)
phipatbig/Shutterstock.com: Tropfen
TaLaNoVa/Shutterstock.com: Unkraut (Gras)
veronchick_84/Shutterstock.com: Thermometer

Die Zeichnungen sowie das Piktogramm zur Gare fertigte Helmut Flubacher, Stuttgart, wenn nicht anders angegeben, nach Vorlagen des Autors.

Die in diesem Buch enthaltenen Empfehlungen und Angaben sind vom Autor mit größter Sorgfalt zusammengestellt und geprüft worden. Eine Garantie für die Richtigkeit der Angaben kann aber nicht gegeben werden. Autor und Verlag übernehmen keine Haftung für Schäden und Unfälle. Bitte setzen Sie bei der Anwendung der in diesem Buch enthaltenen Empfehlungen Ihr persönliches Urteilsvermögen ein.
Der Verlag Eugen Ulmer ist nicht verantwortlich für die Inhalte der im Buch genannten Websites.

Anmerkung zur Schreibweise (Gendering): Gendergerechtigkeit und Inklusion sind bei uns gelebte Praxis – bei der Auswahl unserer Themen, bei der Recherchearbeit, in der Gestaltung. Unsere Texte meinen alle. Damit unsere Inhalte jedoch gut lesbar bleiben, verzichten wir in diesem Werk auf die jeweilige Mehrfachnennung oder Anpassung der Schreibweise bestimmter Bezeichnungen an die weibliche, männliche oder diverse Form.

Bibliografische Informationen der Deutschen Nationalbibliothek
Die Deutsche Nationalbibliothek verzeichnet diese Publikation in der Deutschen Nationalbiografie; detaillierte bibliografische Daten sind im Internet über http://dnb.d-nb.de abrufbar.

Wollgrasweg 41, 70599 Stuttgart (Hohenheim)
E-Mail: info@ulmer.de
Internet: www.ulmer.de
Projektleitung: Pia Fehrenbach
Lektorat: Ulrike Andres
Herstellung und Umschlaggestaltung: Verlag Eugen Ulmer
Satz: Fotosatz Buck, Kumhausen
Druck und Bindung: Friedrich Pustet, Regensburg
Printed in Germany

ISBN 978-3-8186-1179-8